高等学校计算机教材

ASP.NET 项目开发教程

郑阿奇 编著

电子工业出版社
Publishing House of Electronics Industry
北京·BEIJING

内 容 简 介

本书以"网上书店"项目为引导，系统简明地介绍了 ASP.NET4.5 基本技术和应用方法，对 ASP.NET 的教学具有明显的优势。其基本方法是把繁多和复杂的内容分散开来，通过应用理解原理和方法。

本书在构建 ASP.NET 开发环境的基础上，"网上书店"先介绍项目开发入门知识和 C#编程基础，在此基础上介绍项目开发，最后介绍其他项目开发技术。项目开发入门包括 ASP.NET 4.5 开发环境、ASP.NET 网页设计基础、ASP.NET 4.5 内置对象和 ASP.NET 4.5 服务器控件，其中包含十一个围绕"网上书店"基础功能的入门实践，同时通过相关的知识点介绍，对项目开发入门的问题进行及时解答。项目开发包括注册、登录功能开发、系统的架构和设计、常用功能开发等。项目应用的数据库为目前最流行的 MySQL 和 SQL Server。

本书可以作为大学本科和高职 ASP.NET 课程教材，或者作为 Web 编程课程及其课程设计和实习教材，也可以作为 ASP.NET 技术培训和入门参考书。

未经许可，不得以任何方式复制或抄袭本书之部分或全部内容。
版权所有，侵权必究。

图书在版编目（CIP）数据

ASP.NET 项目开发教程 / 郑阿奇编著. —北京：电子工业出版社，2017.1
ISBN 978-7-121-30414-9

Ⅰ. ①A… Ⅱ. ①郑… Ⅲ. ①网页制作工具－程序设计－高等学校－教材 Ⅳ. ①TP393.092.2

中国版本图书馆 CIP 数据核字（2016）第 280657 号

策划编辑：程超群
责任编辑：郝黎明
印　　刷：三河市鑫金马印装有限公司
装　　订：三河市鑫金马印装有限公司
出版发行：电子工业出版社
　　　　　北京市海淀区万寿路 173 信箱　邮编 100036
开　　本：787×1092　1/16　印张：16.5　字数：428.8 千字
版　　次：2017 年 1 月第 1 版
印　　次：2017 年 1 月第 1 次印刷
定　　价：45.00 元

凡所购买电子工业出版社图书有缺损问题，请向购买书店调换。若书店售缺，请与本社发行部联系，联系及邮购电话：（010）88254888，88258888。
质量投诉请发邮件至 zlts@phei.com.cn，盗版侵权举报请发邮件至 dbqq@phei.com.cn。
本书咨询联系方式：（010）88254577　ccq@phei.com.cn。

前　言

Microsoft Visual Studio 是微软公司依托 .NET 战略推出的新一代软件开发平台，其中 ASP.NET 是微软公司面向互联网时代构筑的可视化 Web 开发工具，它以 Microsoft Visual Studio 作为开发平台，以.NET Framework 作为支撑，最新版本为 ASP.NET 4.5。本书结合 ASP.NET 教学和应用开发的经验，系统介绍 ASP.NET 4.5 及其应用开发。

学习和掌握 ASP.NET 不是那么轻松，本书以我们编写的《ASP.NET4.0 实用教程》为基础，以 Microsoft Visual Studio 2013 为开发平台，结合我们编写《JavaEE 项目开发教程》（第 2 版）的成功经验，以"网上书店"项目为向导，在完成项目的同时模仿学习 ASP.NET4.5，并在一定程度上考虑了知识的系统性、可操作性。

本书在构建 ASP.NET 开发环境的基础上，"网上书店"先介绍项目开发入门知识和 C#编程基础，在此基础上介绍项目开发，最后介绍其他项目开发技术。项目开发入门包括 ASP.NET 4.5 开发环境、ASP.NET 网页设计基础、ASP.NET 4.5 内置对象和 ASP.NET 4.5 服务器控件，其中包含十一个围绕"网上书店"基础功能的入门实践，同时通过相关的知识点介绍，对项目开发入门的问题进行及时解答。项目开发包括注册、登录功能开发、系统的架构和设计、常用功能开发等。项目应用的数据库为目前最流行的 MySQL 和 SQL Server。

本书以"网上书店"项目为引导，系统简明地介绍了 ASP.NET4.5 基本技术和应用方法，对 ASP.NET 的教学具有明显的优势。其基本方法是把繁多和复杂的内容分散开来，通过应用理解原理和方法。通过网络免费提供的整个项目开发所有源文件、数据库文件，有利于读者学习和模仿。同时提供教学课件，方便教学。既可以采用课堂教学，又可以采用计算机在教室或机房演示教学。不但使教师和学生的学习更轻松，而且一定能够做出一点东西，也一定能够学到一点东西。网站地址为 www.hxedu.com.cn。

本书由南京师范大学郑阿奇主编。

参加本书编写的还有徐文胜、丁有和、殷红先、陈瀚、陈冬霞、邓拼搏、高茜、刘博宇、彭作民、钱晓军、孙德荣、陶卫冬、吴明祥、王志瑞、徐斌、俞琰、严大牛、郑进、张为民、周何骏、于金彬、马骏、周怡明、姜乃松、梁敬东等。

由于编者的水平有限，错误在所难免，敬请广大师生、读者批评指正。

意见建议邮箱：easybooks@163.com。

编　者

目 录

第 1 章 项目开发入门：ASP.NET 4.5 开发环境 ·· 1
　1.1 ASP.NET 4.5 简介 ·· 1
　　　1.1.1 Web 工作原理 ··· 1
　　　1.1.2 .NET 概述 ·· 2
　1.2 Visual Studio 2013 操作入门 ·· 3
　　　1.2.1 IDE 环境介绍 ··· 3
　　　1.2.2 一个简单的 ASP.NET 页面 ·· 4
　习题 ·· 10
第 2 章 项目开发入门：ASP.NET 网页设计基础 ·· 11
　2.1 表格的制作 ·· 11
　　　2.1.1 表格结构及标记属性 ·· 11
　　　2.1.2 入门实践一：表格显示图书信息 ·· 13
　　　2.1.3 知识点——HTML 文档 ··· 14
　2.2 表单的应用 ·· 16
　　　2.2.1 表单定义及常用控件 ·· 16
　　　2.2.2 入门实践二：购物车表单 ·· 22
　　　2.2.3 知识点——HTML 格式标记 ··· 24
　2.3 超链接 ·· 27
　　　2.3.1 超链接的概念及种类 ·· 27
　　　2.3.2 入门实践三：图书分类目录链接 ·· 29
　　　2.3.3 知识点——框架、多媒体 ·· 33
　2.4 CSS 及网页布局初步 ·· 36
　　　2.4.1 CSS 定义及引用 ··· 36
　　　2.4.2 页面布局 ·· 38
　　　2.4.3 入门实践四："网上书店"主页 ··· 41
　　　2.4.4 知识点——CSS 选择符及属性 ·· 48
　2.5 HTML 控件表单 ·· 52
　　　2.5.1 HTML 控件的基本语法 ·· 52
　　　2.5.2 入门实践五：表单更新结算 ·· 54
　　　2.5.3 知识点——HTML 控件简介 ··· 59
　习题 ·· 61
第 3 章 项目知识准备：C# 程序设计基础 ··· 62
　3.1 C# 语法基础 ·· 62
　　　3.1.1 数据类型 ·· 62

  3.1.2 变量与常量 ··················· 65
  3.1.3 运算符与表达式 ··············· 66
 3.2 流程控制 ························ 69
  3.2.1 条件语句 ····················· 69
  3.2.2 循环语句 ····················· 72
  3.2.3 跳转语句 ····················· 74
  3.2.4 异常处理 ····················· 75
 3.3 面向对象编程 ···················· 76
  3.3.1 面向对象的主要特征 ············ 76
  3.3.2 类和对象 ····················· 77
  3.3.3 属性、方法和事件 ·············· 79
  3.3.4 构造函数和析构函数 ············ 79
 习题 ······························· 81

第 4 章 项目开发入门：ASP.NET 4.5 内置对象 ··· 82
 4.1 收发数据：Request/Response 对象 ······ 82
  4.1.1 Request 对象 ·················· 82
  4.1.2 Response 对象 ················· 85
  4.1.3 入门实践六：书店欢迎登录功能 ···· 86
  4.1.4 知识点——Request/Response 属性和方法 ··· 90
 4.2 共享信息：Application/Session 对象 ···· 91
  4.2.1 Application 对象与 Session 对象 ··· 91
  4.2.2 入门实践七：网站访问计数功能 ···· 92
  4.2.3 知识点——属性和方法、会话状态及性能优化 ··· 94
 4.3 初始化页面：Page 对象 ············· 99
  4.3.1 入门实践八：加载显示图书类别链接 ··· 99
  4.3.2 知识点——Page 对象属性和方法 ··· 101
 4.4 其他对象简介 ···················· 103
  4.4.1 服务器对象：Server 对象 ········ 103
  4.4.2 缓存对象：Cache 对象 ·········· 104
 习题 ······························ 104

第 5 章 项目开发入门：ASP.NET 4.5 服务器控件 ··· 106
 5.1 控件概述 ······················· 106
  5.1.1 控件基本语法 ················· 107
  5.1.2 控件常用属性 ················· 108
  5.1.3 服务器控件事件 ··············· 109
 5.2 基本控件及应用 ·················· 110
  5.2.1 文本控件 ···················· 110
  5.2.2 按钮控件 ···················· 113

5.2.3　选择控件 ··· 115
　　　5.2.4　列表控件 ··· 118
　　　5.2.5　日历控件 ··· 122
　　　5.2.6　入门实践九："网上书店"用户注册表单 ······························· 125
　5.3　表格及图像控件 ··· 132
　　　5.3.1　表格控件 ··· 132
　　　5.3.2　图像控件 ··· 133
　　　5.3.3　入门实践十：购书页面 ··· 135
　5.4　验证控件 ·· 140
　　　5.4.1　验证控件及验证方式 ·· 140
　　　5.4.2　入门实践十一：验证用户注册信息 ·································· 142
　　　5.4.3　知识点——各种验证控件介绍 ······································· 148
　习题 ·· 153

第6章　项目开发："网上书店"注册、登录功能开发　154
　6.1　互联网与B/S体系 ·· 154
　6.2　设计"网上书店"数据库 ··· 155
　　　6.2.1　安装MySQL 5.6 ·· 155
　　　6.2.2　创建项目数据库 ·· 158
　6.3　注册、登录功能开发 ·· 162
　　　6.3.1　需求展示 ··· 162
　　　6.3.2　开发步骤 ··· 164
　　　6.3.3　知识点——ADO.NET数据访问编程模型 ························· 169
　习题 ·· 176

第7章　项目开发："网上书店"系统的架构和设计　177
　7.1　单层设计架构 ··· 177
　7.2　二层设计架构 ··· 178
　　　7.2.1　"门面模式"简介 ·· 178
　　　7.2.2　二层开发设计架构 ··· 178
　7.3　三层设计架构 ··· 183
　　　7.3.1　简单的三层设计架构 ·· 183
　　　7.3.2　用Visual Studio 2013创建三层设计架构 ·························· 187
　　　7.3.3　理解三层设计架构 ··· 194
　　　7.3.4　引入实体的三层设计架构 ·· 195
　习题 ·· 203

第8章　项目开发："网上书店"功能完善　204
　8.1　构建业务实体层 ··· 204
　8.2　显示图书功能开发 ·· 208
　　　8.2.1　需求展示 ··· 208

· VII ·

8.2.2　开发步骤 ································ 209
　　　8.2.3　知识点——DataReader 对象、ListView 控件 ············ 217
　8.3　搜索图书功能开发 ····························· 220
　　　8.3.1　需求展示 ································ 220
　　　8.3.2　开发步骤 ································ 221
　　　8.3.3　知识点——GridView 控件 ······················ 226
　8.4　购物车功能开发 ······························· 230
　　　8.4.1　需求展示 ································ 230
　　　8.4.2　开发步骤 ································ 231
　习题 ····································· 240
第 9 章　项目开发：其他项目开发技术 ······················ 241
　9.1　Web 系统跨数据库移植 ··························· 241
　　　9.1.1　跨数据库移植原理 ··························· 241
　　　9.1.2　技术实践：将"网上书店"移植到 SQL Server ·············· 242
　9.2　动态链接库（DLL）应用 ························· 247
　　　9.2.1　动态链接库的优点 ··························· 247
　　　9.2.2　技术实践：动态链接库实现检索、购买图书 ··············· 248
　习题 ····································· 254

第 1 章

项目开发入门：ASP.NET 4.5 开发环境

微软公司在 2000 年推出了 .NET 战略，它是微软面向互联网时代构筑的新一代开发平台，是微软在 21 世纪初的一个重大战略部署。ASP.NET 基于微软公司的 .NET 框架，是当前最流行的 Web 应用程序开发技术之一，主要用于建立动态 Web 网站。

1.1 ASP.NET 4.5 简介

在正式介绍 ASP.NET 4.5 技术之前，我们先来了解一下 Web 应用程序的工作原理。

1.1.1 Web 工作原理

WWW（World Wide Web）简称 Web，是 Internet 提供的一项最基本、应用最广泛的服务。Web 是存储在 Internet 计算机中数量巨大的文档的集合。这些文档称为页面，是一种超文本（Hypertext）信息，可以用于描述超媒体。文本、图形、视频、音频等多媒体称为超媒体（Hypermedia）。Web 上的信息是由彼此关联的文档组成的，而使其连接在一起的便是超链接（Hyperlink）。

1. Web 服务器与客户端

所谓 Web 服务器，并不仅仅指的是硬件，更主要的是指软件，即安装了 Web 服务器软件的计算机。用户通过 Web 浏览器向 Web 服务器请求一个资源（用 URL 表示），当 Web 服务器接收到这个请求后，将替用户查找该资源，然后将结果变成 HTML 文档返回给浏览器。在接收到 Web 服务器的响应后，浏览器将响应的内容按 HTML 格式显示出来。Web 服务器的工作流程如图 1.1 所示。

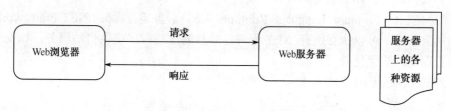

图 1.1　Web 服务器工作流程

2. 静态网页和动态网页

早期的 Web 网站以提供信息为主要功能，网页的内容由设计者事先将固定的文字及图片放入网页中，这些内容只能由人手工更新，这种类型的页面被称为"**静态网页**"，静态网页文件的扩展名通常为 htm 或 html。

然而，随着应用的不断增强，网站需要与浏览者进行必要的交互，从而为浏览者提供更为个性化的服务。Web 服务器能通过 Web 请求了解用户的输入操作，从而对此操作做出相应的响应。由于整个过程中页面的内容会随着操作的不同而变化，因此通常将这种交互式的网页称为"动态网页"。设计动态网页，需要 Web 动态开发技术。

3. Web 开发技术

目前市场上主流的 Web 开发技术有 ASP（ASP.NET）、JSP 和 PHP。

JSP（Java Server Pages）是一种允许用户将 HTML 或 XML 标记与 Java 代码相组合，从而动态生成 Web 页的技术。

PHP（Hypertext Preprocessor）是一种嵌入 HTML 页面中的脚本语言。它大量地借用 C 和 Perl 语言的语法，并结合 PHP 自己的特性，使 Web 开发者能够快速地写出动态页面。

ASP.NET 是微软 ASP 和 .NET 技术的结合，提供基于组件、事件驱动的可编程网络表单，大大简化了编程。

1.1.2 .NET 概述

随着 Internet 应用的迅速发展，为了适应用户对 Web 应用持续增长的需要，微软公司于 2002 年正式发布 .NET Framework（又称 .NET 框架）和 Visual Studio .NET 开发环境，使之成为一个支持多语言、通用的运行平台，并在其中引入了全新的 ASP.NET Web 开发技术。

2002 年正式发布 .NET Framework 1.0 后，.NET Framework 不断更新，从 1.0、1.1、2.0、3.5、4.0 再到 2012 年正式发布 .NET Framework 4.5 版本，并提供了 Visual Studio 2013 集成开发环境。

从层次上来看，.NET Framework 位于操作系统之上，这些操作系统可以是最新的 Windows 系统，包括 Windows 7、Windows 8/8.1、Windows 10 或 Windows Server 2008/2012、Windows Server 10 等。目前的 .NET Framework 主要包括如下内容。

（1）.NET 语言：5 种基本语言的编译器，包括 C#、Visual Basic、F#、具有托管扩展的 C++ 及 JScript .NET（JavaScript 的服务器版本）。

（2）.NET FCL（Framework Class Library，框架类库）：包括对 Windows 和 Web 应用程序、数据访问、Web 服务等方面的支持。

（3）CLR（Common Language Runtime，公共语言运行库）：.NET Framework 核心的面向对象引擎，可以执行所有 .NET 程序，并且为这些程序提供自动服务，如安全检测、内存管理及性能优化等。

.NET Framework 的结构如图 1.2 所示。

第 1 章 项目开发入门：ASP.NET 4.5 开发环境

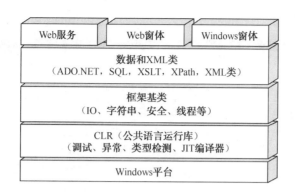

图 1.2 .NET Framework 结构

实际上，由于 CLR 将所有代码先编译成 MSIL（Microsoft Intermediate Language，微软中间语言），然后再编译成本机机器语言代码，因此，理论上 .NET 可以应用在 UNIX、Linux、Mac OS 或其他操作系统上。而且由于 CLR 的存在，使得 .NET Framework 消除了异类框架之间的差别，也可以让开发人员选择其喜好的编程语言。

.NET 框架通常由安装程序自动安装，如安装 Visual Studio 2013 时自动安装框架 .NET Framework 4.5。

1.2 Visual Studio 2013 操作入门

Visual Studio2013 开发环境是当前最具影响力的集成开发环境，支持多种编程语言（如 Visual C#、Visual C++、Visual Basic.NET、F#等），可以开发 Web 应用程序、Windows 应用程序和移动设备应用程序等，可以更加高效地创建各种类型的 .NET 应用程序或组件。

1.2.1 IDE 环境介绍

进入 Visual Studio 2013，系统显示主菜单和起始页，如图 1.3 所示。

说明：

1. 项目

开发一个应用系统可以认为就是进行一个项目。应用系统需要的很多文件（就是项目的资源）放在这个项目中。项目就是应用系统的容器。一个项目对应的文件存放在指定文件夹中，项目中文件之间的关系由项目文件记录和管理。

2. 解决方案

解决方案用于管理项目，主要目的是方便不同项目之间的资源共享。一个解决方案对应存放在一个文件夹中。采用相同解决方案的项目存放在该解决方案文件夹下。在该解决方案文件夹下除了不同项目文件夹外，包括解决方案记录和管理项目的文件、项目中公共的文件文件夹（packages）和共享的资源文件夹等。解决方案通过解决方案资源管理器对项目及其资源进行管理。

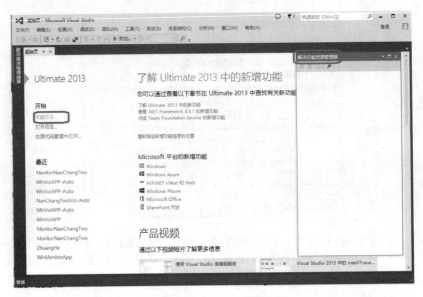

图 1.3　VS2013 起始页

在"视图"主菜单下,选择"解决方案资源管理器",可打开解决方案资源管理器。

1.2.2　一个简单的 ASP.NET 页面

在 Visual Studio 2013 环境中可以创建各种类型的.NET 应用程序,本节以创建 ASP.NET Web 应用程序为例,大致介绍 Visual Studio 2013 开发环境。

1. 创建解决方案和 Web 项目

单击主界面起始页上的"新建项目"链接或"文件"菜单栏下的"新建"菜单项的"项目"选项,打开"新建项目"对话框,如图 1.4 所示。

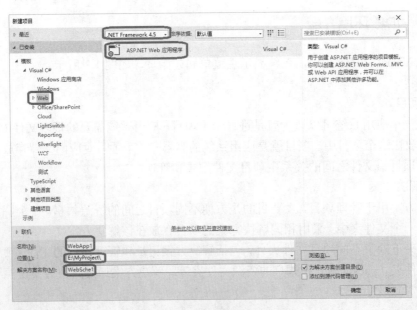

图 1.4　"新建项目"对话框

在该对话框左边窗口中显示打开"Visual C#"节点，单击"Web"选项，在窗口的模板中选择"ASP.NET Web 应用程序"，对话框下面系统显示默认的名称、位置和解决方案名称。

说明：

（1）Visual C#：采用 C#作为开发语言

（2）Web：开发 Web 程序。在 Visual C#下面展开的是该平台可以开发的应用。

（3）.NETFramework4.5：当前应用采用的.NET 框架版本。选择较低版本可只在 Visual Studio 较早平台打开。

在"名称"文本框输入 Web 项目名称，在"位置"文本框选择项目（解决方案）的存储文件夹，同时确定解决方案名称，单击"确定"按钮，系统显示应用程序模板（系统默认 Empty）供用户选择，如图 1.5 所示。

图 1.5　选择模板

选择默认的 Empty，单击"确定"，系统根据用户选择模板（刚才选择 Empty），创建解决方案及其指定的项目目录和文件。生成开发环境如图 1.6 所示。

注意：

在已经创建的解决方案中创建项目，需要在解决方案管理器中指定"解决方案"，按右键，选择"添加"，单击"新建项目"（例如 WebApp2），才能在同一个解决方案中创建项目。也可添加已有的项目到该解决方案中。解决方案、项目及其文件对应文件夹的关系如图 1.7 所示。

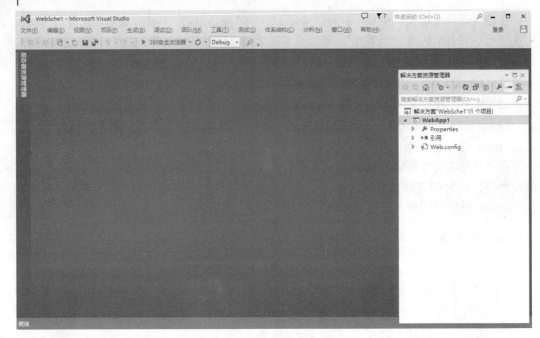

图1.6 生成开发环境

图1.7 解决方案、项目文件夹

选择已经在解决方案中项目,可以从解决方案中"移除"。

2. 添加网页文件到项目中

右击项目名称,选择"添加"菜单下选择"新建项"子菜单,系统显示如图1.8所示。对话框中,选择"Web 窗体"模板,然后在"名称"文本框中输入网页文件的名称(系统默认 WebForm1.aspx),单击"添加"按钮即可添加一个网页文件。

3. 设计界面

在解决方案资源管理器中双击刚才添加的网页文件(WebForm1.aspx 文件),在代码编辑器窗口中单击"设计"按钮进入设计模式。

(1)打开工具箱。单击"视图"主菜单下的"工具箱",系统在开发环境下显示设计界面需要的工具箱。

(2)布置控件。在工具箱分别拖曳一个 Label 控件、TextBox 控件和 Button 控件到界面,界面按照拖曳的先后顺序按照默认的属性显示3个控件,默认的控件名(Name 属性)为 Label1、TextBox1 和 Button1,控件上默认的显示内容(Text 属性)为 Label、空和 Button,如图1.9所示。

第1章 项目开发入门：ASP.NET 4.5 开发环境

图1.8 添加 Web 窗体

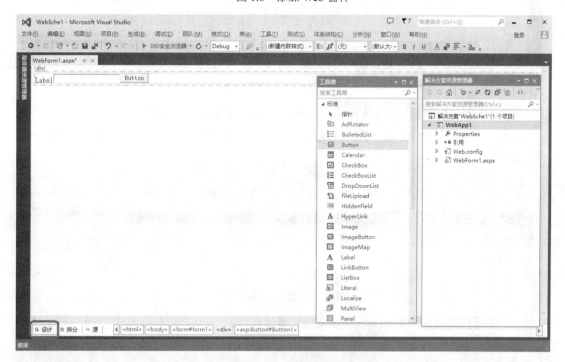

图1.9 工具箱拖曳控件

（3）设置控件属性。

单击"Label1"控件，按右键，选择"属性"，系统打开属性框。在"属性"页中选择"Text"属性，显示当前属性值为"Label"，修改为"书名："。

单击"TextBox1"控件，选择"ID"属性，显示当前属性值为"TextBox1"，修改为

"BookName"。

单击"Button1"控件,选择"Text"属性,显示当前属性值为"Button",修改为"查询"。选择"ID"属性,显示当前属性值为"Button1",修改为"GetData"。

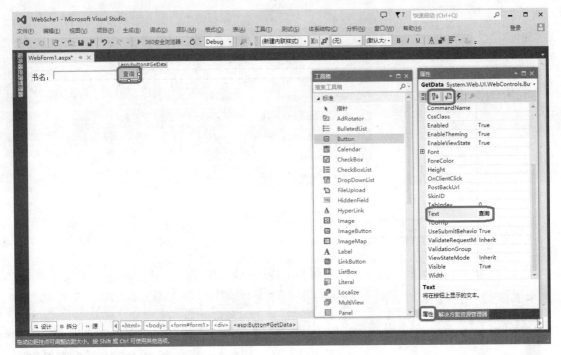

图1.10 设置控件属性

(4)编写"查询"命令按钮(GetData)单击(Click)事件。

单击"查询"命令按钮(GetData),在属性框中选择"事件"页,单击"Click",如图1.11所示。

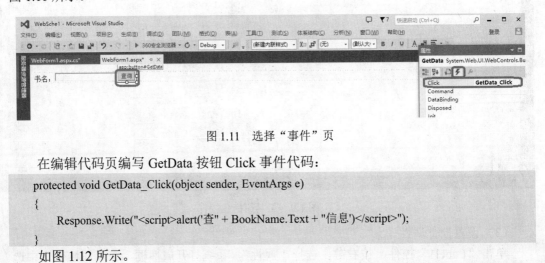

图1.11 选择"事件"页

在编辑代码页编写 GetData 按钮 Click 事件代码:

```
protected void GetData_Click(object sender, EventArgs e)
{
    Response.Write("<script>alert('查' + BookName.Text + "信息')</script>");
}
```

如图1.12所示。

第 1 章 项目开发入门：ASP.NET 4.5 开发环境

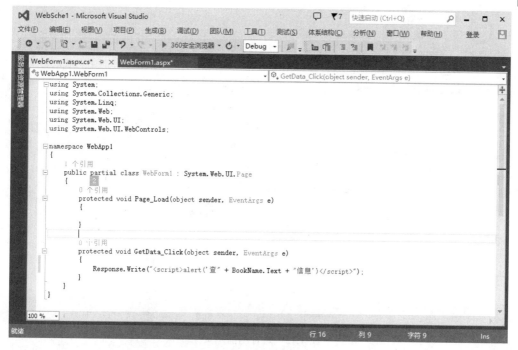

图 1.12 编写事件代码

其中：

（1）Response.Write("xxxx");：表示向客户浏览器输出"xxxx"。

（2）<script>yyyy</script>：表示"yyyy"是客户浏览器的脚本语言，而不是 HTML 代码。

（3）alert('zzzz')：表示在客户浏览器上弹出对话框，对话框中显示"zzzz"。

（4）BookName.Text：表示 BookName 文本框显示的内容。

（5）"aaaa" + "bbbb"：表示把两个字符串连接起来，结果为"aaaabbbb"。

4．保存 Web 应用程序

使用"文件"菜单中的"全部保存"命令或单击工具栏上的"全部保存"按钮，可以将所有编辑过的代码和设计的网页保存起来。

5．调试运行当前网页

单击 ▶ 按钮，即可运行当前网页。在文本框中输入"ASP.NET 项目开发教程"，然后单击"查询"按钮，系统在浏览器中间显示一个对话框，如图 1.13 所示。

一般一个 Web 项目包含若干个网页。如果调试运行指定网页文件，可以右击项目中的 .aspx 网页文件，在弹出的快捷菜单中选择"在浏览器中查看"选项即可。

若干个网页有机的组合起来就是一个网站。

6．编译和运行应用程序

为了对 Web 项目应用程序编译，单击"生成"菜单中的"生成"选项即可，或右键单击网站项目，在弹出的快捷菜单中选择"生成"选项。

运行应用程序也很简单，首先右击指定的网页文件，选择"设为起始页"菜单项，该 Web 项目就会从该网页开始运行。

图 1.13　运行当前网页

7. 部署应用程序

所谓"部署"是指将源站点文件发布到远程 Web 服务器上。Visual Studio 2013 提供了发布网站的功能，开发人员可以将需要部署的网站发布到某个目录，然后将该目录中的文件直接部署到 IIS 服务器中即可。

发布网站很简单，只需单击"生成"菜单中的"发布"选项即可，或右击网站项目，在弹出的快捷菜单中选择"发布"选项。

习　题

1. 安装 Visual Studio 2013 对计算机硬件和软件的要求是什么？
2. Visual Studio 2013 有哪些新特点？
3. 什么是 HTML？
4. Web 动态开发技术有哪些？
5. 如何发布 Web 应用程序？
6. .NET Framework 4.5 主要包括哪些内容？
7. CLR 的作用是什么？
8. 开发 ASP.NET 应用程序，必须具备的工具包括（　　）。
   A．.NET Framework 4.5　　　　B．Visual Studio 2013
   C．IIS　　　　　　　　　　　　D．数据库系统
9. 如何用 Visual Studio 2013 新建一个 Web 项目或网站？

第 2 章

项目开发入门：ASP.NET 网页设计基础

在今天的社会生活中，Internet 无处不在，它集合了全球绝大多数重要的信息资源，是信息时代人们进行交流不可或缺的工具。Web 是 Internet 提供的一项最基本、应用最广泛的服务，而学习 Web 网页设计更成为一种时尚。

2.1 表格的制作

2.1.1 表格结构及标记属性

1. 表格的结构

一个表格由表头、行和单元格组成，常用于组织、显示信息或安排页面布局。一个表格通常由<table>标记开始，到</table>标记结束。表格的内容由<tr>、<th>和<td>标记定义。<tr>说明表的一个行，<th>说明表的列数和相应栏目的名称，<td>用来填充由<tr>和<th>标记组成的表格。

一个典型的表格格式如下：

```
<table 属性="值"...>
<caption>表格标题文字</caption>
<tr 属性="值"...>
        <th>第 1 个列表头</th> <th>第 2 个列表头</th>... <th>第 n 个列表头</th>
</tr>
<tr>
        <td 属性="值"...>第 1 行第 1 列数据</td>
        <td>第 1 行第 2 列数据</td>
        ...
        <td>第 1 行第 n 列数据</td>
</tr>
...
<tr>
        <td>第 n 行第 1 列数据</td>
        <td>第 n 行第 2 列数据</td>
```

```
        …
        <td>第 n 行第 n 列数据</td>
    </tr>
</table>
```

2. 表格标记属性

（1）<table>标记的属性

用<table>标记创建表格时可以设置如下属性。

- align：指定表格的对齐方式，取值为 left（左对齐）、right（右对齐）、center（居中对齐），默认值为 left。
- background：指定表格背景图片的 URL 地址。
- bgcolor：指定表格的背景颜色。
- border：指定表格边框的宽度（像素），默认值为 0。
- bordercolor：指定表格边框的颜色，border 不等于 0 时起作用。
- bordercolordark：指定 3D 边框的阴影颜色。
- bordercolorlight：指定 3D 边框的高亮显示颜色。
- cellpadding：指定单元格内数据与单元格边框之间的间距。
- cellspacing：指定单元格之间的间距。
- width：指定表格的宽度。

（2）<tr>标记的属性

表格中的每一行都是由<tr>标记来定义的，它有如下属性。

- align：指定行中单元格的水平对齐方式。
- background：指定行的背景图像文件的 URL 地址。
- bgcolor：指定行的背景颜色。
- bordercolor：指定行的边框颜色，只有当<table>标记的 border 属性不等于 0 时起作用。
- bordercolordark：指定行的 3D 边框的阴影颜色。
- bordercolorlight：指定行的 3D 边框的高亮显示颜色。
- valign：指定行中单元格内容的垂直对齐方式，取值为 top、middle、bottom、baseline（基线对齐）。

（3）<th>和<td>标记的属性

表格的单元格通过<td>标记来定义，标题单元格可以使用<th>标记来定义，<th>和<td>标记的属性如下。

- align：指定单元格的水平对齐方式。
- bgcolor：指定单元格的背景颜色。
- bordercolor：指定单元格的边框颜色，只有当<table>标记的 border 属性不等于 0 时起作用。
- bordercolordark：指定单元格的 3D 边框的阴影颜色。
- bordercolorlight：指定单元格的 3D 边框的高亮显示颜色。
- colspan：指定合并单元格时一个单元格跨越的表格列数。
- rowspan：指定合并单元格时一个单元格跨越的表格行数。

- valign：指定单元格中文本的垂直对齐方式。
- nowrap：若指定该属性，则要避免 Web 浏览器将单元格里的文本换行。

2.1.2 入门实践一：表格显示图书信息

设计一个网页，在其上用表格输出图书类别、书名、书号和价格等信息。

新建 browseBook.html 文件，输入以下代码：

```
<!DOCTYPE html>
<html xmlns="http://www.w3.org/1999/xhtml">
<head>
<meta http-equiv="Content-Type" content="text/html; charset=utf-8"/>
    <title>新书展示</title>
</head>
<body>
    <table align="center" border="1" bordercolor="red">
    <caption><font size="5" color="blue">图书信息表</font></caption>
        <tr bgcolor="#CCCCCC">
            <th width="80">类　别</th>
            <th width="230">书　名</th>
            <th width="150">I S B N</th>
            <th width="90">定　价(￥)</th>
        </tr>
        <tr>
            <th rowspan="3" align="center"><font color="blue">数据库</font></th>
            <td>SQL Server 实用教程（第 4 版）</td>
            <td align="center">9787121266232</td>
            <td align="center">49.00</td>
        </tr>
        <tr>
            <td>Oracle 实用教程（第 4 版）</td>
            <td align="center">9787121273803</td>
            <td align="center">49.00</td>
        </tr>
        <tr>
            <td>MySQL 实用教程（第 2 版）</td>
            <td align="center">9787121232701</td>
            <td align="center">53.00</td>
        </tr>
        <tr>
            <th align="center"><font color="green">网页编程</font></th>
            <td>PHP 实用教程（第 2 版）</td>
            <td align="center">9787121243394</td>
            <td align="center">45.00</td>
        </tr>
    </table>
```

```
</body>
</html>
```

运行网页，效果如图 2.1 所示。

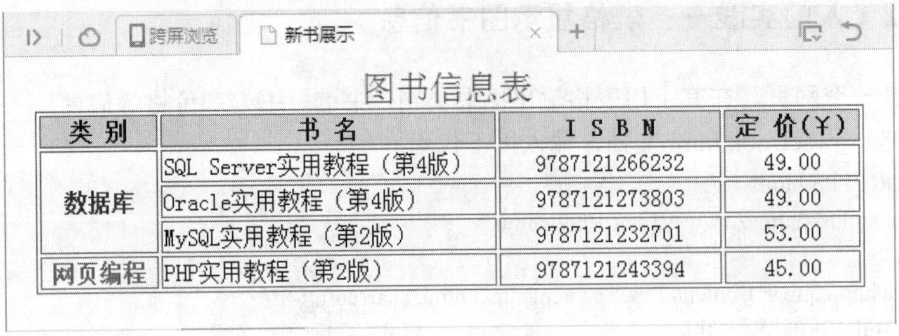

图 2.1 表格运行效果

2.1.3 知识点——HTML 文档

一个 HTML 文档由 DOCTYPE、head 和 body 三个主要的部分构成，基本的文档结构如图 2.2 所示。

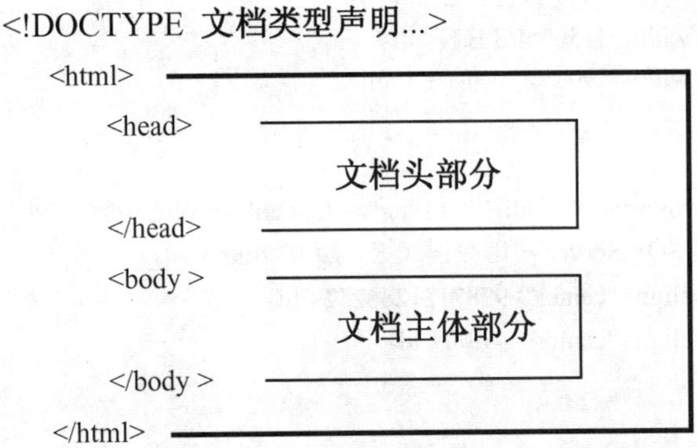

图 2.2 HTML 文档基本结构

在 HTML 文档中，文档类型声明总是位于首行。基本的 HTML 页面从<html>标记开始，以</html>标记结束，其他所有 HTML 代码都位于这两个标记之间。<head>与</head>之间是文档头部分，<body>与</body>之间是文档主体部分。

下面是一个简单的（最小化的）HTML 文档：

```
<!DOCTYPE html>
<html>
 <head>
    <title>新书展示</title>
 </head>
 <body>
    <p>网页内容</p>
 </body>
</html>
```

这种文档用普通的记事本就可以创建、编辑，并且可以在各种操作系统平台（如 UNIX、Windows 等）上执行。

1. 文档头

文档头部分处于<head>与</head>标记之间，在文档头部分一般可以使用以下几种标记。

- <title>和</title>：指定网页的标题。例如，"<title>新书展示</title>"表示该网页的标题为"新书展示"，在浏览器标题栏中显示的文本即为"新书展示"，通常 Web 搜索工具用它作为索引。
- <style>和</style>：指定文档内容的样式表，如字体大小、格式等。在文档头部分定义了样式表后，就可以在文档主体部分引用样式表。
- <!--和-->：用于注释内容，其之间的内容为 HTML 的注释部分。
- <meta>：描述标记，用于描述网页文档的属性参数。

描述标记的格式为<meta 属性="值"… />，常用的属性有 name、content 和 http-equiv。name 为 meta 的名字；content 为页面的内容；http-equiv 为 content 属性的类别。http-equiv 取不同值时，content 表示的内容也不一样。

http-equiv="Content-type"时，content 表示页面内容的类型，例如：

```
<meta name="description" http-equiv="Content-type" content="text/html; charset=gb2312"  />
```

表示 meta 的名称为 description，网页是 XHTML 类型，编码规则是 gb2312。

http-equiv="refresh"时，content 表示刷新页面的时间，例如：

```
<meta http-equiv="refresh" content="10; URL=xxx.htm"  />
```

表示 10 秒后进入 xxx.htm 页面，如果不加 URL 则表示每 10 秒刷新一次本页面。

http-equiv="Content-language"时，content 表示页面使用的语言，例如：

```
<meta http-equiv="Content-language" content="en-us"  />
```

表示页面使用的语言是美国英语。

http-equiv="pics-Label"时，content 表示页面内容的等级。

http-equiv="expires"时，content 表示页面过期的日期。

- <script>和</script>：在这两个标记之间可以插入脚本语言程序。例如：

```
<script language="javascript">
    alert("你好！");
</script>
```

表示插入的是 JavaScript 脚本语言，脚本语言主要用于客户端（前端）页面开发。

2. 文档主体

<body>和</body>是文档正文标记，文档的主体部分就处于这两个标记之间。<body>标记中还可以定义文档主体的一些内容，格式如下：

```
<body 属性="值"… 事件="执行的程序"…>  … </body>
```

<body>标记常用的属性如下。

- background：文档背景图片的 URL 地址。例如：

```
<body background="back-ground.gif">
```

表示文档背景图片名称为 back-ground.gif，上面的代码中没有给出图片所在的位置，则表示图片和文档文件在同一文件夹下。如果图片和文档文件不在同一位置，则需要给出图片的路径，例如：

<body background="C:/image/back-ground.gif">

说明：在指定文件位置时，为防止与转义符"\"混淆，一般用"/"来代替"\"。

● bgcolor：文档的背景颜色。例如：

<body bgcolor="red">

表示文档的背景颜色为红色。系统的许多标记都会用到颜色值，颜色值一般用颜色名称或十六进制数值来表示，表2.1列出了16种标准颜色的名称及其十六进制数值。

表2.1 16种标准颜色的名称及其十六进制数值

颜　色	名　　称	十六进制数值	颜　色	名　　称	十六进制数值
淡蓝	aqua(cyan)	#00FFFF	海蓝	navy	#000080
黑	black	#000000	橄榄色	olive	#808000
蓝	blue	#0000FF	紫	purple	#800080
紫红	fuchsia(magenta)	#FF00FF	红	red	#FF0000
灰	gray	#808080	银色	silver	#C0C0C0
绿	green	#008000	淡青	teal	#008080
浅绿	lime	#00FF00	白	white	#FFFFFF
褐红	maroon	#800000	黄	yellow	#FFFF00

● text：文档中文本的颜色。例如：

<body text="blue">

表示文档中文字的颜色均为蓝色。

● link：文档中链接的颜色。

● vlink：文档中已被访问过的链接的颜色。

● alink：文档中正在被选中的链接的颜色。

正文标记中的常用事件有 onload 和 onunload。onload 表示文档首次加载时调用的事件处理程序，onunload 表示文档卸载时调用的事件处理程序。

2.2 表单的应用

2.2.1 表单定义及常用控件

1. 表单的定义

表单用来从用户（站点访问者）处收集信息，然后将这些信息提交给服务器处理。表单中可以包含各种交互的控件，如文本框、列表框、复选框和单选按钮等。用户在表单中输入或选择数据后提交，该数据就会提交到相应的表单处理程序中，以各种不同的方式进行处理。

表单的定义格式如下：

<form 定义>

```
        [<input 定义 />]
        [<textarea 定义>]
        [<select 定义>]
        [<button 定义 />]
        …
</form>
```

在 HTML 文档中，表单内容用<form>标记来定义，格式如下：

`<form 属性="值"…事件="代码">…</form>`

➢ <form>标记的常用属性如下。
- name：指定表单的名称。命名表单后可以使用脚本语言来引用或控制该表单。
- id：指定表示该表单的唯一标识码。
- method：指定表单数据传输到服务器的方法，取值是 post 或 get。post 表示在 HTTP 请求中嵌入表单数据；get 表示将表单数据附加到该页请求的 URL 中。例如，某表单提交一个文本数据 id 值至 page.htm 页面。如果以 post 方法提交，新页面的 URL 为 "http://localhost/page.htm"，而若以 get 方式提交相同表单，则新页面的 URL 为 "http://localhost/page.htm?id=…"。
- action：指定接收表单数据的服务器程序或动态网页的 URL 地址。提交表单之后，即运行该 URL 地址所指向的页面。
- target：指定目标窗口。target 属性的取值有_blank、_parent、_self 和_top，分别表示：在未命名的新窗口中打开目标文档；在显示当前文档的窗口的父窗口中打开目标文档；在提交表单所使用的窗口中打开目标文档；在当前窗口中打开目标文档。

➢ <form>标记的主要事件如下。
- onsubmit：提交表单时调用的事件处理程序。
- onreset：重置表单时调用的事件处理程序。

2. 表单常用控件

（1）表单输入控件标记<input>

表单输入控件的格式如下：

`<input 属性="值"… 事件="代码" />`

为了让用户通过表单输入数据，在表单中可以使用<input>标记来创建各种输入型表单控件。表单控件通过<input>标记的 type 属性设置成不同的类型，包括单行文本框、密码框、隐藏域、复选框、单选按钮、按钮和文件域等。

① 单行文本框。在表单中添加单行文本框可以获取站点访问者提供的一行文本信息，格式如下：

`<input  type="text" 属性="值" … 事件="代码" />`

➢ 单行文本框的属性如下。
- name：指定单行文本框的名称，通过它可以在脚本中引用该文本框控件。
- id：指定表示该标记的唯一标识码。通过 id 值就可以获取该标记对象。
- value：指定文本框的值。
- defaultvalue：指定文本框的初始值。

- size：指定文本框的宽度。
- maxlength：指定允许在文本框内输入的最大字符数。
- form：指定所属的表单名称（只读）。

例如，要设置如图2.3所示的文本框可以使用以下代码：

姓名：<input type="text " size="10 " value="王小明" />

图2.3 文本框

➢ 单行文本框的方法如下。
- Click()：单击该文本框。
- Focus()：得到焦点。
- Blur()：失去焦点。
- Select()：选择文本框的内容。

➢ 单行文本框的事件如下。
- onclick：单击该文本框执行的代码。
- onblur：失去焦点执行的代码。
- onchange：内容变化执行的代码。
- onfocus：得到焦点执行的代码。
- onselect：选择内容执行的代码。

② 密码框。密码框也是一个文本框，当访问者输入数据时，大部分浏览器会以星号显示密码，使别人无法看到输入内容，如图2.4所示。其格式如下：

<input   type= "password" 属性="值"…事件="代码"   />

图2.4 密码框

其中，属性、方法和事件与单行文本框基本相同，只是密码框没有onclick事件。

③ 隐藏域。在表单中添加隐藏域是为了使访问者看不到隐藏域的信息。每个隐藏域都有自己的名称和值。当提交表单时，隐藏域的名称和值就会与可见表单域的名称和值一起包含在表单的结果中。其格式如下：

<input   type= "hidden"   属性="值"… />

隐藏域的属性、方法和事件与单行文本框基本相同，只是没有defaultvalue属性。

④ 复选框。在表单中添加复选框是为了让站点访问者选择一个或多个选项，格式如下：

<input   type="checkbox"   属性="值"…事件="代码" />选项文本

➢ 复选框的属性如下。
- name：指定复选框的名称。
- id：指定表示该标记的唯一标识码。

- value：指定选中时提交的值。
- checked：如果设置该属性，则第一次打开表单时该复选框处于选中状态。被选中时其值为 TRUE，否则为 FALSE。
- defaultchecked：判断复选框是否定义了 checked 属性。已定义时其值为 TRUE，否则为 FALSE。

例如，要创建如图 2.5 所示的复选框，可以使用如下代码：

```
兴趣爱好：
<input    type="checkbox"    name="box"    checked ="checked" />旅游
<input    type="checkbox"    name="box"    checked ="checked" />篮球
<input    type="checkbox"    name="box" />上网
```

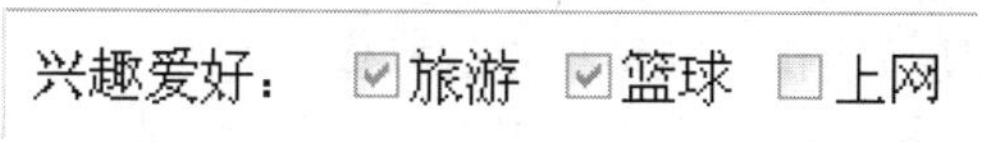

图 2.5　复选框

➢ 复选框的方法如下。
- Click()：单击该复选框。
- Focus()：得到焦点。
- Blur()：失去焦点。

➢ 复选框的事件如下。
- onclick：单击该复选框执行的代码。
- onblur：失去焦点执行的代码。
- onfocus：得到焦点执行的代码。

⑤ 单选按钮。在表单中添加单选按钮是为了让站点访问者从一组选项中选择其中一个选项。在一组单选按钮中，一次**只能选择一个**。其格式如下：

```
<input    type="radio" 属性="值"  事件="代码"… />选项文本
```

单选按钮的属性如下。
- name：指定单选按钮的名称，若干名称相同的单选按钮构成一个控件组，在该组中只能选择一个选项。
- value：指定提交时的值。
- checked：如果设置了该属性，当第一次打开表单时该单选按钮处于选中状态。

单选按钮的方法和事件与复选框相同。

当提交表单时，该单选按钮组名称和所选取的单选按钮指定值都会包含在表单结果中。

例如，要创建如图 2.6 所示的单选按钮，可以使用如下代码：

```
<input    type="radio" name="rad"    value="1" checked= "checked" />男
<input    type="radio" name="rad"    value="0" />女
```

图 2.6　单选按钮

⑥ 按钮。使用<input>标记可以在表单中添加三种类型的按钮:"提交"按钮、"重置"按钮和"自定义"按钮。其格式如下:

<input　type="按钮类型"　属性="值" onclick="代码" />

根据 type 值的不同,按钮的类型也不一样。

- type="submit":创建一个"提交"按钮。单击该按钮,表单数据(包括提交按钮的名称和值)会以 ASCII 文本形式传送到由表单的 action 属性指定的表单处理程序中。一般来说,一个表单必须有一个"提交"按钮。
- type="reset":创建一个"重置"按钮。单击该按钮,将删除所有已经输入表单中的文本并清除所有选择。如果表单中有默认文本或选项,将会恢复这些值。
- type="button":创建一个"自定义"按钮。在表单中添加自定义按钮时,必须为该按钮编写脚本以使按钮执行某种指定的操作。

按钮的其他属性还有 name(按钮的名称)和 value(显示在按钮上的标题文本)。

事件 onclick 的值是单击按钮后执行的脚本代码,例如:

<input　type="submit"　name="bt1"　value="提交" />
<input　type="reset"　name="bt2"　value="重置" />
<input　type="button"　name="bt3"　value="自定义" />

⑦ 文件域。文件域由一个文本框和一个"浏览"按钮组成,用户可以在文本框中直接输入文件的路径和文件名,或单击"浏览"按钮从磁盘上查找、选择所需文件。其格式如下:

<input　type="file" 属性="值"...>

文件域的属性有 name(文件域的名称)、value(初始文件名)和 size(文件名输入框的宽度)。

例如,要创建如图 2.7 所示的文件域(普通 IE 浏览器的显示效果),可以使用如下代码:

<input　type="file" name="fl"　size="20" />

图 2.7　文件域

(2)其他表单控件

① 滚动文本框。在表单中添加滚动文本框是为了使访问者可以输入多行文本,格式如下:

<textarea 属性="值"...事件="代码"...>初始值</textarea>

说明:<textarea>标记的属性有 name(滚动文本框控件的名称)、rows(控件的高度,以行为单位)、cols(控件的宽度,以字符为单位)和 readonly(滚动文本框中的内容是否能被修改)。

滚动文本框的其他属性、方法和事件与单行文本框基本相同。

例如,要创建如图 2.8 所示的滚动文本框(普通 IE 浏览器的显示效果),可以使用如下代码:

<meta http-equiv="content-type" content="text/html; charset=gb2312">

```
<textarea name="ta" rows="8" cols="20" readonly="readonly">这是本文本框的初始内容,是只读的,
用户无法修改
</textarea>
```

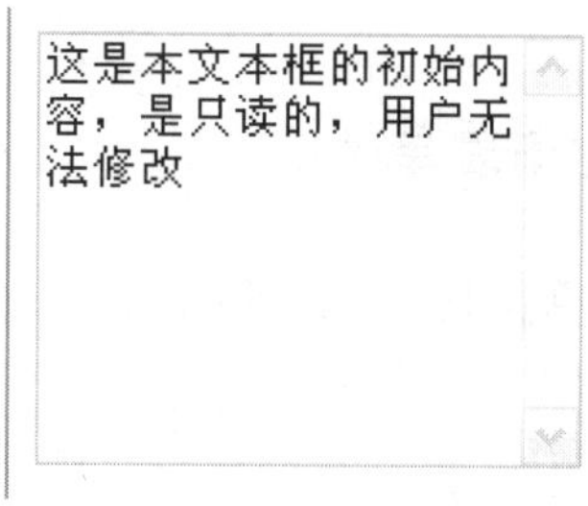

图 2.8　滚动文本框

② 选项选单。表单中选项选单(下拉列表)的作用是使访问者从列表或选单中选择选项,格式如下:

```
<select name="值" size="值" [multiple ="multiple"]>
    <option [selected ="selected"] value="值">选项 1</option>
    <option [selected ="selected"] value="值">选项 2</option>
    …
</select>
```

其中,

- name:指定选项选单控件的名称。
- size:指定在列表中一次可以看到的选项数目。
- multiple:指定允许做多项选择。
- selected:指定该选项的初始状态为选中。

例如,要创建如图 2.9 所示的选项选单,可以使用如下代码:

```
学历: <select name="se" size="1" >
        <option>研究生</option>
        <option selected="selected">大学</option>
        <option>高中</option>
        <option>初中</option>
        <option>小学</option>
    </select>
```

图 2.9　选项选单

③ 对表单控件进行分组。可以使用<fieldset>标记对表单控件进行分组,将表单划分为更小、更易于管理的部分。其格式如下:

```
<fieldset>
    <legend>控件组标题</legend>
    组内的表单控件
</fieldset>
```

2.2.2 入门实践二：购物车表单

设计一个网页，在其上用表单获取用户选购的图书、价格及购买数量等信息。

新建 showCart.html 文件，输入以下代码：

```
<!DOCTYPE html>
<html xmlns="http://www.w3.org/1999/xhtml">
<head>
<meta http-equiv="Content-Type" content="text/html; charset=utf-8"/>
    <title>我的购物车</title>
</head>
<body>
    <form name="form1" method="post" action="">
        <fieldset style="width:500px">
            <legend><b>购买图书</b></legend>
            <table width="500" border="0" align="center" bgcolor="#CCFFFF">
                <tr>
                    <td>请选择：</td>
                    <td>
                        <select name="BOOKLST">
                            <option>Oracle 实用教程（第 4 版）</option>
                            <option>Java 实用教程（第 3 版）</option>
                            <option>SQL Server 实用教程（第 4 版）</option>
                            <option>MySQL 实用教程（第 2 版）</option>
                            <option>PHP 实用教程（第 2 版）</option>
                        </select>
                    </td>
                    <td><input type="submit" name="buyBtn" value="加入购物车" /></td>
                </tr>
            </table>
        </fieldset>
    </form>
    <form name="form2" method="post" action="">
        <fieldset style="width:500px">
            <table width="500" border="0" cellspacing="2" cellpadding="5" bgcolor="#CCFFFF">
                <tr>
                    <th bgcolor="rgb(159,238,159)" align="center" width="260" height="12">书 名</th>
                    <th bgcolor="rgb(159,238,159)" align="center" width="60">定 价</th>
                    <th bgcolor="rgb(159,238,159)" align="center" width="60">数 量</th>
```

```html
                        <th bgcolor="rgb(204,256,256)" align="center" width="80">
                            <font color="gray">操 作</font>
                        </th>
                    </tr>
                    <tr>
                        <td><input type="checkbox" name="BOOK" value="2" checked="checked" />Server 实用教程（第 4 版）</td>
                        <td align="center">49.00</td>
                        <td><input type="text" name="quantity1" value="20" size="4" /></td>
                        <td align="center"><input type="submit" value="更新" /></td>
                    </tr>
                    <tr>
                        <td><input type="checkbox" name="BOOK" value="0" checked="checked" />Oracle 实用教程（第 4 版）</td>
                        <td align="center">49.00</td>
                        <td><input type="text" name="quantity2" value="10" size="4" /></td>
                        <td align="center"><input type="submit" value="更新" /></td>
                    </tr>
                    <tr>
                        <td><input type="checkbox" name="BOOK" value="3" checked="checked" />MySQL 实用教程（第 2 版）</td>
                        <td align="center">53.00</td>
                        <td><input type="text" name="quantity3" value="5" size="4" /></td>
                        <td align="center"><input type="submit" value="更新" /></td>
                    </tr>
                    <tr>
                        <td><input type="checkbox" name="BOOK" value="4" checked="checked" />PHP 实用教程（第 2 版）</td>
                        <td align="center">45.00</td>
                        <td><input type="text" name="quantity4" value="15" size="4" /></td>
                        <td align="center"><input type="submit" value="更新" /></td>
                    </tr>
                </table>
            </fieldset>
            <fieldset style="width:500px" align="right">
                <b>消费总金额：<input type="text" name="totalprice" size="5" /> 元</b>
                <input type="submit" name="countBtn" value=" 提 交 " /><input type="reset" name="clearBtn" value="重置" />
            </fieldset>
        </form>
    </body>
</html>
```

运行网页，效果如图 2.10 所示。

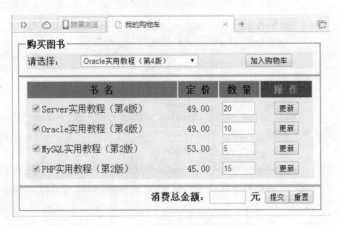

图 2.10 表单运行效果

2.2.3 知识点——HTML 格式标记

文本是网页的重要内容。编写 HTML 文档时，可以将文本放在标记之间来设置文本的格式。文本格式包括分段、换行、段落对齐方式、字体、字号、文本颜色及字符样式等。

1. 分段标记

分段标记的格式如下：

<p 属性="值"...>...</p>

段落是文档的基本信息单位，利用分段标记可以忽略文档中原有的回车和换行来定义一个新段落，或换行并插入一个空格。

单独用<p>标记时会空一行，使后续内容隔行显示；同时使用<p>和</p>标记则将段落包围起来，表示一个分段的块。

分段标记的常用属性为 align，表示段落的水平对齐方式。其取值可以是 left（左对齐）、center（居中）、right（右对齐）和 justify（两端对齐）。其中 left 是默认值，当该属性省略时就使用默认值，例如：

<p align="center">分段标记演示</p>

在下面的标记中也会经常用到 align 属性。

2. 换行标记

换行标记为
，该标记将强行中断当前行，使后续内容在下一行显示。

3. 标题标记

标题标记的格式如下：

<hn 属性="值">...</hn>

其中 hn 的取值为 h1、h2、h3、h4、h5 和 h6，均表示黑体，h1 表示字最大，h6 表示字最小。标题标记的常用属性也是 align，与分段标记类似。

4. 对中标记

对中标记的格式如下：

<center>...</center>

对中标记的作用是将标记中间的内容全部居中。

5. 块标记

块标记的格式如下：

```
<div 属性="值"...>...</div>
```

块标记的作用是定义文档块，常用的属性也是 align。

6. 水平线标记

水平线标记用于在文档中添加一条水平线，分隔文档，格式如下：

```
<hr 属性="值"... />
```

该标记常用的属性有 align、color、noshade、size 和 width。align 表示水平线的对齐方式；color 表示线的颜色；noshade 没有值，显示一条无阴影的实线；size 是线的宽度（以像素为单位）；width 是线的长度（像素或百分比）。例如：

```
<hr />
<hr size="2" width="300" noshade ="noshade"  />
<hr size="6" width="60%" color="red" align="center" />
```

7. 字体标记

字体标记用于设置文本的字符格式，主要包括字体、字号和颜色等，格式如下：

```
<font 属性="值"...>...</font>
```

该标记常用的属性如下。

- face：其值为一个或多个字体名，中间用逗号隔开。浏览器首先使用第 1 种字体显示标记内的文本。如果浏览器所在的计算机中没有安装第 1 种字体，则尝试使用第 2 种字体……依此类推，直到找到匹配的字体为止。如果 face 中列出的字体都不符合，则使用默认字体。例如：

```
<font face="黑体,楷体-GB2312,仿宋-GB2312" >设置字体</font>
```

- size：指定字体的大小，值为 1～7，默认值为 3。size 值越大，字就越大。也可以使用 "+" 或 "–" 来指定相对字号。例如：

```
<font size="6">这是 6 号字</font>
<font size="+3">这也是 6 号字</font>
```

- color：指定字体的颜色，颜色值在表 2.1 中已经列出。

8. 固定字体标记

固定字体标记的格式如下：

```
<b>粗体</b>
<i>斜体</i>
<big>大字体</big>
<small>小字体</small>
<tt>固定宽度字体</tt>
```

9. 标线标记

标线标记的格式如下：

```
<sup>上标</sup>
<sub>下标</sub>
<u>下画线</u>
<s>删除线</s>
```

10. 特殊标记

在网页中，一些特殊符号（如多个空格和版权符号"©"等）是不能直接输入的，这时可以使用字符实体名称或数字表示方式实现。例如，要在网页中输入一个空格，可以输入" "或" "。

表 2.2 列出了一些常用的特殊符号和它们的实体名称及数字表示。

表 2.2 常用的特殊符号和它们的实体名称及数字表示

字符	说明	字符实体名称	数字表示	字符	说明	字符实体名称	数字表示
	无断行空格			¥	元符号	&yen;	&#165;
¢	美分符号	&cent;	&#162;	§	节符号	&sect;	&#167;
£	英镑符号	&pound;	&#163;	©	版权符号	&copy;	&#169;
®	注册符号	&reg;	&#174;	&	"and"符号	&amp;	&#38;
°	度	&deg;	&#176;	<	小于符号	&lt;	&#60;
²	平方符号	&sup2;	&#178;	>	大于符号	&gt;	&#62;
³	立方符号	&sup3;	&#179;	€	欧元符号	&euro;	&#8364;

11. 列表标记

列表标记可以分为有序列表标记、无序列表标记和描述性列表标记。

（1）有序列表标记

有序列表是在各列表项前面显示数字或字母的缩排列表，可以使用有序列表标记<ol>和列表项标记<li>来创建，格式如下：

```
<ol 属性="值"…>
    <li>列表项 1</li>
    <li>列表项 2</li>
    …
    <li>列表项 n</li>
</ol>
```

说明：

- <ol>标记：用于控制有序列表的样式和起始值，它通常有 start 和 type 两个常用的属性。start 是数字序列的起始值；type 是数字序列的列样式，type 的值有 1、A、a、Ⅰ、i。1 表示阿拉伯数字 1、2、3 等；A 表示大写字母 A、B、C 等；a 表示小写字母 a、b、c 等；Ⅰ 表示大写罗马数字 Ⅰ、Ⅱ、Ⅲ 等；i 表示小写罗马数字 i、ii、iii 等。

- <li>标记：用于定义列表项，位于<ol>和</ol>标记之间。<li>有 type 和 value 两个常用属性。type 是数字样式，取值与<ol>标记的 type 属性相同；value 指定新的数字序列起始值，以获得非连续性数字序列。

（2）无序列表标记

无序列表是一种在各列表项前面显示特殊项目符号的缩排列表，可以使用无序列表标记<ul>和列表项标记<li>来创建，格式如下：

```
<ul 属性="值"...>
    <li>列表项 1</li>
    <li>列表项 2</li>
    …
    <li>列表项 n</li>
</ul>
```

说明：无序列表标记<ul>常用的属性是 type，其取值为 disc、circle 和 square。它们分别表示用实心圆、空心圆和方块作为项目符号。

（3）描述性列表标记

描述性列表标记<dl>和<dd>，本身并不具备作为列表显示的意义。只有当它们与<ul>或<ol>标签结构组合起来使用时，才能更好地表现出描述列表的作用。

例如，很多使用<dl>和<dd>布局的网站的典型结构代码如下：

```
<div id="sidebar">
    <dl>
        <dt>栏目标题 1</dt>
        <dd>
            <ul>
                <li>新闻标题 1</li>
                    …
                <li>新闻标题 n</li>
            </ul>
        </dd>
        …
        <dt>栏目标题 n</dt>
        <dd>
            <ul>
                <li>新闻标题 1</li>
                    …
                <li>新闻标题 n</li>
            </ul>
        </dd>
    </dl>
</div>
```

这种简单的<dl>和<dd>组合更适合作为不同内容段的描述。

2.3 超链接

2.3.1 超链接的概念及种类

在网页中，超链接通常以文本或图像形式呈现。当鼠标指针指向网页中的超链接时，会变成手的形状。单击超链接，浏览器会按照超链接所指示的目标载入另一个网页，或者跳转到同一网页的其他位置。其格式如下：

```
<a 属性="值"…>超链接内容</a>
```

按照目标地址的不同，超链接分为文件链接、锚点链接和邮件链接。

1. 文件链接

文件链接的目标地址是网页文件，目标网页文件可以位于当前服务器或其他服务器上。超链接使用<a>标记来创建，其常用的属性如下。

- href：指定目标地址的 URL，这是必选项。
- target：指定窗口或框架的名称。该属性指定将目标文档在指定的窗口或框架中打开。如果省略该属性，则在当前窗口中打开。target 属性的取值可以是窗口或框架的名称，也可以是如下保留字。

_blank：未命名的新浏览器窗口。
_parent：父框架或窗口。
_self：所在的同一窗口或框架。
_top：整个浏览器窗口中，并删除所有框架。

- title：指定超链接时所显示的标题文字，例如：

```
<a href="http://www.qq.com">腾讯</a>
<a href="1_6stu.html">链接到本文件夹中的 1_6stu.html 文件</a>
<a href="../index.html">链接到上一级文件夹中的 index.html 文件</a>
<a href="image/tp.jpeg">链接到图片</a>
<a href="http://www.163.com" title="图片链接"><img src=" image/tp.jpg " /></a>
```

2. 锚点链接

锚点链接的目标地址是网页中的一个位置。创建锚点链接时，要在页面的某一处设置一个位置标记（锚点），并给该位置指定一个名称，以便在同一页面或其他页面中引用。

要创建锚点链接，首先要在页面中用<a>标记为要跳转的位置命名。例如，在 1_6stu.html 页面中进行如下设置：

```
<a id="xlxq"></a>
```

说明：<a>和</a>标记之间不要放置任何文字。

创建锚点后如果在同一页面中要跳转到名为"xlxq"的锚点处，可以使用如下代码：

```
<a href="#xlxq">去本页面的锚点处</a>
```

如果要从其他页面跳转到该页面的锚点处，可以使用如下代码：

```
<a href="1_6stu.html #xlxq">去该页面的锚点处</a>
```

3. 邮件链接

通过邮件链接可以启动电子邮件客户端程序，并由访问者向指定地址发送邮件。创建邮件链接也使用<a>标记，该标记的 href 属性由三部分组成：电子邮件协议名称 mailto，电子邮件地址，可选的邮件主题（其形式为"subject=主题"）。前两部分之间用冒号分隔，后两部分之间用问号分隔，例如：

```
<a href="mailto:163@163.com?subject=XHTML 教程">当前教程答复</a>
```

当访问者在浏览器窗口中单击邮件链接时，会自动启动电子邮件客户端程序，并将指定的主题填入主题栏中。

2.3.2 入门实践三：图书分类目录链接

在网页上设计多种超链接，点击链接按类别显示图书或者展示某本书的详细信息。本例采用框架网页实现，各网页的作用及源码如下（加黑语句为设计的超链接）。

（1）main.html（主框架网页）

```
<!DOCTYPE HTML
          PUBLIC "-//W3C//DTD XHTML 1.0 Frameset//EN"
          "http://www.w3.org/TR/xhtml1/DTD/xhtml1-frameset.dtd">
<html>
<head>
    <title>图书分类目录</title>
</head>
<frameset rows="80, *">
    <frame src="top.html" name="frmtop" />
    <frameset cols="25%,*">
        <frame src="menu.html" name="frmleft" />
        <frame src="book.html" name="frmmain" />
    </frameset>
</frameset>
</html>
```

（2）top.html（上部标题网页）

```
<!DOCTYPE HTML
          PUBLIC "-//W3C//DTD XHTML 1.0 Strict//EN"
          "http://www.w3.org/TR/xhtml1/DTD/xhtml1-strict.dtd">
<html>
<body bgcolor="#8888FF">
    <marquee behavior="alternate" direction="center">
        <font size="10" color="blue">欢迎光临叮当书店</font>
    </marquee>
</body>
</html>
```

（3）menu.html（左边网页，即书目链接）

```
<!DOCTYPE HTML
          PUBLIC "-//W3C//DTD XHTML 1.0 Strict//EN"
          "http://www.w3.org/TR/xhtml1/DTD/xhtml1-strict.dtd">
<html>
<body>
    <a href="book.html" target="frmmain">C 语言程序设计</a></br></br>
    <a href="book.html" target="frmmain">Java 开发</a></br></br>
    <a href="bookDb.html" target="frmmain">数据库</a></br></br>
    <a href="bookWeb.html" target="frmmain">网页编程</a></br>
</body>
```

```
</html>
```

（4）book.html（右边网页，分类下无新书时显示的默认内容）

```
<!DOCTYPE HTML
         PUBLIC "-//W3C//DTD XHTML 1.0 Strict//EN"
         "http://www.w3.org/TR/xhtml1/DTD/xhtml1-strict.dtd">
<html>
<body>
    <h2 align="center">暂无新书</h2>
</body>
</html>
```

（5）bookDb.html（"数据库"类目下的新书列表展示）

```
<!DOCTYPE html>
<html xmlns="http://www.w3.org/1999/xhtml">
<head>
<meta http-equiv="Content-Type" content="text/html; charset=utf-8"/>
    <title></title>
</head>
<body>
    <table align="center" border="1" bordercolor="red">
        <tr bgcolor="#CCCCCC">
            <th width="230">书    名</th>
            <th width="150">I S B N</th>
            <th width="90">定    价(￥)</th>
        </tr>
        <tr>
            <td><a href="image/SQL Server（2014）.jpg">SQL Server 实用教程（第 4 版）</a></td>
            <td align="center">9787121266232</td>
            <td align="center">49.00</td>
        </tr>
        <tr>
            <td><a href="image/Oracle（12c）.jpg">Oracle 实用教程（第 4 版）</a></td>
            <td align="center">9787121273803</td>
            <td align="center">49.00</td>
        </tr>
        <tr>
            <td><a href="image/MySQL（2）.jpg">MySQL 实用教程（第 2 版）</a></td>
            <td align="center">9787121232701</td>
            <td align="center">53.00</td>
        </tr>
    </table>
</body>
</html>
```

（6）bookWeb.html（"网页编程"类目下的图书封面）

```html
<!DOCTYPE html>
<html xmlns="http://www.w3.org/1999/xhtml">
<head>
<meta http-equiv="Content-Type" content="text/html; charset=utf-8"/>
    <title></title>
</head>
<body>
    <a href="details.html"><img src="image/PHP(2).jpg" width="118" height="166" border="1" align="left" /></a>
</body>
</html>
```

（7）details.html（该书的详细信息）

```html
<!DOCTYPE html>
<html xmlns="http://www.w3.org/1999/xhtml">
<head>
<meta http-equiv="Content-Type" content="text/html; charset=utf-8"/>
    <title></title>
</head>
<body>
    <table align="center" border="1" bordercolor="red">
        <tr bgcolor="#CCCCCC">
            <th width="80">类    别</th>
            <th width="230">书    名</th>
            <th width="150">I S B N</th>
            <th width="90">定    价(￥)</th>
        </tr>
        <tr>
            <th align="center"><font color="green">网页编程</font></th>
            <td>PHP 实用教程（第 2 版）</td>
            <td align="center">9787121243394</td>
            <td align="center">45.00</td>
        </tr>
    </table>
</body>
</html>
```

完成后运行主框架网页，点击其左边的"数据库"链接，在右边以表格显示出数据库类的图书信息，效果如图 2.11 所示。

可以看到，表格中的每个书名文字本身也是个超链接，如图 2.12 所示，点击其中的某个（如"SQL Server 实用教程（第 4 版）"），可链接到该书的封面图片，而左边"网页编程"类目的文字链接也是直接指向图书的封面图片，如图 2.13 所示。

图 2.11　框架网页上的文字链接

图 2.12　表格中的文字链接

图 2.13　指向图片的文字链接

把鼠标移到图书的封面图片上，鼠标指针变为手形，说明该图片本身也是个超链接（图片链接），如图 2.14 所示，点击图片链接后出现显示该书详细信息的表格，如图 2.15 所示。

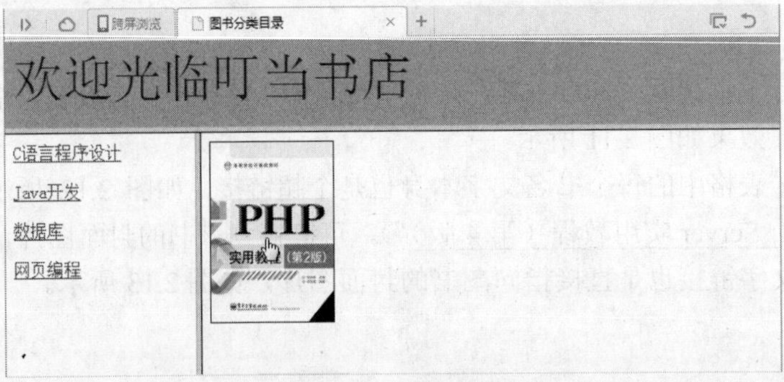

图 2.14　图片链接

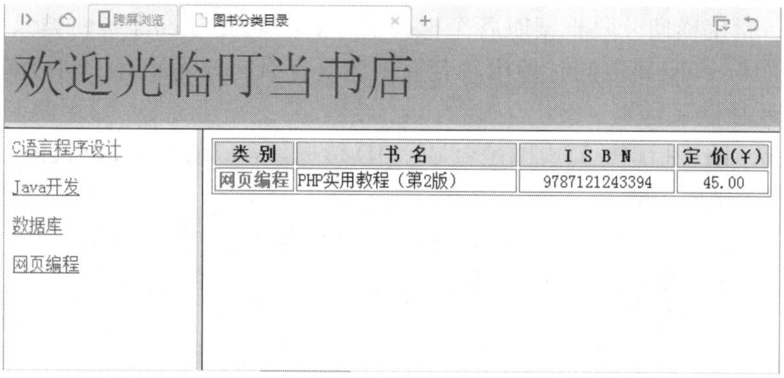

第 2 章　项目开发入门：ASP.NET 网页设计基础

图 2.15　图片链接指向的网页

2.3.3　知识点——框架、多媒体

1. 框架网页设计

框架可以将 HTML 文档划分为若干窗格，在每个窗格中显示一个网页，从而得到在同一个浏览器窗口中显示不同网页的效果。框架网页是通过一个框架集<frameset>和多个框架<frame>标记来定义的。在框架网页中将<frameset>标记放在<head>标记之后取代<body>的位置，还可以使用<noframes>标记指出框架不能被浏览器显示时的替换内容。

框架网页的基本结构如下：

```
<!DOCTYPE html
PUBLIC "-//W3C//DTD XHTML 1.0 Frameset//EN"
"http://www.w3.org/TR/xhtml1/DTD/xhtml1-frameset.dtd">
<html>
<head>
        <title>框架网页的基本结构</title>
</head>
<frameset 属性="值"...>
        <frame 属性="值"... />
        <frame 属性="值"... />
        …
</frameset>
</html>
```

（1）框架集

框架集包括如何组织各个框架的信息，可以用<frameset>标记定义。框架是按照行、列组织的，可以用<frameset>标记的下列属性对框架结构进行设置。

- cols：在创建纵向分隔框架时指定各个框架的列宽，取值有三种形式，即像素、百分比和相对尺寸。例如：

cols=" *,*,*" 表示将窗口划分为三个等宽的框架。

cols=" 30%, 200, *" 表示将浏览器窗口划分为三列框架，其中第 1 列占窗口宽度的 30%，第 2 列为 200 像素，第三列为窗口的剩余部分。

cols=" *, 3 *, 2 *" 表示左边的框架占窗口的 1/6，中间的占 1/2，右边的占 1/3。

- rows：指定横向分隔框架时各个框架的行高，取值与 cols 属性类似。但 rows 属性不能与 cols 属性同时使用，若要创建既有纵向分隔又有横向分隔的框架，应使用嵌套框架。
- frameborder：指定框架周围是否显示 3D 边框。若取值为 1（默认值）则显示，为 0 则显示平面边框。
- framespacing：指定框架之间的间隔（以像素为单位，默认为 0）。

要创建一个嵌套框架集，可以使用如下代码：

```
<html>
<head>
    <title>嵌套框架</title>
</head>
<frameset rows="20%,400,*">
    <frame />
    <frameset cols="300, *" />
        <frame />
        <frame />
    </frameset>
    <frame/>
</frameset>
</html>
```

（2）框架

框架使用<frame>标记来创建，主要属性如下。

- name：指定框架的名称。
- frameborder：指定框架周围是否显示 3D 边框。
- marginheight：指定框架的高度（以像素为单位）。
- marginwidth：指定框架的宽度（以像素为单位）。
- noresize：指定不能调整框架的大小。
- scrolling：指定框架是否可以滚动，取值为 yes、no 和 auto。
- src：指定在框架中显示的网页文件。

2．HTML 多媒体标记

（1）图像标记

利用图像标记可以向网页中插入图像，或者在网页中播放视频文件，格式如下：

```
<img 属性="值"... />
```

图像标记的属性如下。

- src：图像文件的 URL 地址，图像可以是 jpeg、gif 或 png 文件。
- alt：图像的简单说明，在浏览器不能显示图像或加载时间过长时显示。
- height：所显示图像的高度（像素或百分比）。
- width：所显示图像的宽度。
- hspace：与左右相邻对象的间隔。
- vspace：与上下相邻对象的间隔。
- align：图像达不到显示区域大小时的对齐方式。当页面中有图像与文本混排时，可以使用此属性，取值为 top（顶部对齐）、middle（中央对齐）、bottom（底部对齐）、left（图像居左）、right（图像居右）。
- border：图像边框像素数。
- controls：指定该选项后，若有多媒体文件则显示一套视频控件。
- dynsrc：指定要播放的多媒体文件。在<img>标记中，dynsrc 属性要优先于 src 属性，如果指定的多媒体文件存在，则播放该文件，否则显示 src 指定的图像。
- start：指定何时开始播放多媒体文件。
- loop：指定多媒体文件的播放次数。
- loopdealy：指定多媒体文件播放之间的延迟（以 ms 为单位）。

例如：

```
<img src="image/SQL Server（2014）.jpg" alt=" SQL Server2014" height="400" width="500" align="right"/ >
```

说明：src="image/ SQL Server（2014）.jpg"是图像的相对路径，如果页面文件处于 Href_Htm 文件夹，则说明该图像文件在 Href_Htm 文件夹的 image 子文件夹下。

（2）字幕标记

在 HTML 语言中，可以在页面中插入字幕，水平或垂直滚动显示文本信息。字幕标记的格式如下：

```
<marquee 属性="值"...>滚动的文本信息</marquee>
```

说明：

<marquee>标记的主要属性如下。
- align：指定字幕与周围主要属性的对齐方式，取值为 top、middle、bottom。
- behavior：指定文本动画的类型，取值为 scroll（滚动）、slide（滑行）、alternate（交替）。
- bgcolor：指定字幕的背景颜色。
- direction：指定文本的移动方向，取值为 down、left、right、up。
- height：指定字幕的高度。
- hspace：指定字幕的外部边缘与浏览器窗口之间的左右边距。
- vspace：指定字幕的外部边缘与浏览器窗口之间的上下边距。
- loop：指定字幕的滚动次数，其值是整数，默认为 infinite，即重复显示。
- scrollamount：指定字幕文本每次移动的距离。
- scrolldelay：指定前段字幕文本延迟多少毫秒后重新开始移动文本。

例如，在"入门实践三"的文档 top.html 中有如下几行代码：

```
<marquee behavior="alternate" direction="center">
    <font size="10" color="blue">欢迎光临叮当书店</font>
</marquee>
```

运行网页时可见上方有一行滚动字幕："欢迎光临叮当书店"。

（3）背景音乐标记

背景音乐标记只能放在 HTML 文档头部分，也就是<head>与</head>标记之间，格式如下：

```
<bgsound 属性="值"... />
```

背景音乐标记的主要属性如下。

- balance：指定将声音分成左声道和右声道，取值为–10 000～10 000，默认值为 0。
- loop：指定声音播放的次数。设置为 0，表示播放一次；设置为大于 0 的整数，则播放指定的次数；设置为–1，表示反复播放。
- src：指定播放的声音文件的 URL。
- volume：指定音量高低，取值为–10 000～0，默认值为 0。

有兴趣的读者可以自己尝试给"入门实践三"的网页加入声音特效。

2.4 CSS 及网页布局初步

层叠样式表（Cascading Style Sheets，CSS）是 W3C 协会为弥补 HTML 在显示方面的不足而制定的一套扩展样式标准。CSS 标准重新定义了 HTML 中的文字显示样式，并增加了一些新概念，提供了更为丰富的显示样式。同时，CSS 还可进行集中样式管理，允许将样式定义单独存储于样式文件中，这样可以使**显示内容**和**显示样式**定义**分离**，使多个 HTML 文件共享样式定义。

2.4.1 CSS 定义及引用

样式表的作用是告诉浏览器如何呈现文档，样式定义是 CSS 的基础。通常，CSS 可以通过**三种方式**对页面中的元素进行样式定义：内嵌样式、内部样式和外联样式。

下面只简单介绍一下这三种样式定义在网页中的应用。

1. 内嵌样式

在标记中直接使用 style 属性可以对该标记括起的内容应用样式来显示，例如：

```
<p style="font-family: '宋体';color:green;background-color:yellow;font-size:9px"></p>
```

使用 style 属性定义时，内容与值之间用冒号":"分隔。用户可以定义多项内容，内容之间以分号";"分隔。由于这种方式在 HTML 标记内部引用样式，所以称为内嵌样式或内联样式。

若要在 HTML 文件中使用内嵌样式，必须在该文件的头部对整个文档进行单独的样式语言声明，例如：

```
<meta http-equiv="Content-type" content="text/css; charset=gb2312"   />
```

由于内嵌样式将样式和要展示的内容混在一起，违背了使用样式表的初衷，所以建议尽量不要使用这种方式。

2. 内部样式

所谓内部样式，就是利用 style 标签来包含本页所需样式定义的代码。它虽然也是将表现样式的代码和组织内容的代码放在同一个页面中，但是由于其**单独**将表现样式的 CSS 代码放在 style 标签之内，故它与内嵌样式有着本质上的区别。

定义内部样式表的格式如下：

```
.类选择符{规则表}
```

其中，"类选择符"是引用的样式的类标记，"规则表"是由一个或多个样式属性组成的样式规则，各样式属性间用分号隔开，每个样式属性的定义格式为"样式名:值"。例如：
.style1{font-family:"黑体"; color:green; font-sizex:15px;}

其中，"font-family"表示字体，"color"表示字体颜色，"font-size"表示字体大小。样式表定义时使用<style>标记括起，放在<head>标记范围内，<style>标记内定义的前后可以加上注释符"<!--"、"-->"，它的作用是使不支持 CSS 的浏览器忽略样式表定义。<style>标记的 type 属性指明样式的类别，默认值为"text/css"，例如：

```
<head>
    <style type="text/css">
    <!--
        .style1 {font-size: 20px; font-family: "黑体";}
    -->
    </style>
</head>
```

内部样式表主要使用标记的 class 属性来引用，只要将标记的 class 属性值设置为样式表中定义的类选择符即可，例如：

```
<div class="style1">内部样式表的引用</div>
<input type="text" name="text" class="style1"  />
```

利用类选择符和标记的 class 属性，可以使相同的标记使用不同的样式，或使不同的标记使用相同的样式。

3. 外联样式

无论是内嵌样式还是内部样式，都只能由当前的 HTML 文档引用，这样一来，只有当前页面中的元素可以重用 CSS 代码，而其他页面则不能，这对于制作大型网站是极为不利的！因为大型网站往往囊括了数量庞大的页面，且众多页面的显示风格是高度一致的，大型网站的这些特点对 CSS 代码重用提出了更高的要求，需要依靠外联样式。

外联样式表就是把样式存放在单独的 CSS 文件中。在 HTML 中的<head>中采用<link>标记将 CSS 文件关联起来，例如：

```
<head>
<meta … />
<link href="mystyle.css" type="text/css" rel="stylesheet" rev="stylesheet"  />
</head>
```

其中，mystyle.css 是定义的样式表文件，内容如下：

```
div{
        width:300px;              /*定义 div 元素的宽度为 300 像素*/
        height:200px;             /*定义 div 元素的高度为 200 像素*/
        padding:6px;
        border:#006600 2px solid;
        font-size:16px;
        color:#889900;
}
#sty1{
        …
}
…
```

这样，被关联的 HTML 中的 div 均采用该样式，也可以采用 class 属性引用其他样式。

引用样式文件的 HTML 文档在头部用<link>标记链接 CSS 样式文件，<link>标记的属性主要有 rel、href、type 和 media。rel 属性用于定义链接的文件和 HTML 文档之间的关系，通常取值为 stylesheet；href 属性指出 CSS 样式文件的位置和文件名；type 属性指出样式的类别（通常取值为 text/css）；media 属性用于指定接收样式表的介质，默认值为 screen（显示器），还可以是 print（打印机）、projection（投影机）等。

2.4.2 页面布局

页面布局在网页设计中占据重要的作用，一个网页的布局直接影响了一个网站的效果。页面布局涉及两方面内容，一个是页面整体结构布局，另一个是页面元素布局。

1. 页面整体结构布局

常用的网页布局方式有两种：一种是传统的表格布局，优点是布局直观方便，缺点是日后调整布局麻烦，网页显示速度慢（整个表格下载结束后才能显示）；另一种是利用 DIV+CSS 布局，也是当前网页设计中主要采用的方法。

（1）表格布局

利用表格布局主要通过将网页中的内容分为若干个区块，用表格的单元格代表区块，然后分别在不同的区块内填充内容，如图 2.16 所示。一般先把整个网站分为几个大的区块，规划出页面整体布局，然后根据页面的布局利用表格绘制页面，如果单元格内的元素很多，需要在单元格内再插入一个表格，对单元格内的元素再进行布局……以此类推，直到网页内的元素位置可以方便控制为止。

图 2.16 表格布局

利用表格布局的局限性：因为网页内的所有元素都在表格内，而浏览器需要把整个表格全部下载到客户端后才可以显示表格内的内容，用户会感觉到网站打开速度有些慢，所以不提倡采用表格对整个网页布局，一般情况下只是利用表格控制网页局部的布局。

（2）DIV+CSS 布局

DIV+CSS 的页面布局是 Web 2.0 时代提倡的一种页面布局方式，是一种比较灵活方便的布局方法。对于 DIV+CSS 布局的页面，浏览器会边解析边显示。实际上 DIV+CSS 布局的最大优点是体现了结构和表现的分离，方便日后网站的维护和升级。Visual Studio 2013 中新建的网页默认方式就是使用 DIV 方式来布局的。

DIV+CSS 网页布局的基本流程如下：

① 规划网页结构，把网站从整体上分为几个区块，规划好每个区块的大小和位置；
② 将区块用 DIV 标签代替，设置好每个 DIV 的大小和样式；
③ 通过布局属性设置 DIV 的位置布局。

要控制 DIV 的布局属性，可以采用 Visual Studio 2013 的样式生成器里的"布局"来设置，主要用到如下几个属性。

➢ 允许对象浮动（float），可取值：
● "不允许边上显示对象（none）"，即在 DIV 的两边不能显示其他的元素，独占一行。
● "靠左（left）"，允许对象向左浮动。

- "靠右（right）"，允许对象向右浮动。
- 清除浮动对象（clear，代表浮动清除），可取值：
- "任何一边（none）"，DIV 的任何一边都可以有浮动对象。
- "仅右边（right）"，DIV 的右边允许出现浮动对象，左边的元素被清除。
- "仅左边（left）"，DIV 的左边允许出现浮动对象，右边的元素被清除。
- "不允许（both）"，DIV 的两边均不允许出现浮动对象，两边的元素都被清除。

上面两个属性必须结合起来使用，来控制 DIV 的布局。

页面布局主要分为两栏布局和多栏布局。下面分别介绍利用 DIV+CSS 进行页面布局的方法。

两栏布局，即网页主体部分由两栏组成，如图 2.17 所示。整个网页插入一个宽 800 像素的 DIV，在其内部再放入其他的 DIV。顶部是"标题栏"，底部是"版权栏"，主体分为两栏，"内容栏"宽 500 像素，"侧栏"宽 300 像素。为了能够让"内容栏"偏到左边，需设置其 float 属性为 left，为了让"侧栏"偏到右边，需设置其 float 属性为 right。为了让"版权栏"两边没有别的元素，需设置其 clear 属性为 both。

多栏布局，如果栏数超过两个，可以通过层嵌套，将其分隔成如上所述的布局。例如，为 3 栏，则可以如图 2.18 所示布局。

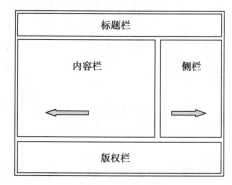

图 2.17 两栏布局　　　　　　　图 2.18 多栏布局

可以把左边的两个 DIV 放到一个 DIV 内部，这样就可以把这两个 DIV 看成一个对待，内部可以再进行布局。以此类推，当布局很复杂时，可以采用 DIV 内部再放 DIV 的方式来实现，例如：

```
<div id="top" >
    <div id="logo">…</div>
    <div id="ad">…</div>
    <div id="set">…</div>
</div>
<div id="center">
    <div id="left">…</div>
    <div id="right">…</div>
</div>
<div id="bottom">
</div>
```

如此设置样式，其布局效果如图 2.19 所示。

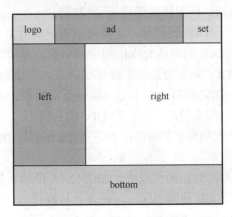

图 2.19 DIV 布局实例

另外，<span>用于在一行内布局。它仅在行内定义一个区域，即在一行内可以由数个 span 元素划分成几个区域，从而实现某种特定的布局效果。不仅如此，span 元素还能定义宽和高，例如：

```
<div id=" top"... >
    <span    ...>    … </span>
    <span    ...>    …
    <span    ...>    … </span>
    </span>
</div>
```

span 元素作为文本或其他内联元素的容器，与 div 元素一样在 CSS 布局中有着不可忽视的作用。

2. 页面元素布局

页面元素布局方式有两种，一种是网格布局（Grid Layout），另一种是流布局（Flow Layout）。

在流布局下，元素没有任何定位的样式属性，它们将在页中从上至下、从左至右或从右至左排列，具体取决于页的 dir 属性的设置、元素的容器元素或浏览器的语言设置。任何 Web 浏览器都可显示使用此布局的 HTML 文档。如果调整页的大小，元素有时将被重新定位。在 Visual Studio 2013 中，默认情况下，HTML 页或 ASP.NET 网页中的元素以它们在标记中的出现顺序呈现，即以流模式来定位元素。

如果页面中的某些元素带有坐标信息，则浏览器将以此坐标为标准，采用网格布局来定位所有元素。这样，无论用户使用的显示分辨率是多少，也无论浏览器窗口大小如何调整，这些元素都将显示在固定的位置。

可以对单个元素应用定位选项，从而可将元素放置在页中的精确位置。也可以为添加到页中的任何新元素指定定位选项。

Visual Studio 2013 开发工具允许指定与 W3C 规范中为级联样式表定义的定位选项对应的定位选项。定位选项在实现 W3C HTML 4.0 标准的任何浏览器中都有效。Visual Studio 2013 提供了以下 4 种定位选项。

（1）absolute：元素呈现到页中由 left、right、top 和 bottom 样式属性的任意组合所定义的位置。位置（0,0）是基于当前元素的父级定义的。父级是具有定位信息的第一个容器元素。例如，如果当前元素在具有定位信息的 div 元素内，则将基于 div 元素的位置来计算绝对定位信息。如果当前元素没有带定位信息的容器元素，则将基于 body 元素计算定位信息。

（2）relative：元素呈现到页中由 left 和 top 样式属性所定义的位置。此选项与 absolute 的区别在于，(0,0) 位置是根据元素在页面流中的位置来定义的。具有相对定位并且 top 和 left 都设置为 0 的元素将在流中正常显示。

需要注意的是，使用绝对或相对定位的元素在页中可能会不按照页标记声明中的顺序显示，这可能会引起混乱。例如，在"源"视图中，可能将某个按钮定义为标记中的第一个元素，但设置它的定位后，该按钮可能在呈现的页或"设计"视图中显示为最后一个元素。

（3）static：元素使用流布局呈现，即元素不使用二维定位。如果要对重写设置（该设置继承自主题或样式表）的单个控件设置定位选项，则可选择此选项。

（4）Not Set：该选项允许从将来可能要添加的单个控件或多个控件中移除任何现有的定位信息。

2.4.3 入门实践四："网上书店"主页

试用 DIV+CSS 布局的方式设计并呈现"网上书店"主页。

新建 ASP.NET 项目，项目名为 Css_Htm。在项目中新建名为 css 的文件夹，文件夹里创建一个 CSS 文件 bookstore.css，其中编写"网上书店"主页的样式定义代码。

bookstore.css 文件中的代码如下：

```
body {
    font-size: 12px; background: #999999; margin: 0px color:#000000
}
IMG {
    border-top-width: 0px; border-left-width: 0px; border-bottom-width: 0px; border-right-width: 0px
}
a {
    font-family: "宋体";
    color: #000000;
}
.content {
    background: #fff; margin: 0px auto; width: 972px; font-family: arial, "宋体"
}
.left {
    padding-left: 6px; float: left; width: 157px
}
.right {
    margin-left: 179px
```

```css
}
.list_box {
    padding-right: 1px; padding-left: 1px; margin-bottom: 1px; padding-bottom: 1px; width: 155px; padding-top: 1px;
}
.list_bk {
    border-right: #9ca5cc 1px solid; padding-right: 1px; border-top: #9ca5cc 1px solid; padding-left: 1px; padding-bottom: 1px; border-left: #9ca5cc 1px solid; padding-top: 1px; border-bottom: #9ca5cc 1px solid
}
.right_box {
    float: left
}
.foot {
    background: #fff; margin: 0px auto; width: 972px; font-family: arial, "宋体"
}
.foot_box {
    clear: both; border-right: #dfe0e8 3px solid; padding-right: 10px; border-top: #dfe0e8 3px solid; padding-left: 10px; background: #f0f0f0; padding-bottom: 7px; margin: 0px auto 5px; border-left: #dfe0e8 3px solid; width: 920px; color: #3d3d3c; padding-top: 7px; border-bottom: #dfe0e8 3px solid
}
.head {
    background: #fff; margin: 0px auto; width: 972px; font-family: arial, "宋体"
}
.head_left {
    float: left; width: 290px
}
.head_right {
    margin-left: 293px
}
.head_right_nei {
    float: left; width: 668px
}
.head_top {
    margin: 3px 0px 0px; color: #576976; line-height: 33px; height: 33px
}
.head_buy {
    float: right; width: 240px; color: #628fb6; margin-right: 5px
}
.head_middle {
    margin: 6px 0px; line-height: 23px; height: 23px
}
.head_bottom {
    margin: 16px 0px 0px; color: #0569ae; height: 22px
}
```

```css
.title01:link {
    display: block; font-weight: bold; font-size: 13px;    float: left; color: #e6f4ff; text-decoration: none
}
.title01:visited {
    display: block; font-weight: bold; font-size: 13px;    float: left; color: #111111; text-decoration: none
}.
.title01:hover {
    text-decoration: none
}
.title01 span {
    padding-right: 7px; padding-left: 7px; padding-bottom: 0px; padding-top: 0px; letter-spacing: -1px
}
.list_title {
    padding-right: 7px; padding-left: 7px; font-weight: bold; font-size: 12px; margin-bottom: 13px; padding-bottom: 0px; color: #fff; line-height: 23px; padding-top: 0px; height: 23px
}
.list_bk ul {
    padding-right: 7px; padding-left: 7px; padding-bottom: 0px; width: 135px; padding-top: 0px
}
.point02 li {
    padding-left: 10px; margin-bottom: 6px
}
.green14b {
    font-weight: bold; font-size: 14px; color: #5b6f1b
}
.xh5 {
    padding-right: 11px; padding-left: 11px; float: left; padding-bottom: 0px; width: 130px; padding-top: 0px; text-align: center
}
.info_bk1 {
    border-right: #dfe0e8 1px solid; padding-right: 0px; border-top: #dfe0e8 1px solid; padding-left: 0px; background: #fafcfe; padding-bottom: 13px; margin: 0px 0px 20px 7px; border-left: #dfe0e8 1px solid; width: 761px; padding-top: 13px; border-bottom: #dfe0e8 1px solid
}
```

定义好样式后，就可以在接下来的网页设计中直接引用这些样式来达到想要呈现的效果。

下面开始设计"网上书店"的各个页面，各页面的功能及源码如下。

（1）main.html（主网页）

```html
<!DOCTYPE html>
<html xmlns="http://www.w3.org/1999/xhtml">
<head>
<meta http-equiv="Content-Type" content="text/html; charset=utf-8"/>
    <title>网上书店</title>
```

```html
            <link href="css/bookstore.css" rel="stylesheet" type="text/css" />
    </head>
    <body>
        <div class="head">
            <div class="head_left">
                <a href="#">
                    <img hspace="11" src="image/logo.gif" vspace="5">
                </a>
                <br>      书店提供专业服务
            </div>
            <div class="head_right">
                <div class="head_right_nei">
                    <div class="head_top">
                        <div class="head_buy">
                            <strong>
                                <a href="#">
                                    <img height="15" src="image/cart.jpg" width="16"> 购物车
                                </a>
                            </strong>|
                            <a href="#">用户 FAQ</a>
                        </div>
                    </div>
                    <div class="head_middle">
                        <a class="title01" href="#">
                            <span>  首页  </span>
                        </a>
                        <a class="title01" href="#">
                            <span>  注册  </span>
                        </a>
                        <a class="title01" href="#">
                            <span>  登录  </span>
                        </a>
                        <a class="title01" href="#">
                            <span> 联系我们   </span>
                        </a>
                        <a class="title01" href="#">
                            <span> 网站地图   </span>
                        </a>
                    </div>
                    <div class="head_bottom">
                        <form action="" method="post">
                            <input type="text" name="bookname" size="50" align="middle" />
                            <input type="image" name="submit" src="image/search.jpg" align="top" style="width: 48px; height: 22px" />
                        </form>
```

```html
            </div>
        </div>
    </div>
</div>

<div class="content">
    <div class="left">
        <div class="list_box">
            <div class="list_bk">
                <ul class=point02>
                    <li>
                        <strong>图书分类</strong>
                    </li>
                    <li>
                        <a href="book.html" target="main">C 语言程序设计</a>
                    </li>
                    <li>
                        <a href="book.html" target="main">Java 开发</a>
                    </li>
                    <li>
                        <a href="bookDb.html" target="main">数据库</a>
                    </li>
                    <li>
                        <a href="bookWeb.html" target="main">网页编程</a>
                    </li>
                </ul>
            </div>
        </div>
    </div>
    <div class="right">
        <div class="right_box">
            <font face=" 宋 体 "></font><font face=" 宋 体 "></font><font face=" 宋 体 "></font><font face="宋体"></font>
            <div class="banner"></div>
            <div align="center">
                <h1><span class="green14b">新书展示</span></h1>
                <br>
                <iframe class=info_bk1 name ="main"></iframe>
            </div>
        </div>
    </div>
</div>

<div class="foot">
    <div class="foot_box">
```

```html
                <div align="right">
                    <div align="center">
                        电子工业出版社 南京研发中心版权所有
                    </div>
                    <div align="center"></div>
                    <div align="center">
                        Copyright &copy; 2010-2016, All Rights Reserved .
                    </div>
                </div>
            </div>
        </div>
</body>
</html>
```

（2）bookDb.html（"数据库"类目图书展示）

```html
<!DOCTYPE html>
<html xmlns="http://www.w3.org/1999/xhtml">
<head>
    <meta http-equiv="Content-Type" content="text/html; charset=utf-8" />
    <title></title>
</head>
<body>
    <img src="image/SQL Server（2014）.jpg" width="118" height="166" border="0" />
    <img src="image/SQL Server（2012）.jpg" width="118" height="166" border="0" />
    <img src="image/Oracle（12c）.jpg" width="118" height="166" border="0" />
    <img src="image/Oracle（11g）.jpg" width="118" height="166" border="0" />
    <img src="image/MySQL（2）.jpg" width="118" height="166" border="0" />
</body>
</html>
```

（3）bookWeb.html（"网页编程"类目图书信息列表）

```html
<!DOCTYPE html>
<html xmlns="http://www.w3.org/1999/xhtml">
<head>
    <meta http-equiv="Content-Type" content="text/html; charset=utf-8" />
    <title></title>
</head>
<body>
    <table align="center" border="1" bordercolor="red">
        <tr bgcolor="#CCCCCC">
            <th width="80">类　别</th>
            <th width="230">书　名</th>
            <th width="150">I S B N</th>
            <th width="90">定　价(￥)</th>
        </tr>
        <tr>
```

```
                <th align="center"><font color="green">网页编程</font></th>
                <td><a href="image/PHP（2）.jpg">PHP 实用教程（第 2 版）</a></td>
                <td align="center">9787121243394</td>
                <td align="center">45.00</td>
            </tr>
        </table>
    </body>
</html>
```

（4）book.html（"暂无新书"显示页）

```
<!DOCTYPE HTML
        PUBLIC "-//W3C//DTD XHTML 1.0 Strict//EN"
        "http://www.w3.org/TR/xhtml1/DTD/xhtml1-strict.dtd">
<html>
<body>
    <h2 align="center">暂无新书</h2>
</body>
</html>
```

完成后运行主网页 main.html 文件，点击左边"图书分类"目录下的"<u>数据库</u>"链接，展示所有数据库类图书的封面，运行效果如图 2.20 所示。

图 2.20　"网上书店"展示数据库类图书

点击左边"图书分类"目录下的"<u>网页编程</u>"链接，显示网页编程类图书的信息列表，如图 2.21 所示。

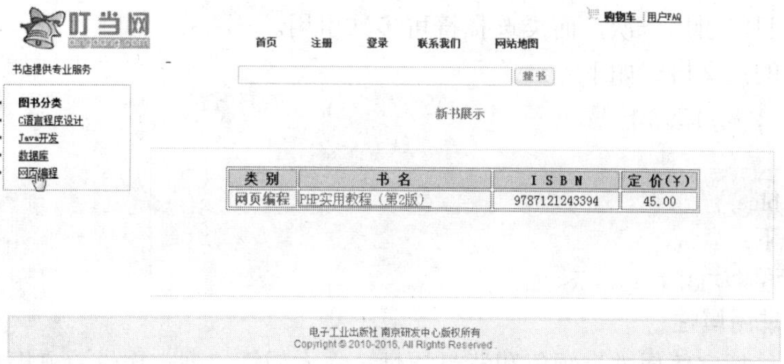

图 2.21　"网上书店"显示网页编程类图书信息

2.4.4 知识点——CSS 选择符及属性

1. CSS 选择符
定义样式表的符号就是 CSS 选择符。选择符可分为以下几种情况。
(1) 标记符
标记符{规则表}
标记符可以是一个或多个，各个标记之间以逗号分开。
例如，"入门实践四"的 CSS 文件里有如下代码：

```
body {
    font-size: 12px; background: #999999; margin: 0px color:#000000
}
IMG {
    border-top-width: 0px; border-left-width: 0px; border-bottom-width: 0px; border-right-width: 0px
}
a {
    font-family: "宋体";
    color: #000000;
}
```

其中，body、IMG、a 都是标记符。
(2) 类选择符和 class 属性
利用类选择符和标记的 class 属性可以使相同的标记使用不同的样式，也可以使不同的标记使用同样的样式，因为只要使标记的 class 属性值为样式表中定义的类选择符即可。

类选择符在样式表中定义具有样式值的类，有两种定义格式：
① 标记名.类名{规则 1; 规则 2; ... }
② .类名{规则 1; 规则 2; ... }

前者是为特定的标记定义的类，该标记的 class 属性设置为该类名，只有使用该标记的内容才会采用这个样式；后者为一般定义的类，只要某标记引用了该类名就可采用这个样式。

(3) id 选择符和 id 属性
id 选择符用于定义一个元素独有的样式，它与类选择符的区别在于：id 选择符在一个 HTML 文档中只能引用一次，而类选择符可多次引用。

id 选择符的定义格式如下：
#id 名{规则 1; 规则 2;... }
例如：
#id1 {color: blue; }
其引用方法如下：
\<h3 id="id1"\>内容 id1 样式显示\</h3\>

2. CSS 常用属性
CSS 属性包括字体属性、颜色和背景属性、文本属性、列表属性、方框属性、分类属性和定位属性等。

（1）字体属性

字体属性如表 2.3 所示。

表 2.3 字体属性说明

属性名	取值	说明
font-family	"宋体" "隶书" …	字体
font-size	12pt … 8px …	字号
font-style	italic bold …	字体风格
font-weight	100 200 …	字加粗
font-variant		字体变化
font		字体综合设置

（2）颜色和背景属性

颜色和背景属性如表 2.4 所示。

表 2.4 颜色和背景属性说明

属性名	取值	说明
color	颜色表示	指定页面元素的前景色
background-color	颜色表示 transparent	指定页面元素的背景色
background-image	URL none	指定页面元素的背景图像
background-repeat	repeat repeat-x repeat-y no-repeat	指定一个被指定的背景图像被重复的方式。默认值为 repeat
background-attachment	scroll fixed	指定背景图像是否跟随页面内容滚动。默认值为 scroll
background-position	数值表示法 关键词表示法	指定背景图像的位置
background	背景颜色 背景图像 背景重复 背景位置	背景属性综合设定

（3）文本属性

文本属性如表 2.5 所示。

表 2.5　文本属性说明

属 性 名	取　　值	说　　明
letter-spacing	长度值 normal	设定字符之间的间距
text-decoration	none underline overline line-through blink	设定文本的修饰效果，line-through 是删除线，blink 是闪烁效果。默认值为 none
text-align	left right center justify（将文字均分展开）	设置文本横向排列对齐方式
vertical-align	baseline super Sub top middle bottom text-top text-bottom 百分比	设定元素纵向排列对齐方式
text-indent	长度值 百分比	设定块级元素第一行的缩进量
line-height	normal 长度值 数字 百分比	设定相邻两行的间距

（4）列表属性

列表属性如表 2.6 所示。

表 2.6　列表属性说明

属 性 名	取　　值	说　　明
list-style-type	无序列表值： disc circle square 有序列表值： decimal lower-roman upper-roman lower-alpha upper-alpha 公用值：none	表项的项目符号 disc：实心圆点 circle：空心圆 square：实心方形 decimal：阿拉伯数字 lower-roman：小写罗马数字 upper-roman：大写罗马数字 lower-alpha：小写英文字母 upper-alpha：大写英文字母 none：不设定

第 2 章 项目开发入门：ASP.NET 网页设计基础

续表

属性名	取值	说明
list-style-image	url（URL）	使用图像作为项目符号
list-style-position	outside、inside	设置项目符号是否在文字里面，与文字对齐
list-style	项目符号、位置	综合设置项目属性

（5）方框属性

方框属性如表 2.7 所示。

表 2.7 方框属性说明

属性名	说明
margin-top	设定 HTML 文件内容与块元素的上边界距离。值为百分比时依照其上级元素的设置值。默认值为 0
margin-right	设定 HTML 文件内容与块元素的右边界距离
margin-bottom	设定 HTML 文件内容与块元素的下边界距离
margin-left	设定 HTML 文件内容与块元素的左边界距离
margin	设定 HTML 文件内容与块元素的上、右、下、左边界距离。如果只给出 1 个值，则被应用于 4 个边界，如果只给出 2 个或 3 个值，则未显式给出值的边用其对边的设定值
padding-top	设定 HTML 文件内容与上边框之间的距离
padding-right	设定 HTML 文件内容与右边框之间的距离
padding-bottom	设定 HTML 文件内容与下边框之间的距离
padding-left	设定 HTML 文件内容与左边框之间的距离
padding	设定 HTML 文件内容与上、右、下、左边框的距离。设定值的个数与边框的对应关系同 margin 属性
border-top-width	设置元素上边框的宽度
border-right-width	设置元素右边框的宽度
border-bottom-width	设置元素下边框的宽度
border-left-width	设置元素左边框的宽度
border-width	设置元素上、右、下、左边框的宽度。设定值的个数与边框的对应关系同 margin 属性
border-top-color	设置元素上边框的颜色
border-right-color	设置元素右边框的颜色
border-bottom-color	设置元素下边框的颜色
border-left-color	设置元素左边框的颜色
border-color	设置元素上、右、下、左边框的颜色。设定值的个数与边框的对应关系同 margin 属性
border-style	设定元素边框的样式。设定值的个数与边框的对应关系同 margin 属性。默认值为 none
border-top	设定元素上边框的宽度、样式和颜色
border-right	设定元素右边框的宽度、样式和颜色
border- bottom	设定元素下边框的宽度、样式和颜色
border-left	设定元素左边框的宽度、样式和颜色

续表

属 性 名	说 明
width	设置元素的宽度
height	设置元素的高度
float	设置文字围绕于元素周围。left：元素靠左，文字围绕在元素右边；right：元素靠右，文字围绕在元素左边；None：以默认位置显示
clear	清除元素浮动。none：不取消浮动；left：文字左侧不能有浮动元素；right：文字右侧不能有浮动元素；both：文字两侧都不能有浮动元素

（6）定位属性

定位属性如表 2.8 所示。

表 2.8 定位属性说明

属 性 名	说 明
top	设置元素与窗口上端的距离
left	设置元素与窗口左端的距离
position	设置元素位置的模式
z-index	z-index 将页面中的元素分成多个"层"，形成多个层"堆叠"的效果，从而营造出三维空间效果

2.5 HTML 控件表单

  HTML 服务器控件运行在服务器上，并且可以直接映射为大多数浏览器支持的标准 HTML 标签。HTML 服务器控件由普通 HTML 控件转换而来，外观基本上与普通 HTML 控件一致。

  默认情况下，服务器无法使用 Web 窗体页上的 HTML 元素，这些元素被视为传递给浏览器的不透明文本。将 HTML 元素转换为 HTML 服务器控件，可将其公开为在服务器上可编程的元素。ASP.NET 允许提取 HTML 元素，通过少量的工作把它们转换为服务器控件。在源视图中对 HTML 元素添加 runat="server" 属性，即可将 HTML 元素转换为服务器控件。另外，为了让控件在服务器端代码中被识别出，还应当添加 id 属性。

  HTML 服务器控件除了在服务器端处理事件外，还可以在客户端通过脚本处理事件。但它对客户端浏览器的兼容性较差，不能兼容不同的浏览器。它和 HTML 元素具有相同的抽象层次，没有太复杂的功能。

2.5.1 HTML 控件的基本语法

  定义 HTML 服务器控件的基本语法格式如下：

<HTML 标记 ID="控件名称" runat="Server">

  HTML 服务器控件是由 HTML 标记所衍生出来的新功能，在所有的 HTML 服务器控

件的语法中,最前端是 HTML 标记,不同控件所用的标记不同;runat ="server" 表示控件将会在服务器端执行;ID 用来设置控件的名称,在同一程序中各控件的 ID 均不相同,ID 属性允许以编程方式引用该控件。

表 2.9 列举了 HTML 服务器控件与 HTML 标记的对应关系,并标示出它们所属的类别。

表 2.9 HTML 服务器控件与 HTML 标记的对应

HTML 服务器控件名称	类别	HTML 标记	说明
HtmlHead	容器	\<head\>	\<head\>元素,可以在其控件集合中添加其他元素
HtmlTitle	容器	\<title\>	标题元素
HtmlForm	容器	\<form\>	每个页面最多有一个 HtmlForm 控件
HtmlInputButton	输入	\<input\>	\<input type=button\>
HtmlInputSubmit	输入	\<input\>	\<input type=submit\>
HtmlInputReset	输入	\<input\>	\<input type=reset\>
HtmlInputCheckbox	输入	\<input\>	\<input type=checkbox\>
HtmlInputFile	输入	\<input\>	\<input type=file\>
HtmlInputHidden	输入	\<input\>	\<input type=hidden\>
HtmlInputImage	输入	\<input\>	\<input type=image\>
HtmlInputRadioButton	输入	\<input\>	\<input type=radio\>
HtmlInputText	输入	\<input\>	\<input type=text\>
HtmlInputPassword	输入	\<input\>	\<input type=password\>
HtmlImage	空	\<img\>	图片
HtmlLink	空	\<link\>	读取/设置目标 URL
HtmlTextArea	容器	\<textarea\>	多行文本输入框
HtmlAnchor	容器	\<a\>	锚标签
HtmlButton	容器	\<button\>	服务器端按钮,可自定义显示格式,IE 6.0 及以上版本可用
HtmlMeta	容器	\<meta\>	\<meta\> 元素是关于呈现页的数据(但不是页内容本身)的容器
HtmlTable	容器	\<table\>	表格,可以包含行,行中包含单元格
HtmlTableCell	容器	\<td\>/\<th\>	表格单元格/表格标题单元格
HtmlTableRow	容器	\<tr\>	表格行,行中包含单元格
HtmlSelect	容器	\<select\>	用于选择的下拉菜单
HtmlGenericControl	容器	\<span\>、\<div\>、\<body\>、\<font\>	此类可以表示不直接用 .NET Framework 类表示的 HTML 服务器控件元素

服务器不会处理普通的 HTML 控件,它们将直接被发送到客户端,由浏览器进行显示。HTML 控件集成在 Visual Studio 2013 工具箱的"HTML"选项卡中,如图 2.22 所示。

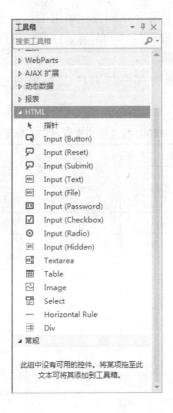

图 2.22 HTML 控件

要让 HTML 控件能在服务器端被处理，就要将它们转换为 HTML 服务器控件。将普通 HTML 控件转换为 HTML 服务器控件，需添加 runat="server"属性。另外，可根据需要添加 id 属性，这样就可以通过编程方式访问和控制它。

例如，下面的文本框输入控件：

`<input type="text" size="30"/>`

为其添加 id 和 runat 属性，将它转换为 HTML 服务器控件，如下所示：

`<input type="text" id="TxtName" size="30" runat="server"/>`

HTML 控件变为服务器控件后，控件的事件在服务器处理，对应的事件名称也会发生变化。例如，按钮 Button 包含 onServerClick 属性，而不是常规 HTML 或 ASP 页面中使用的 onClick 属性。这就在告知服务器当按钮的单击事件发生时，应调用的函数是"按钮 ID_ServerClick"。若希望控件在客户端处理事件，则应使用传统的 onClick 属性。在这种情况下，必须提供客户端脚本来处理事件，系统会首先执行客户端代码，然后再运行服务器代码。

2.5.2 入门实践五：表单更新结算

用 HTML 控件设计一个购书表单，实现提交后计算购书总金额的功能。

（1）新建 ASP.NET 项目，项目名为 Form_Asp。往项目中添加 Web 窗体 showCart .aspx，在设计模式下，从工具箱拖曳 HTML 控件绘出表单界面如图 2.23 所示。

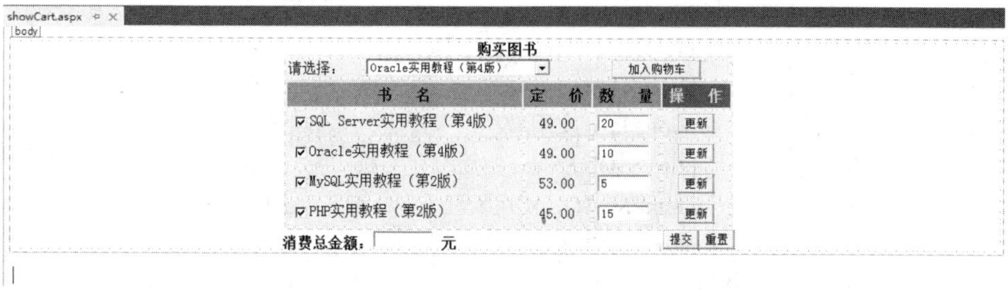

图 2.23 用 HTML 控件设计的表单

该表单的 HTML 代码为：

```
<%@ Page Language="C#" AutoEventWireup="true" CodeBehind="showCart.aspx.cs" Inherits="Form_Asp.showCart" %>
<!DOCTYPE html>
<html xmlns="http://www.w3.org/1999/xhtml">
<head runat="server">
<meta http-equiv="Content-Type" content="text/html; charset=utf-8"/>
    <title></title>
    <style type="text/css">
        #Text1 {
            width: 50px;
        }
        #Text2 {
            width: 50px;
        }
        #Text3 {
            width: 50px;
        }
        #Text4 {
            width: 50px;
        }
        #Text5 {
            width: 60px;
        }
    </style>
</head>
<body>
    <form id="form1" runat="server">
    <div>
        <div style="font-family: 宋体; text-align: center; font-weight: bold;">购买图书</div>
        <table width="500" border="0" align="center" bgcolor="#CCFFFF">
```

```html
            <tr>
                <td class="auto-style1">请选择：</td>
                <td class="auto-style1">
                    <select id="Select1" name="D1">
                        <option>Oracle 实用教程（第 4 版）</option>
                        <option>Java 实用教程（第 3 版）</option>
                        <option>SQL Server 实用教程（第 4 版）</option>
                        <option>MySQL 实用教程（第 2 版）</option>
                        <option>PHP 实用教程（第 2 版）</option>
                    </select>
                </td>
                <td><input id="Button1" name="buyBtn" type="button" value="加入购物车" /></td>
            </tr>
        </table>
    </div>
    <div>
        <table width="500" border="0" cellspacing="2" cellpadding="5" bgcolor="#CCFFFF" align="center">
            <tr>
                <td style="background-color: #00CC00; text-align: center; font-family: 宋体; font-weight: bold;">书 名</td>
                <td style="background-color: #00CC00; font-weight: bold; font-family: 宋体; text-align: center;">定 价</td>
                <td style="background-color: #00CC00; font-weight: bold; font-family: 宋体; text-align: center;">数 量</td>
                <td style="background-color: #006600; font-weight: bold; font-family: 宋体; text-align: center; color: #CCCCCC;">操 作</td>
            </tr>
            <tr>
                <td>
                    <input id="Checkbox1" type="checkbox" checked="checked" />SQL Server 实用教程（第 4 版）</td>
                <td style="text-align: center">49.00</td>
                <td>
                    <input id="Text1" type="text" value="20" runat="server" /></td>
                <td align="center"><input id="Button2" type="button" value="更新" runat="server" onserverclick="Button2_ServerClick" /></td>
            </tr>
            <tr>
                <td>
                    <input id="Checkbox2" type="checkbox" checked="checked" />Oracle 实用教程（第 4 版）</td>
                <td style="text-align: center">49.00</td>
```

```
                <td>
                        <input id="Text2" type="text" value="10" runat="server" /></td>
                <td align="center"><input id="Button3" type="button" value="更新" runat="server" onserverclick="Button3_ServerClick" /></td>
            </tr>
            <tr>
                <td>
                        <input id="Checkbox3" type="checkbox" checked="checked" />MySQL 实用教程（第 2 版） </td>
                <td style="text-align: center">53.00</td>
                <td>
                        <input id="Text3" type="text" value="5" runat="server" /></td>
                <td align="center">
                        <input id="Button4" type="button" value=" 更 新 " runat="server" onserverclick="Button4_ServerClick" /></td>
            </tr>
            <tr>
                <td>
                        <input id="Checkbox4" type="checkbox" checked="checked" />PHP 实用教程（第 2 版） </td>
                <td style="text-align: center">45.00</td>
                <td>
                        <input id="Text4" type="text" value="15" runat="server" /></td>
                <td align="center">
                        <input id="Button5" type="button" value=" 更 新 " runat="server" onserverclick="Button5_ServerClick" /></td>
            </tr>
        </table>
    </div>
    <div style="font-family: 宋体; font-weight: bold; text-align: center;">
        消费总金额：<input id="Text5" style="text-align: right" type="text" runat="server" /> 元          
        <input id="Submit1" type="submit" value="提交" /><input id="Reset1" type="reset" value="重置" />
    </div>
    </form>
</body>
</html>
```

（2）在 showCart.aspx 的"源"视图中为"更新"按钮添加事件，如图 2.24 所示操作。

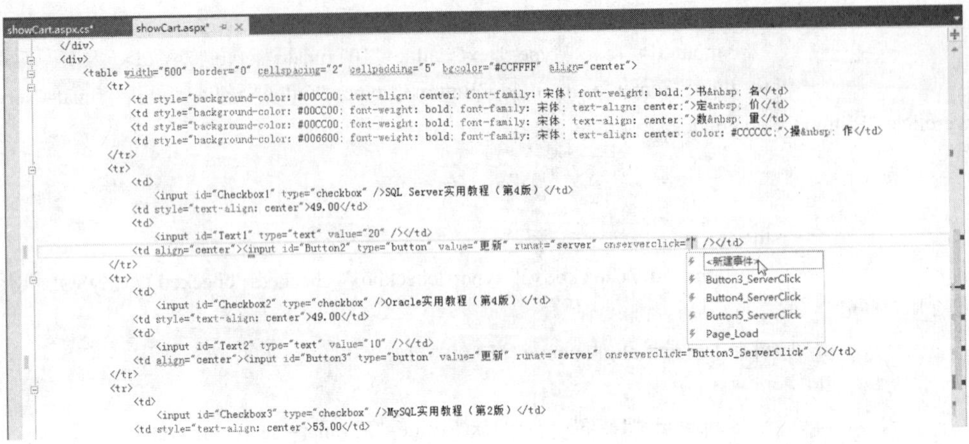

图 2.24 为 HTML 控件添加事件

编写事件代码为：

```
using System;
using System.Collections.Generic;
using System.Linq;
using System.Web;
using System.Web.UI;
using System.Web.UI.WebControls;
namespace Form_Asp
{
    public partial class showCart : System.Web.UI.Page
    {
        protected void Page_Load(object sender, EventArgs e) { }

        protected void Button5_ServerClick(object sender, EventArgs e)
        {
            Text5.Value = GetTotalPrice().ToString();
        }

        protected void Button4_ServerClick(object sender, EventArgs e)
        {
            Text5.Value = GetTotalPrice().ToString();
        }

        protected void Button3_ServerClick(object sender, EventArgs e)
        {
            Text5.Value = GetTotalPrice().ToString();
        }

        protected void Button2_ServerClick(object sender, EventArgs e)
        {
```

```
                Text5.Value = GetTotalPrice().ToString();
            }

            private double GetTotalPrice()
            {
                return   int.Parse(Text1.Value) *   49.00   +   int.Parse(Text2.Value)   *   49.00   +
int.Parse(Text3.Value) * 53.00 + int.Parse(Text4.Value) * 45.00;
            }
        }
    }
```

运行网页，在文本框输入每种书的购买数量后，单击"提交"按钮，结算出总金额，如图 2.25 所示。

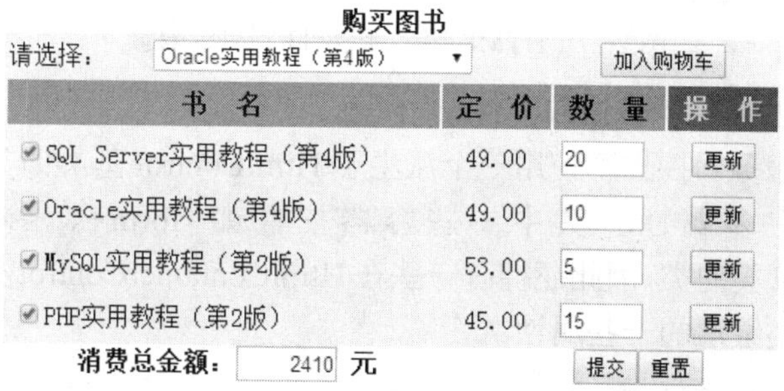

图 2.25　提交表单结算购书金额

修改购书数量，如这里将《MySQL 实用教程（第 2 版）》的购买量由 5 本增加到 6 本，单击"更新"按钮，消费总金额也会随之更新，如图 2.26 所示。

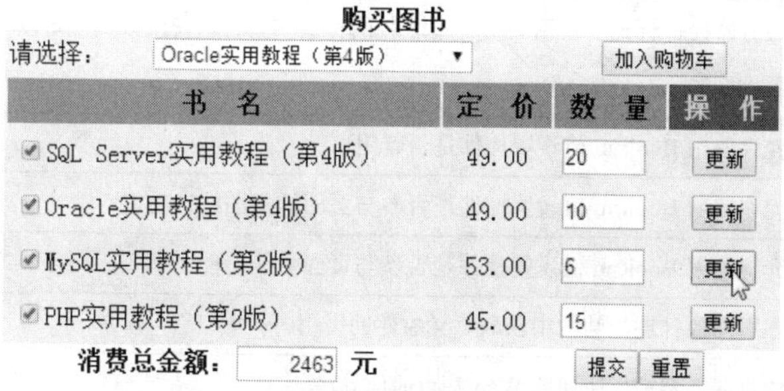

图 2.26　更新结算金额

2.5.3　知识点——HTML 控件简介

1. HTML 控件的层次

HTML 服务器控件位于命名空间 System.Web.UI.HtmlControls。在该命名空间中包含了 20 多个 HTML 控件类，根据类型可以分为 HTML 容器控件和 HTML 输入控件。图 2.27 显示了 HTML 服务器控件的层次结构。

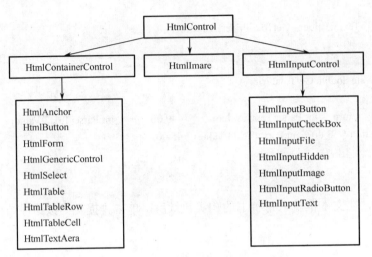

图 2.27　HTML 服务器控件的层次结构

2．HTML 控件的属性、方法和事件

所有的 HTML 服务器控件都使用一个派生于 HtmlControl 基类的类。这个类从控件的派生类中继承了许多属性。其中一些容器控件如<form>、<select>使用派生于 HtmlContainerControl 类的类,因此还拥有一些在 HtmlContainerControl 类中声明的新属性。表 2.10 列出了从基类继承的一些属性。

表 2.10　HTML 服务器控件的属性

方法或属性	说　　明
ID	获取或设置控件的唯一标识符
Page	获取包含特定服务器控件的 Page 对象的引用
Attributes	服务器控件标记上表示的所有属性名称和值的集合。使用该属性可以用编程方式访问 HTML 服务器控件的所有特性
Disabled	允许使用 Boolean 值设置控件是否禁用
EnableViewState	允许使用 Boolean 值设置控件是否参与页面的视图状态功能
EnableTheming	允许使用 Boolean 值设置控件是否参与页面主题功能
Parent	在页面控件层次结构中获取对父控件的引用
Site	提供服务器控件所属的 Web 站点的信息
SkinID	EnableTheming 属性设置为 True 时,SkinID 属性指定在设置主题时使用的 skin 文件
Style	引用应用于特定控件的 CSS 样式集合
TagName	提供从指定控件中生成的元素名
Visible	指定控件在生成的页面上是否可见
InnerHtml	获取或设置控件的开始标记和结束标记之间的内容,但不自动将特殊字符转换为等效的 HTML 实体
InnerText	获取或设置控件的开始标记和结束标记之间的内容,并自动将特殊字符转换为等效的 HTML 实体
Value	获取各种输入字段的值,包括 HtmlSelect、HtmlInputText 等

HTML 服务器控件的主要事件有 ServerClick 和 ServerChange。控件 HtmlAnchor、HtmlButton、HtmlForm、HtmlInputButton、HtmlInputImage 拥有 ServerClick 事件，该事件是一个简单的单击行为在服务器端的处理，允许代码立即产生动作；HtmlInputCheckBox、HtmlInputHidden、HtmlInputRadioButton、HtmlSelect、HtmlTextArea 和 HtmlInputText 控件拥有 ServerChange 事件，该事件在发生改变时，直到页面被传回服务器才会出现。ASP.NET 的事件标准是每个事件都应该传回两个参数，第一个参数是引发事件的对象（控件），第二个参数是包含事件附加信息的特殊对象。

习　题

1．请写出 HTML 文档的主体结构。
2．列举出 HTML 的各种标记并介绍其作用。
3．写出字体为"黑体"、字号为"5"、颜色为"红色"的字体的 HTML 代码。
4．完成"入门实践一"，掌握网页表格的设计，学会运用表格来布局和显示各种信息。
5．<form>标记中的<input>文本框、密码框类型和<textarea>有什么不同？
6．完成"入门实践二"，掌握表单的设计和应用。
7．框架的分割有哪几种表示方法？
8．完成"入门实践三"，掌握框架网页设计方法，并能灵活地往目标框架中加载网页、图片、表格等各种超链接内容。
9．什么是 CSS 样式表？如何进行样式表的定义和引用？
10．按照"入门实践四"的指导，用 DIV+CSS 方式布局设计"网上书店"主页。
11．完成"入门实践五"，说说 HTML 控件构成的表单与用 HTML 标记编写的表单有什么不同？

第 3 章

项目知识准备：C# 程序设计基础

C#（读作"C sharp"）是 .NET 平台为应用开发而全新设计的一种编程语言，具有开发简单、现代时尚、完全面向对象、类型安全等特点，已经成为 Windows 应用开发语言中的宠儿。C#作为 ASP.NET 的编程脚本语言，更是受到广泛欢迎。

3.1 C# 语法基础

要熟练掌握 C# 的运用，首先要从最基本的语法学起。

3.1.1 数据类型

C# 包括两种变量类型：值类型和引用类型。数据类型的分类如图 3.1 所示。本节简单介绍这两种数据类型及装箱和拆箱的基本概念。

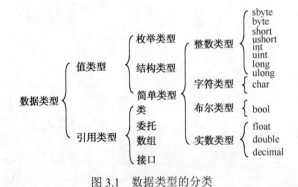

图 3.1 数据类型的分类

1. 值类型

所谓值类型就是一个包含实际数据的量。当定义一个值类型的变量时，C# 会根据它所声明的类型，以堆栈方式分配一块大小相适应的存储区域给这个变量，随后对这个变量的读、写操作就直接在这块内存区域进行。例如：

```
int    iNum=10;        //分配一个 32 位内存区域给变量 iNum，并将 10 放入该内存区域
iNum=iNum+10;          //从变量 iNum 中取出值，加上 10，再将计算结果赋给 iNum
```

值类型中的简单类型是系统预置的，一共有 13 个简单类型，如表 3.1 所示。

表 3.1 C#简单类型

C#关键字	.NET CTS 类型名	说明	范围和精度
short	System.Int16	16 位有符号整数类型	$-32\,768 \sim 32\,767$
ushort	System.UInt16	16 位无符号整数类型	$0 \sim 65\,535$
int	System.Int32	32 位有符号整数类型	$-2\,147\,483\,648 \sim 2\,147\,483\,647$
uint	System.Uint32	32 位无符号整数类型	$0 \sim 4\,294\,967\,295$
long	System.Int64	64 位有符号整数类型	$-9\,223\,372\,036\,854\,775\,808 \sim 9\,223\,372\,036\,854\,775\,807$
ulong	System.UInt64	64 位无符号整数类型	$0 \sim 18\,446\,744\,073\,709\,551\,615$
char	System.Char	16 位字符类型	所有的 Unicode 编码字符
float	System.Single	32 位单精度浮点类型	$\pm 1.5 \times 10^{-45} \sim \pm 3.4 \times 10^{38}$ （大约 7 个有效十进制数位）
double	System.Double	64 位双精度浮点类型	$\pm 5.0 \times 10^{-324} \sim \pm 3.4 \times 10^{308}$ （15～16 个有效十进制数位）
bool	System.Boolean	逻辑值（真或假）	true，false
decimal	System.Decimal	128 位高精度十进制数类型	$\pm 1.0 \times 10^{-28} \sim \pm 7.9 \times 10^{28}$ （28～29 个有效十进制数位）
sbyte	System.SByte	8 位有符号整数类型	$-128 \sim 127$
byte	System.Byte	8 位无符号整数类型	$0 \sim 255$

表中"C#关键字"是指在 C# 中声明变量时可使用的类型说明符。例如：

　　int myNum　　　　　　//声明 myNum 为 32 位的整数类型

.NET 的 CTS 包含所有简单类型，它们位于 .NET 框架的 System 名字空间。C# 的类型关键字就是 .NET 中 CTS 所定义类型的别名。从表 3.1 可见，C# 的简单类型可以分为整数类型、字符类型、布尔类型和实数类型。

👀　C#中的变量必须在声明及初始化之后方可使用，缺一不可。如果仅仅将变量声明，而未将其初始化，将导致无法使用此变量，程序在编译时会抛出错误。

2. 引用类型

引用类型的变量不存储它们所代表的实际数据，而是存储实际数据的引用。引用类型分两步创建：首先在堆栈上创建一个引用变量，然后在堆上创建对象本身，再把这个内存的句柄（也是内存的首地址）赋给引用变量。例如：

　　string S1, S2;
　　S1="ABCD"; S2 = S1;

其中，S1、S2 是指向字符串的引用变量，S1 的值是字符串"ABCD"存放在内存的地址，这就是对字符串的引用，两个引用型变量之间的赋值，使得 S2、S1 都是对"ABCD"的引用，如图 3.2 所示。

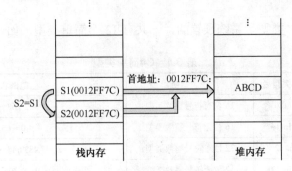

图 3.2　引用类型赋值示意

👀　堆和栈是两个不同的概念，在内存中的存储位置也不一样。堆一般用于存储可变长度的数据，按任意顺序和大小进行分配和释放内存；而栈一般用于存储固定长度的数据，是按先进后出的原则存储数据项的一种数据结构。

引用类型包括 class（类）、interface（接口）、数组、delegate（委托）、object 和 string。其中 object 和 string 是两个比较特殊的类型。C# 的统一类型系统中，所有类型（预定义类型、用户定义类型、引用类型和值类型）都是直接或间接从 object 继承的。可以将任何类型的值赋给 object 类型的变量。例如：

```
int a = 10;
object abj = a;                              //将 int 类型 a 赋给 object 类型 abj
```

string 类型表示 Unicode 字符的字符串。string 是 .NET Framework 中 System.String 的别名。尽管 string 是引用类型，但定义相等运算符是为了比较 string 对象（而不是引用）的值。这使得对字符串相等性的测试更为直观。例如：

```
string myString1 =   "中国";                 //把字符串"中国"赋给字符型变量 myString1
string myString2 =   "中国";                 //把字符串"中国"赋给字符型变量 myString2
Console.WriteLine(myString1 == myString2);   //相等，显示 True
```

上面第 3 行代码执行后将显示"True"。当使用"=="直接对两个字符串变量进行比较时，系统将比较字符串的内容。

字符串可以使用两种形式表达，即直接使用双引号括起来或者在双引号前加上@。通常情况下，会直接使用双引号来表示字符串，例如：

```
string myString ="sample".                   //正确
```

但是，当字符串中包含某些特殊转义符时，@将非常有用。请看下面出现错误的例子：

```
string myString =   "C:\Windows";            //错误
```

因为"\"被认为是转义符的开始，而"\W"却不是系统内置的转义符，因此编译出错。下面是正确的两个例子：

```
string myString =   "C:\\Windows";           //正确，"\\"转义为"\"
string myString =   @"C:\Windows";           //正确
```

对于使用"@"开始的字符串标识，编译器将忽略其中的转义符，而将其直接作为字符处理。

3. 装箱和拆箱

值类型与引用类型之间的转换被称为装箱和拆箱。装箱和拆箱是 C# 类型系统的核心。

通过装箱和拆箱操作，可以轻松实现值类型与引用类型的相互转换，任何类型的值最终都可以按照对象来处理。

装箱是值类型转换为 object 类型，或者转换为由值类型所实现的任何接口类型。把一个值类型的值装箱，也就是创建一个对象并把这个值赋给这个对象。以下是一个装箱的代码：

```
int i = 123;                    //把"123"赋给 int 型变量 i
object o= i;                    //装箱操作
```

拆箱操作正好相反，是从 object 类型转换为值类型，或者是将一个接口类型转换为一个实现该接口的值类型。

拆箱的过程分为两个步骤：一是检查对象实例是否是给定的值类型的装箱值，二是将值从对象实例中复制出来。下面列出一个简单的拆箱操作代码：

```
int i = 123;                    //把"123"赋给 int 型变量 i
object o = i;                   //装箱操作
int j = (int)o;                 //拆箱操作
```

3.1.2 变量与常量

在进行程序设计时，经常需要保存程序运行的信息，因此 C# 引入了"变量"的概念，而在程序中某些值是不能改变的，这就叫"常量"。

1. 变量

变量是在程序运行过程中其值可以改变的量，它是一个已命名的存储单元，通常用来记录运算的中间结果或保存数据。在 C# 中，每个变量都具有一个类型，它确定哪些值可以存储在该变量中。创建一个变量就是创建这个类型的实例，变量的特性由类型来决定。

C# 中的变量必须先声明后使用。声明变量包括变量的名称、数据类型，必要时指定变量的初始值。声明变量的形式为：

  类型 标识符；

或：

  类型 标识符[=初值] [, ...];

标识符必须以字母或者_（下画线）开头，后面跟字母、数字和下画线的组合。例如：

```
name、_Int、Name、x_1           //都是合法的标识符
```

但 C# 是大小写敏感的语言，name、Name 分别代表不同的标识符，在定义和使用时要特别注意。另外，变量名不能与 C# 中的关键字相同，除非标识符是以@作为前缀的。例如：

```
int      x ;                    //合法
float    y1=0.0, y2 =1.0, y3 ;  //合法，变量声明的同时可以设置初始数值
string   char                   //不合法，因为 char 是关键字
string   @char                  //合法
```

C# 允许在任何模块内部声明变量，模块开始于"{"，结束于"}"。每次进入声明变量所在的模块时，都创建变量并分配存储空间，离开这个模块时，则销毁这个变量并收回分配的存储空间。实际上，变量只在这个模块内有效，所以称为局部变量，这个模块区域就是变量的作用域。

2. 常量

常量，顾名思义就是在程序运行期间其值不会改变的量，一个固定的数值就是一个常量。另外还可以定义一个常量，格式如下：

const 数据类型 常量名 = 常量值；

const 关键字表示声明一个常量，常量名就是标识符，用于唯一标识该常量，常量名要有代表意义，不能过于简练或复杂。

常量值的类型要和常量的数据类型一致，如果定义的是字符串型，常量值就应该是字符串，否则会发生错误。

3.1.3 运算符与表达式

表达式是由操作数和运算符构成的。操作数可以是常量、变量、属性等；运算符指示对操作数进行什么样的运算。因此，也可以说表达式就是利用运算符来执行某些计算并且产生计算结果的语句。例如：

```
int a=3,b=5,c;
c=a+b;          //赋值表达式语句，结果是 c 等于 8
```

C# 提供大量的运算符，按需要操作数的数目来分，有一元运算符（如++）、二元运算符（如+，*）、三元运算符（如?：）。按运算功能来分，基本的运算符可以分为以下几类。

1. 算术运算符

算术运算符作用的操作数类型可以是整型也可以是浮点型，运算符如表 3.2 所示。

表 3.2 算术运算符

运算符	含义	示例（假设 x，y 是某一数值类型的变量）	运算符	含义	示例（假设 x，y 是某一数值类型的变量）
+	加	x+y； x+3；	%	取模	x%y； 11%3；11.0 % 3；
−	减	x−y； y−1；	++	递增	++x； x++；
*	乘	x*y； 3*4；	−−	递减	−−x； x−−；
/	除	x/y； 5/2； 5.0/2.0；			

其中：

（1）"+ − * /"运算与一般代数意义及其他语言相同。但需要注意：当"/"作用的两个操作数都是整型数据类型时，其计算结果也是整型。例如：

```
4/2         //结果等于 2
5/2         //结果等于 2
5/2.0       //结果等于 2.5
```

（2）"%"为取模运算，即获得整数除法运算的余数，所以也称取余。例如：

```
11%3        //结果等于 2
12%3        //结果等于 0
11.0%3      //结果等于 2，这与 C/C++不同，它也可作用于浮点类型的操作数
```

（3）"++"和"−−"为递增和递减运算符，是一元运算符，它作用的操作数必须是变量，不能是常量或表达式。它既可出现在操作数之前（前缀运算），也可出现在操作数之

后（后缀运算），前缀和后缀有共同之处，也有很大区别。例如：

```
++x              //先将 x 加一个单位，然后再将计算结果作为表达式的值
x++              //先将 x 的值作为表达式的值，然后再将 x 加一个单位
```

不管是前缀还是后缀，它们操作的结果对操作数而言都是一样的，操作数都加了一个单位，但它们出现在表达式运算中是有区别的。例如：

```
int  x,y;
x=5;  y=++x;      // x 和 y 的值都等于 6
x=5;  y=x++;      // x 的值是 6，y 的值是 5
```

2. 关系运算符

关系运算符用来比较两个操作数的值，运算结果为布尔类型的值（true 或 false），如表 3.3 所示。

表 3.3　关系运算符

运 算 符	操　　作	结果（假设 x, y 是某相应类型的操作数）
>	x>y	如果 x 大于 y，则为 true，否则为 false
>=	x>=y	如果 x 大于等于 y，则为 true，否则为 false
<	x<y	如果 x 小于 y，则为 true，否则为 false
<=	x<=y	如果 x 小于等于 y，则为 true，否则为 false
==	x==y	如果 x 等于 y，则为 true，否则为 false
!=	x!=y	如果 x 不等于 y，则为 true，否则为 false

3. 逻辑运算符

逻辑运算符是用来对两个布尔类型的操作数进行逻辑运算的，运算的结果也是布尔类型，如表 3.4 所示。

表 3.4　逻辑运算符

运 算 符	含　义	运 算 符	含　义
&	逻辑与	&&	短路与
|	逻辑或	||	短路或
^	逻辑异或	!	逻辑非

假设 p、q 是两个布尔类型的操作数，表 3.5 给出了逻辑运算的真值表。

表 3.5　逻辑运算真值表

p	q	p & q	p|q	p^q	!p
true	true	true	true	false	false
true	false	false	true	true	false
false	true	false	true	true	true
false	false	false	false	false	true

运算符"&&"和"||"的操作结果与"&"和"|"一样，但它们的短路特征使代码的效率更高。所谓短路就是在逻辑运算的过程中，如果计算第一个操作数时就能得知运算结

果，就不会再计算第二个操作数，例如：

```
int   x , y ;
bool   z ;
x = 1 ;   y = 0 ;
z = ( x >1) & (++ y >0 );        // z 的值为 false，y 的值为 1
z = ( x >1) && (++ y >0 );       // z 的值为 false，y 的值为 0
```

逻辑非运算符"!"是一元运算符，它对操作数进行"非"运算，即真/假值互为非（反）。

4. 赋值运算符

赋值运算符有两种形式，一种是简单赋值运算符，另一种是复合赋值运算符。

（1）简单赋值运算符

语法格式：

var = exp

赋值运算符左边的称为左值，右边的称为右值。右值是一个与左值类型兼容的表达式（exp），它可以是常量、变量或一般表达式。左值必须是一个已定义的变量或对象（var），因为赋值运算就是将表达式的值存放到左值，因此左值必须是内存中已分配的实际物理空间。例如：

```
int a=1;
int b=++a;                  // a 的值加 1 赋给 b
```

如果左值和右值的类型不一致，在兼容的情况下，则需要进行自动转换（隐式转换）或强制类型转换（显式类型转换）。一般原则是，从占用内存较少的短数据类型向占用内存较多的长数据类型赋值时，可以不做显式的类型转换，C# 会进行自动类型转换；反之，当从较长的数据类型向占用较少内存的短数据类型赋值时，则必须做强制类型转换。例如：

```
int a=2000;
double b=a;                 //隐式转换，b 等于 2000
byte c=(byte)a;             //显式转换，c 等于 208
```

（2）复合赋值运算符

在进行如 x = x +3 运算时，C# 提供一种简化方式 x +=3，这就是复合赋值运算。

语法格式：

var op= exp   // op 表示某一运算符等价于 var=var op exp

除了关系运算符，一般二元运算符都可以和赋值运算符一起构成复合赋值运算，如表 3.6 所示。

表 3.6 复合赋值运算

运 算 符	用 法 示 例	等价表达式	运 算 符	用 法 示 例	等价表达式
+=	x += y	x = x + y	&=	x &= y	x = x & y
-=	x -= y	x = x - y	|=	x |= y	x = x | y
*=	x *= y	x = x * y	^=	x ^= y	x = x ^ y
/=	x /= y	x = x / y	%=	x %= y	x = x % y

5. 条件运算符

语法格式：

exp1 ? exp2 : exp3

其中，表达式 exp1 的运算结果必须是一个布尔类型值，表达式 exp2 和 exp3 可以是任意数据类型，但它们返回的数据类型必须一致。

首先计算 exp1 的值，如果其值为 true，则计算 exp2 的值，这个值就是整个表达式的结果；否则，取 exp3 的值作为整个表达式的结果。例如：

```
z = x > y ? x : y;              //z 的值就是 x, y 中较大的一个值
z = x >=0 ? x : –x;             //z 的值就是 x 的绝对值
```

条件运算符"?:"是 C# 中唯一的三元运算符。

除以上介绍的运算符外，还有位运算符、分量运算符（'.'）、下标运算符（'[ ]'）等，这里不再详细介绍。

3.2 流程控制

一般应用程序代码都不是按顺序执行的，必然要求进行条件判断、循环和跳转等过程，这就需要实现流程控制。在 C# 中，主要的流程控制语句包括条件语句、循环语句、跳转语句和异常处理等。

3.2.1 条件语句

条件语句就是条件判断语句，它能让程序在执行时根据特定条件是否成立而选择执行不同的语句块。C# 提供两种条件语句结构：if 语句和 switch 语句。

1. if 语句

if 语句是最常用的分支语句，使用该语句可以有条件地执行其他语句。if 语句常用的形式有 3 种：if、if…else 和 if…else if…else。

（1）if

语法格式：

```
if (condition)
{
    //语句块
}
```

其中，condition 为判断的条件表达式，如果表达式返回 true，则执行花括号"{}"中的语句块，如果只有一条语句则可以省略花括号；如果返回 false 则跳过这段代码。例如：

```
if (IsValid)
{
    try
    {
        (new LInterService()).registerUser(user);      //执行"注册"业务逻辑
        Response.Redirect("register_success.aspx");    //跳转页面
    }
    catch
    {
        return;
```

        }
}

(2) if…else

语法格式：

if (condition)
{
    //代码段 1
}
else
{
    //代码段 2
}

这里也是首先判断 if 条件表达式，如果为 true 则执行随后花括号内的代码段 1，如果为 false 则执行代码段 2。例如：

if (RBtn_male.Checked)
{
    Session["sex"] = "先生";
}
else
{
    Session["sex"] = "女士";
}

(3) if…else if…else

当需要判断的条件不止一个时，不能只使用一个 if 条件来做判断，如判断一个数等于不同值的情况，这时可以在中间加上 else if 的判断。语法格式如下：

if(condition1)
{
    //代码段 1
}
else if(condition2)
{
    //代码段 2
}
…
else
{
    //代码段 n
}

else if 语句是 if 语句的延伸，其自身也有条件判断的功能。只有当上面 if 语句中的条件不成立即表达式为 false 时，才会对 else if 语句中的表达式 condition2 进行判断。如果 condition2 为 true 则执行代码段 2 中的语句，如果为 false 则跳过这段代码。else if 语句可以有很多个，当 if 和 else if 语句中的条件都不满足时就执行 else 语句中的代码段。

由于 if、else if 和 else 语句中的条件是互斥的，所以其中只有一个代码段会被执行。

另外，if 语句还可以进行复杂的嵌套使用，从而建立更复杂的逻辑处理。例如：

```
User regUser = dbTask.getRegUser(user.UserName);        //获取已注册用户的信息
if (regUser != null)
{
    if (user.PassWord == regUser.PassWord) return "";
    else return "密码错！登录失败";
}
else
    return "用户不存在！登录失败";
```

2. switch 语句

switch 语句是一个多分支结构的语句，它所实现的功能与 if…else if…else 结构很相似，但在大多数情况下，switch 语句表达方式更直观、简单、有效。

语法格式：

```
switch   (表达式)
{
    case   常量 1:
        语句序列 1;              //由零个或多个语句组成
        break;
    case   常量 2:
        语句序列 2;
        break;
    …
    default:                    //default 是任选项，可以不出现
        语句序列 n;
        break;
}
```

switch 语句的执行流程是，首先计算 switch 后的表达式，然后将结果值一一与 case 后的常量值比较，如果找到相匹配的 case，程序就执行相应的语句序列，直到遇到跳转语句（break），switch 语句执行结束；如果找不到匹配的 case，就归结到 default 处，执行它的语句序列，直到遇到 break 语句为止；当然如果没有 default，则不执行任何操作。例如：

```
switch (DropDownList1.SelectedValue)
{
    case "1":
        Lbl_Answer.Text = "您母亲的生日：";
        break;
    case "2":
        Lbl_Answer.Text = "你最喜欢的书：";
        break;
    case "3":
        Lbl_Answer.Text = "你难忘的日子：";
        break;
}
```

3.2.2 循环语句

循环语句是指在一定条件下重复执行一组语句，它是程序设计中的一个非常重要也是非常基本的方法。C# 提供了 4 种循环语句：while、do…while、for 和 foreach。

1. while 语句

语法格式：

```
while (条件表达式)
{
    循环体语句；
}
```

如果条件表达式为真（true），则执行循环体语句。while 语句的执行流程如图 3.3 所示。

例如，从查询"网上书店"数据库 book 表返回的结果集中循环读取每一本图书的信息，添加到图书列表（List<Book>）数据结构中，代码如下：

```
List<Book> lbooks = new List<Book>();
…
while (dr.Read())
{
    Book lbook = new Book();
    lbook.BookName = Convert.ToString(dr["bookname"]);        //书名
    lbook.Isbn = Convert.ToString(dr["isbn"]);                //ISBN
    lbook.Price = int.Parse(dr["price"].ToString());          //价格
    lbook.Picture = Convert.ToString(dr["picture"]);          //封面图片
    lbooks.Add(lbook);
}
```

2. do…while 语句

语法格式：

```
do
{
    循环体语句 ；
}while (条件表达式);
```

该循环首先执行循环体语句，再判断条件表达式；如果条件表达式为真（true），则继续执行循环体语句。do…while 循环语句的执行流程如图 3.4 所示。

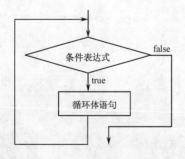

图 3.3 while 语句执行流程图

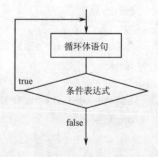

图 3.4 do…while 语句执行流程图

while 语句与 do…while 语句很相似，它们的区别在于 while 语句的循环体有可能一次也不执行，而 do…while 语句的循环体至少执行一次。

3. for 语句

C# 的 for 循环是循环语句中最具特色的，它功能较强，灵活多变，使用广泛。

语法格式：

```
For(表达式 1；  表达式 2；  表达式 3)
{
    循环体语句；
}
```

for 语句的执行流程如图 3.5 所示。一般情况下，表达式 1 是设置循环控制变量的初值；表达式 2 是布尔类型的表达式，作为循环控制条件；表达式 3 是设置循环控制变量的增值（正、负皆可）。例如，下面的语句通过 for 循环将图书类别项逐一加载到页面上，代码如下：

```
lcatalogs = (List<Catalog>)(new LInterService()).getAllCatalogs();
        for (int i = 0; i < lcatalogs.Count; i++)
{
        rootNode.ChildNodes.Add(new TreeNode(lcatalogs[i].CatalogName));    }
```

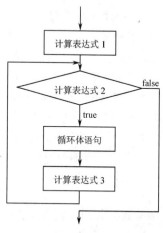

图 3.5 for 语句执行流程图

4. foreach 语句

foreach 语句是 C# 中新引入的，它表示收集一个集合中的各元素，并针对各元素执行内嵌语句。

语法格式：

```
foreach (类型  标识符  in  集合表达式) 语句；
```

其中：

（1）标识符是指 foreach 循环的迭代变量，它只在 foreach 语句中有效，并且是一个只读局部变量，也就是说在 foreach 语句中不能改写这个迭代变量。它的类型应与集合的基本类型相一致。

（2）集合表达式是指被遍历的集合，如数组、List<类型>等。

在 foreach 语句执行期间，迭代变量按集合元素的顺序依次将其内容读入。例如，以下 foreach 循环通过迭代依次读入并累计出当前购物车中所有图书的总价，代码如下：

```
foreach (Orderitem item in items)
{
    Orderitem orderitem = item;
    Book book = orderitem.Book;
    int quantity = orderitem.Quantity;
    totalPrice += book.Price * quantity;
}
```

3.2.3 跳转语句

跳转语句用于改变程序的执行流程，转移到指定之处。C# 中有 4 种跳转语句：continue、break、return、goto 语句。它们具有不同的含义，用于特定的上下文环境之中。

1. continue 语句

语法格式：

```
continue ;
```

continue 语句只能用于循环语句中，它的作用是结束本轮循环，不再执行余下的循环体语句。对 while 和 do…while 结构的循环，在 continue 执行之后，就立刻测试循环条件，以决定循环是否继续下去；对 for 结构循环，在 continue 执行之后，先求表达式 3（即循环增量部分），然后再测试循环条件。通常它会和一个条件语句结合起来用，不会是独立的一条语句，也不会是循环体的最后一条语句，否则没有任何意义。例如：

```
for (int n =1; n<=100; n++)
{
    if ( n % 3 !=0 )
        continue ;                    //如果 n 不能被 3 整除，则直接进入下一轮循环
    Console.WriteLine(n +" " );       //只有能被 3 整除的数，才会执行到此并显示出来
}
```

此段代码是输出 1～100 之间含有因子 3 的数。

如果 continue 语句陷于多重循环结构之中，它只对包含它的最内层循环有效。

2. break 语句

语法格式：

```
break;
```

break 语句只能用于循环语句或 switch 语句中。如果在 switch 语句中执行到 break 语句，则立刻从 switch 语句中跳出，转到 switch 语句的下一条语句；如果在循环语句执行到 break 语句，则会导致循环立刻结束，跳转到循环语句的下一条语句。不管循环有多少层，break 语句只能从包含它的最内层循环跳出一层。例如：

```
int m=0;
string mystring = "laskdjflasdkjasdalfakeoflkdsa";
foreach(char mychar in mystring)
{
    m++;
    if (mychar == 'a')                //判断迭代变量 mychar 是否为 a 字符
        break;                        //mychar 为 a 字符则跳出循环
}
Console.WriteLine("字符串中第 1 个 a 在"+m+"位置");  //输出"字符串中第 1 个 a 在 2 位置"
```

此段代码是查找出字符串中第 1 个 a 所在的位置。

3. return 语句

语法格式：

```
return;
```
或
```
return 表达式;
```

return 语句出现在一个方法内。在方法中执行到 return 语句时，程序流程转到调用这个方法处。如果方法没有返回值（返回类型修饰为 void），则使用 "return" 格式返回；如果方法有返回值，则使用 "return 表达式" 格式，其后面跟的表达式就是方法的返回值。

4. goto 语句

goto 语句可以将程序的执行流程从一个地方转移到另一个地方，非常灵活，但正因为它太灵活，所以容易造成程序结构混乱的局面，应该有节制地、合理地使用 goto 语句。

语法格式：
```
goto 标号;
标号: 语句;
```

其中，"标号" 就是定位在某一语句之前的一个标识符，称为标号语句。

3.2.4 异常处理

程序中对异常的处理能使程序更加健壮。现在的许多程序设计语言都增加了异常处理的能力，C# 也不例外。异常产生的原因主要有两点：

（1）由 throw 语句立即无条件地引发异常，控制永远不会到达紧跟在 throw 语句后的语句。

（2）在处理 C# 语句和表达式的过程中，会出现一些例外情况，使某些操作无法正常完成，此时就会引发一个异常。例如，程序在初始化连接数据库时，可能由于网络短暂中断或出现故障而导致连接失败，就会引发一个异常。

异常处理语法格式：
```
try
{
    语句
}catch(类型 标识符)
{
    语句
}finally
{ 语句 }
```

如果执行 try 块出现异常则转到相应的 catch 块，执行完 catch 块后再执行 finally 块。finally 块总是在离开 try 语句块后执行的而且 finally 块中的程序是必须执行的，finally 块主要是释放资源。例如：

```
//方法:创建数据库连接
private void createConnection()
{
    string bookstoreConstr = "server=localhost;User Id=root;password=123456;database=bookstore;Character Set=utf8";          //访问"网上书店"后台数据库 bookstore
    MySqlConnection myBCon;                                          //定义连接对象
```

```
try
{
    //初始化连接
    myBCon = new MySqlConnection(bookstoreConstr);
    myBCon.Open();                              //打开连接
}
catch(Exception ex)                             //连接失败,抛出异常
{
    Console.WriteLine(ex.ToString());           //输出异常详细信息
    return;                                     //返回
}
finally
{
    myBCon.Close();                             //关闭连接（释放该连接占用的资源）
}
```

3.3 面向对象编程

在传统的结构化程序设计方法中，数据和处理数据的程序是分离的。当对某段程序进行修改或删除时，整个程序中所有与其相关的部分都要进行相应的修改，从而使程序代码的维护比较困难。为了避免这种情况的发生，C# 引进了面向对象编程（Object-Oriented Programming，OOP）的设计方法，它将数据及处理数据的相应方法"封装"到一个"类"（class）"中，类的实例称为"对象"。在一个对象内，只有属于该对象的方法才可以存取该对象的数据。这样，其他方法就不会无意中破坏它的内容，从而达到保护和隐藏数据的效果。

3.3.1 面向对象的主要特征

面向对象的程序设计有三个主要特征：封装、继承和多态。

1. 封装

封装是将数据和代码捆绑到一起，避免外界的干扰和不确定性。在 C# 中，封装是通过类来实现的。类是抽象数据类型的实现，一个类的所有对象都具有相同的数据结构，并且共享相同的实现操作的代码，而各个对象又有着各自不同的状态，即私有的存储。因此，类是所有对象的共同的行为和不同状态的结合体。

由一个特定的类所创建的对象称为这个类的实例，因此类是对象的抽象及描述，它是具有共同行为的若干对象的统一描述体。类中还包含生成对象的具体方法。

2. 继承

类提供了创建新类的一种方法，再借助于"继承"这一重要机制扩充了类的定义，实现了面向对象的优越性。

继承提供了创建新类的方法，这种方法就是，一个新类可以通过对已有的类进行修改

或扩充来满足新类的需求。新类共享已有类的行为，而自己还具有修改的或额外添加的行为。因此，可以说继承的本质特征是行为共享。

从一个类继承定义的新类，将继承已有类的所有方法和属性，并且可以添加所需要的新的方法和属性。新类称为已有类的子类，已有类称为父类，又叫基类。

3. 多态

不同的类对于不同的操作具有不同的行为，称为多态。多态机制使具有不同内部结构的对象可以共享相同的外部接口，通过这种方式减少代码的复杂度。

3.3.2 类和对象

对象是面向对象语言的核心，数据抽象和对象封装是面向对象技术的基本要求，而实现这一切的主要手段和工具就是类。从编程语言的角度讲，类就是一种数据结构，它定义数据和操作这些数据的代码。类是对象的数据抽象，实例化后的类为对象。

1. 类的声明

要定义一个新的类，首先要声明它。语法格式：

```
[属性集信息]  [类修饰符]  class 类名 [: 类基]
{
    [类成员]
}
```

其中，

- 属性集信息：C# 语言提供给程序员的，为程序中定义的各种实体附加一些说明信息，这是 C# 语言的一个重要特征。
- 类修饰符：可以是表 3.7 所列的几种之一或是它们的有效组合，但在类声明中，同一修饰符不允许出现多次。
- 类基：它定义该类的直接基类和由该类实现的接口。当多于一项时，用逗号","分隔。如果没有显式地指定直接基类，则其基类隐含为 object。

表 3.7 类修饰符

修饰符	作用说明
public	表示不限制对类的访问。类的访问权限省略时默认为 public
protected	表示该类只能被这个类的成员或派生类成员访问
private	表示该类只能被这个类的成员访问
internal	表示该类能够由程序集中的所有文件使用，而不能由程序集之外的对象使用
new	只允许用在嵌套类中，它表示所修饰的类会隐藏继承下来的同名成员
abstract	表示这是一个抽象类，该类含有抽象成员，因此不能被实例化，只能用作基类
sealed	表示这是一个密封类，不能从这个类再派生出其他类。显然密封类不能同时为抽象类

2. 类的成员

类的定义包括类头和类体两部分，其中类体用一对大花括号"{ }"括起来，类体用于定义该类的成员。

语法格式：

{
    [类成员声明]
}

类成员由两部分组成，一个是以类成员声明形式引入的类成员，另一个则是直接从它的基类继承而来的成员。类成员声明主要包括常数声明、字段声明、方法声明、属性声明、事件声明、索引器声明、运算符声明、构造函数声明、析构函数声明、静态构造函数声明、类型声明等。当字段、方法、属性、事件、运算符和构造函数声明中含有 static 修饰符时，表明它们是静态成员，否则就是实例成员。

（1）访问修饰符

类成员声明中可以使用如表 3.8 中的 5 种访问修饰符中的一种。当类成员声明不包含访问修饰符时，默认约定访问修饰符为 private。

表 3.8　类成员访问修饰符

修　饰　符	作　用　说　明
public	同一程序集中的任何其他代码或引用该程序集的其他程序集都可以访问该类型或成员
protected	只有同一类或结构或者派生类中的代码可以访问该类型或成员
private	只有同一类或结构中的代码可以访问该类型或成员
internal	同一程序集中的任何代码都可以访问该类型或成员，但其他程序集中的代码不可以
protected internal	同一程序集中的任何代码或其他程序集中的任何派生类都可以访问该类型或成员

（2）常数声明

语法格式：

[属性集信息]　[常数修饰符]　const 类型 标识符 = 常数表达式 [, ...]

常数表达式的值应该是一个可以在编译时计算的值，常数声明不允许使用 static 修饰符，但它和静态成员一样只能通过类访问。

（3）字段声明

语法格式：

[属性集信息]　[字段修饰符]　类型 变量声明列表;

其中，变量声明列表中可以用逗号","分隔多个变量，并且变量标识符还可用赋值号"="设定初始值。

例如，以下代码就声明了一个 Book（图书）类及其成员：

```
public class Book                                    //Book 类的访问权限为 public
{
    //Book 类的成员变量
    private int m_bookid;                            //"图书编号"字段
    private Catalog m_catalogid = new Catalog();     //"分类编号"字段
    private string m_bookname;                       //"图书名称"字段
    private string m_isbn;                           //"ISBN"字段
    private int m_price;                             //"价格"字段
    private string m_picture;                        //"图片"字段
```

```
//Book 类的成员方法
public int BookId                                    //设置或获取"图书编号"属性
{
    set { this.m_bookid = value; }
    get { return this.m_bookid; }
}
…
}
```

3. 创建类的对象

类和对象是紧密结合的，类是对象总体上的定义，而对象是类的具体实现。创建类对象时需要使用关键字 new。

语法格式：

类名 对象名=new 类名();   //类名()是构造函数

例如，创建类 Book 的一个对象 book：

Book book = new Book();   //创建了一个 book 对象

3.3.3 属性、方法和事件

在 C# 中，按照类的成员是否为函数可以将其分为两大类：

一种不以函数体现，称为成员变量，主要有以下几个类型。

- 常量：代表与类相关的常量值。
- 变量：类中的变量。
- 事件：由类产生的通知，用于说明发生了什么事情。
- 类型：属于类的局部类型。

另一种是以函数形式体现的，一般包含可执行代码，执行时完成一定的操作，被称为成员函数，主要有以下几个类型。

- 方法：完成类中各种功能的操作。
- 属性：定义类的值，并为它们提供读、写操作。
- 运算符：定义类对象能使用的操作符。

3.3.4 构造函数和析构函数

1. 构造函数

当定义了一个类之后，就可以通过 new 运算符将其实例化，产生一个对象。为了能规范、安全地使用这个对象，C# 提供了实现对象进行初始化的方法，这就是构造函数。

语法格式：

```
[属性集信息] [构造函数修饰符] 标识符 ( [参数列表] ) [: base ( [参数列表] ) ] [: this ( [参数列表] ) ]
{
    //构造函数语句块
}
```

其中，

- 构造函数修饰符：public、protected、internal、private、extern。一般地，构造函数总是 public 类型的。如果是 private 类型的，表明类不能被外部类实例化。
- 标识符（[参数列表]）：构造函数名，必须与这个类同名，不声明返回类型，并且没有任何返回值。它与返回值类型为 void 的函数不同。构造函数可以没有参数，也可以有一个或多个参数。参数列表的一般格式如下：

```
参数类型1 参数名,参数类型2 参数名2,…
```

例如：

```
public class LInterService
{
    private Cart cart = null;           //声明 Cart（购物车类）类型字段

    public LInterService() { }          //不带参数的构造函数

    public LInterService(Cart cart)     //带有一个参数的构造函数
    {
        this.cart = cart;
    }
    …
}
```

用 new 运算符创建一个类的对象时，类名后的一对圆括号提供初始化列表，这实际上就是提供给构造函数的参数。系统根据这个初始化列表的参数个数、参数类型和参数顺序调用不同的构造函数。

2. 析构函数

一般来说，创建一个对象时需要用构造函数初始化数据，与此相对应，释放一个对象时就用析构函数。所以析构函数是用于实现析构类实例所需操作的方法。

语法格式：

```
[属性集信息]  [ extern ] ～标识符 ( )
{
    //析构函数体
}
```

其中，

- 标识符：必须与类名相同，但为了区别于构造函数，前面需加"～"，表明它是析构函数。
- 析构函数：不能写返回类型，也不能带参数，一个类最多只能有一个析构函数。

如果没有显式地声明析构函数，编译器将自动产生一个默认的析构函数。

（1）析构函数不能由程序显式地调用，而是由系统在释放对象时自动调用。

（2）销毁一个实例时，按照从派生程度最大到派生程度最小的顺序，调用该实例继承链中的各个析构函数。

习 题

1. C# 的数据类型有_____和_____两种。
   A．值类型　　　　B．调用类型　　　　C．引用类型　　　　D．关系类型
2. C# 中可以把任何类型的值赋给 object 类型变量，当值类型赋给 object 类型变量时，系统要进行_____操作；而将 object 类型变量赋给一个值类型变量时，系统要进行_____操作，并且必须加上_____类型转换。
3. 编程求 100 以内能被 7 整除的最大自然数。
4. 设计一个程序，输入一个四位整数，将各位数字分开，并按其反序输出。例如：输入 1234，则输出 4321。要求必须用循环语句实现。
5. 设计一个程序，求一个 4×4 矩阵两对角线元素之和。

第 4 章

项目开发入门：ASP.NET 4.5 内置对象

ASP.NET 4.5 中定义了多个内置对象，它们是全局对象，即不必事先声明就可以直接使用。这些内置对象提供基本的请求、响应、会话等处理功能。ASP.NET 4.5 程序设计几乎不能没有对象，它是程序设计中最频繁使用的元素之一，例如，Request、Response 和 Server 对象主要用于建立服务器和客户端浏览器之间的联系。本章介绍 ASP.NET 4.5 常用内置对象的含义、字段、属性和方法，并通过实例介绍这些内置对象在程序开发中的使用技巧。

4.1 收发数据：Request/Response 对象

Request 对象派生自 HttpRequest 类，当用户在客户端使用 Web 浏览器向 Web 应用程序发出请求时，就会将客户端的信息发送到 Web 服务器。Web 服务器接收到一个 HTTP 请求，其中包含了所有查询字符串参数或表单参数、Cookie 数据及浏览器信息，在 ASP.NET 运行时把这些客户端的请求信息封装成 Request 类。

Response 对象是早期 ASP 版本中用于将消息向页面上输出的内置对象，该对象用于向浏览器发送数据，数据以 HTML 的格式发送。在 ASP.NET 中，Response 对象实际上是 System.Web 命名空间中的 HttpResponse 类，出于习惯仍然将 ASP.NET 中的 HttpResponse 类称为 Response 对象。

Request 与 Response 对象组成了一对发送、接收数据的对象，这也是实现动态的基础。简而言之，Request 对象管理 ASP.NET 的 Input 功能，而 Response 对象则管理 Output 功能。

4.1.1 Request 对象

Request 对象主要用于获取客户端表单数据、服务器环境变量、客户端浏览器的能力及客户端浏览器的 Cookies 等。这些功能主要利用 Request 对象的集合数据来实现。下面通过实例介绍 Request 对象的主要用途。

1. 获取表单数据

获取表单数据是 Request 对象最主要的用途。动态网页的主要特征是浏览器与服务器之间的交互性，客户端浏览器利用表单的提交将数据传送到服务器，服务器将检索结果回送浏览器。表单是标准 HTML 的一部分，它允许用户利用表单中的文本框、复选框、单选按钮、列表框等元素为服务器的应用提供初始数据，用户通过单击表单中的命令按钮提交输入数据。服务器通过读取表单元素数据获得相应的值。

服务器获取表单数据的方式取决于客户端表单提交的方式。

（1）若表单的提交方式为"get"，则表单数据将以字符串形式附加在 URL 之后，在 QueryString 集合中返回服务器。例如：

http://localhost/example.aspx?XX=value1&YY=value2

上式中问号"?"之后即为表单中的项和数据值：表单项 XX 的值为 value1，表单项 YY 的值为 value2。

此时，服务器要使用 Request 对象的 QueryString 集合来获取表单数据。例如：

Request.QueryString["XX"];   //获取表单项 XX 的值
Request.QueryString["YY"];   //获取表单项 YY 的值

（2）若表单的提交方式为"post"，则表单数据将放在浏览器请求的 HTTP 标头中返回服务器，其信息保存在 Request 对象的 Form 集合中。此时，服务器要使用 Request 对象的 Form 集合来获取表单数据。例如：

Request.Form["XX"];   //获取表单项 XX 的值
Request.Form["YY"];   //获取表单项 YY 的值

（3）无论表单以何种方式提交，都可使用 Request 对象的 Params 集合来读取表单数据。例如：

Request.Params["XX"];   //获取表单项 XX 的值
Request.Params["YY"];   //获取表单项 YY 的值

或者，可以省略 QueryString、Form 或 Params，直接使用"Request[表单项]"来读取表单数据。例如：

Request["XX"];   //获取表单项 XX 的值
Request["YY"];   //获取表单项 YY 的值

使用 Params 集合或简略形式读取表单数据的处理过程是：Request 对象首先在 QueryString 集合中搜索表单项变量的值，若找到即返回相应值；否则，在 Form 集合中搜索，若找到也返回相应值；若都找不到，则返回 null。

2. 获取服务器环境变量

Request 对象的 ServerVariables 数据集合可用来读取服务器的环境变量信息。它由一些预定义的服务器环境变量组成，如发出请求的浏览器的信息、构成请求的 HTTP 方法、用户登录 Windows 的账号、客户端的 IP 地址等，这些变量为 ASP.NET 的处理带来了方便。这些变量都是只读变量，表 4.1 列出了一些主要的服务器环境变量。

表 4.1 服务器环境变量

名 称	描 述
ALL_HTTP	客户端发送的所有 HTTP 标头（header）

续表

名称	描述
CONTENT_LENGTH	客户端发出内容的长度
CONTENT_TYPE	客户端发出内容的数据类型，如"text/html"
HTTP_HOST	客户端的主机名称
HTTP_USER-AGENT	客户端浏览器的信息，如浏览器的类型、版本、操作系统
HTTPS	浏览器是否以 SSL 发送，若是，则为 ON，否则为 OFF
LOCAL_ADDR	服务器 IP 地址。常用于查询绑定多个 IP 地址的多宿主机所使用的地址
PATH_TRANSLATED	当前网页的实际路径
QUERY_STRING	客户端以 Get 方式返回的表单数据
REMOTE_ADDR	发出请求的远程主机的 IP 地址
REMOTE_HOST	发出请求的主机名称
REQUEST_METHOD	浏览器将数据发送到服务器的方式，如 POST、GET 等
SERVER_NAME	服务器主机名或 IP 地址
SERVER_PORT	服务器连接的端口号
SERVER_PROTOCOL	服务器的 HTTP 版本
SERVER_SOFTWARE	服务器的软件名称及版本
URL、PATH_INFO	当前网页的虚拟路径

通过访问 Request 对象的 ServerVariables 数据集合，可以容易地获得服务器环境变量。例如，下面的代码可以获取并输出 Web 服务器当前网页虚拟路径、当前网页实际路径、服务器主机名或 IP 地址、服务器连接端口、客户端主机名称及浏览器信息。

```
Response.Write("当前网页虚拟路径:" + Request.ServerVariables["URL"] );
Response.Write("实际路径:" + Request.ServerVariables["PATH_TRANSLATED"] );
Response.Write("服务器名或 IP:" + Request.ServerVariables["SERVER_NAME"] );
Response.Write("服务器连接端口:" + Request.ServerVariables["SERVER_PORT"]);
Response.Write("客户端主机名:" + Request.ServerVariables["REMOTE_HOST"]);
Response.Write("浏览器:" + Request.ServerVariables["HTTP_USER_AGENT"] );
```

3. 获取客户端浏览器能力信息

Request 对象的 Browser 集合是 HttpBrowserCapabilities 类型的对象，包含了正在请求的浏览器的能力信息，表 4.2 列出了主要的浏览器能力属性。

表 4.2 浏览器能力属性

名称	描述
ActiveXControls	浏览器是否支持 ActiveX 控件
BackgroundSounds	是否支持背景音乐
Beta	是否为测试版
Browser	用户代理（User-Agent）标头中有关浏览器的描述

第 4 章 项目开发入门：ASP.NET 4.5 内置对象

续表

名　　称	描　　述
ClrVersion	客户端安装的 .NET 的 CLR 版本，若未安装，返回值为 0，0，-1，-1
Cookies	是否支持 Cookie
Frames	是否支持框架
JavaApplets	是否支持 Java Applets
JavaScript	是否支持 JavaScript
MSDomVersion	支持的 Microsoft HTML 文档对象模型版本
Platform	客户端操作系统
Tables	是否支持 HTML 表格
VBScript	是否支持 VBScript
Version	浏览器完整版本号
W3CDomVersion	支持的 W3C XML 文档对象模型的版本号
Win16	客户端是否为 Win16 结构计算机
Win32	客户端是否为 Win32 结构计算机

通过访问 Request 对象的 Browser 数据集合，可以容易地查询浏览器的能力。例如，下面的代码可以获取并输出浏览器描述、版本、是否支持 Cookie、是否支持 VBScript、DOM 版本号、是否安装 CLR、客户端操作系统等信息。

```
Response.Write("浏览器:" + Request.Browser.Browser);
Response.Write("版本:" + Request.Browser.Version);
Response.Write("支持 Cookie:" + Request.Browser.Cookies);
Response.Write("支持 VBScript:" + Request.Browser.VBScript);
Response.Write("微软 DOM 版本号:" + Request.Browser.MSDomVersion.ToString());
Response.Write("W3C DOM 版本号:" + Request.Browser.W3CDomVersion.ToString() );
Response.Write("安装 CLR:" + Request.Browser.ClrVersion.ToString());
Response.Write("客户端操作系统:" + Request.Browser.Platform);
```

4.1.2　Response 对象

在程序设计中，通常使用 Response 的 Write 方法向浏览器传送响应，用 Redirect 方法进行页面的重定向等操作。下面通过实例介绍 Response 对象的主要用途。

1．向浏览器发送信息

Response 对象最常用的方法是 Write，用于向浏览器发送信息。下面语句的功能是向浏览器输出"欢迎光临叮当书店！"的文本信息。

```
Response.Write("欢迎光临叮当书店！");
```

使用 Write 方法输出的字符串会被浏览器按 HTML 语法进行解释。因此可以使用 Write 方法直接输出 HTML 代码来实现页面内容和格式的定制。例如，下面的语句向浏览器输出红色的"欢迎光临叮当书店！"文本。

```
Response.Write("<font color=red>欢迎光临叮当书店！</font>");
```

2. 重定向

Response 对象的 Redirect 方法可将当前网页导向指定页面，称为重定向。使用方法如下：

```
Response.Redirect(URL);                              //将网页转移到指定的 URL
```

例如：

```
Response.Redirect("Page1.htm");                      //将网页转移到当前目录的 Page1.htm
Response.Redirect("http://localhost/wh/who.htm");    //将网页转移到"/wh/who.htm"
```

3. 缓冲处理

所谓缓冲处理，是指将输出暂时存放在服务器的缓冲区，待程序执行结束或接收到 Flush 或 End 指令后，再将输出数据发送到客户端浏览器。Response 对象的 BufferOutput 属性用于设置是否进行缓冲，IIS 默认其为 True。Response 对象的 ClearContent、Flush 和 ClearHeaders 三个方法用于缓冲的处理。

例如，要将缓冲中的前一部分内容发送到浏览器，而后一部分内容删除，可以使用如下代码：

```
Response.BufferOutput = true;                        //启用缓冲
Response.Write("缓冲的前一部分，输出到浏览器");
Response.Flush();                                    //输出缓冲区内容
Response.Write("缓冲的后一部分，不输出到浏览器");
Response.ClearContent();                             //清除缓冲区内容
```

4. 结束程序运行

有时希望在某种条件下提前结束网页运行并输出已生成的内容，可使用 Response 对象的 End 方法来实现。Response.End()方法的功能是结束程序的执行，若缓冲区有数据，则还会将其输出到客户端。End()方法的用法如下：

```
Response.End();
```

上面代码的功能是结束程序的执行，并将缓冲区的内容输出到浏览器。

4.1.3 入门实践六：书店欢迎登录功能

结合使用 Request 与 Response 对象实现登录后显示欢迎用户，并反馈用户浏览器的能力信息。在第 2 章"入门实践四"项目 Css_Htm 的基础上修改而成。

（1）将网页 main.html 的代码改为（加黑处为修改语句）：

```
…
<div class="head_middle">
    <a class="title01" href="#">
        <span>  首页  </span>
    </a>
    <a class="title01" href="#">
        <span>  注册  </span>
    </a>
```

```
            <a class="title01" href="http://localhost:36834/login.aspx" target="main">
                <span>  登录  </span>
            </a>
            <a class="title01" href="#">
                <span> 联系我们   </span>
            </a>
            <a class="title01" href="#">
                <span> 网站地图   </span>
            </a>
        </div>
        …
```

（2）新建 Web 页 login.aspx，代码为：

```
<%@ Page Language="C#" AutoEventWireup="true" CodeBehind="login.aspx.cs" Inherits="ReqRsp_Asp.login" %>
<!DOCTYPE html>
<html xmlns="http://www.w3.org/1999/xhtml">
<head runat="server">
<meta http-equiv="Content-Type" content="text/html; charset=utf-8"/>
    <title></title>
</head>
<body>
    <h3 style="width: 100%; text-align: center">用户登录</h3>
    <form id="form1" runat="server">
        <div>
            <table class="style1" align="center" style="border: thin solid #C0C0C0">
                <tr>
                    <td align="right">用户名：</td>
                    <td><asp:TextBox ID="UserName" runat="server" Width="150"></asp:TextBox></td>
                </tr>
                <tr>
                    <td align="right">密 码：</td>
                    <td><asp:TextBox ID="PassWord" runat="server" TextMode="Password" Width="150"></asp:TextBox></td>
                </tr>
                <tr>
                    <td align="center" colspan="2">
                        <asp:Button ID="loginBtn" runat="server" Text=" 登 录 " OnClick="loginBtn_Click"/> <asp:button id="resetBtn" runat="server" text=" 重 置 " />
                    </td>
                </tr>
            </table>
        </div>
    </form>
</body>
</html>
```

（3）新建 Web 页 login_success.aspx，代码为：

```
<%@ Page Language="C#" AutoEventWireup="true" CodeBehind="login_success.aspx.cs" Inherits="ReqRsp_Asp.login_success" %>
<!DOCTYPE html>
<html xmlns="http://www.w3.org/1999/xhtml">
<head runat="server">
<meta http-equiv="Content-Type" content="text/html; charset=utf-8"/>
    <title></title>
</head>
<body>
    <p>
         </p>
</body>
</html>
```

（4）源文件 login.aspx.cs，代码为：

```
using System;
using System.Collections.Generic;
using System.Linq;
using System.Web;
using System.Web.UI;
using System.Web.UI.WebControls;
namespace ReqRsp_Asp
{
    public partial class login : System.Web.UI.Page
    {
        public static string username;
        protected void Page_Load(object sender, EventArgs e)
        {
        }
        protected void loginBtn_Click(object sender, EventArgs e)
        {
            username = Request.Form["UserName"];
            Response.Redirect("login_success.aspx");
        }
    }
}
```

这里使用了 Request 对象的 Form 集合获取表单提交的用户名；使用 Response 对象的 Redirect 方法重定向到欢迎登录页 login_success.aspx。

（5）源文件 login_success.aspx.cs，代码为：

```
using System;
using System.Collections.Generic;
using System.Linq;
using System.Web;
using System.Web.UI;
```

```
using System.Web.UI.WebControls;
namespace ReqRsp_Asp
{
    public partial class login_success : System.Web.UI.Page
    {
        protected void Page_Load(object sender, EventArgs e)
        {
            Response.Write(login.username + "，欢迎登录！" + "<br>");
            Response.Write("网站服务器：" + Request.ServerVariables["SERVER_SOFTWARE"] + "<br>");
            Response.Write("协议：" + Request.ServerVariables["SERVER_PROTOCOL"] + "<br>");
            Response.Write("您使用的浏览器为：" + Request.Browser.Browser + " " + Request.Browser.Version + "/" + Request.Browser.Platform);
        }
    }
}
```

这里使用 Request 对象的 ServerVariables 数据集合读取网站所使用的服务器及协议信息；通过访问 Request 对象的 Browser 数据集合获知用户所使用的浏览器类型及版本。

程序的运行结果如图 4.1 和图 4.2 所示。

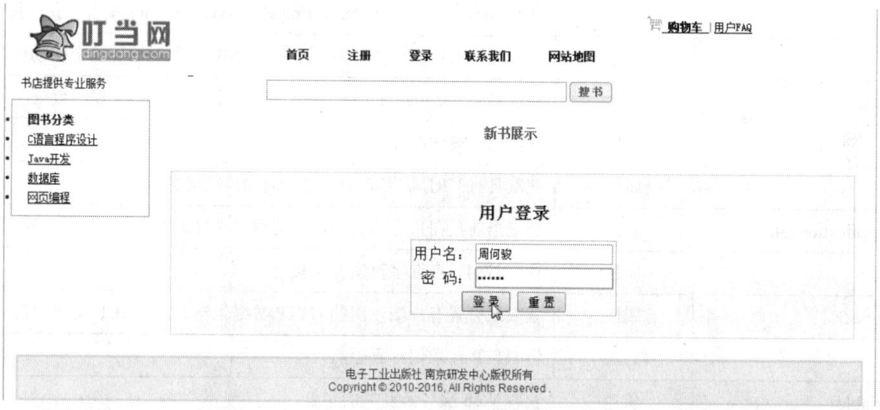

图 4.1 用户登录

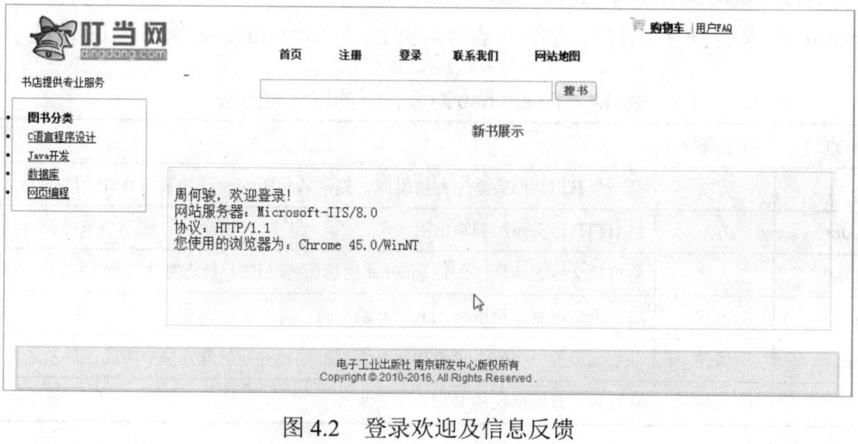

图 4.2 登录欢迎及信息反馈

4.1.4 知识点——Request/Response 属性和方法

1. Request 对象常用属性和方法

Request 对象有许多属性和方法，表 4.3 列出了 Request 对象常用的属性和方法。

表 4.3 Request 对象常用的属性和方法

名称	方法/属性	描述
AcceptTypes	属性	获取客户端支持的 MIME 接收类型的字符串数组
Browser	属性	获取或设置有关正在请求的客户端浏览器功能的信息
ClientCertificate	属性	获取当前请求的客户端安全证书
ContentEncoding	属性	获取或设置实体主体的字符集
ContentLength	属性	指定客户端发送的内容长度（以字节计）
ContentType	属性	获取或设置传入请求的 MIME 内容类型
Cookies	属性	获取客户端发送的 Cookie 集合
Files	属性	获取采用多部分 MIME 格式的由客户端上载的文件集合
Form	属性	获取客户端表单元素中所填入的信息
Headers	属性	获取 HTTP 标头集合
Item	属性	从 Cookies、Form、QueryString 或 ServerVariables 集合中获取指定的对象
MapPath	方法	为当前请求将请求的 URL 中的虚拟路径映射到服务器上的物理路径
Params	属性	获取 QueryString、Form、ServerVaribles 和 Cookies 项的数据
Path	属性	获取当前请求的虚拟路径
PathInfo	属性	获取具有 URL 扩展名的资源的附加路径信息
PhysicalApplicationPath	属性	获取当前正在执行的服务器应用程序根目录的物理文件系统路径
QueryString	属性	获取 HTTP 查询字符串变量集合
RequestType	属性	获取或设置客户端使用的 HTTP 数据传输方法（GET 或 POST）
SaveAs	方法	将 HTTP 请求保存到磁盘
ServerVariables	属性	获取 Web 服务器变量的集合

2. Response 对象常用属性和方法

Response 对象有许多属性和方法，表 4.4 列出了 Response 对象常用的属性和方法。

表 4.4 Response 对象常用的属性和方法

名称	方法/属性	描述
AddHeader	方法	将一个 HTTP 标头添加到输出流。提供 AddHeader 是为了与 ASP 的先前版本保持兼容
AppendHeader	方法	将 HTTP 标头添加到输出流
AppendToLog	方法	将自定义日志信息添加到 Internet 信息服务（IIS）日志文件
BinaryWrite	方法	将一个二进制字符串写入 HTTP 输出流
BufferOutput	属性	获取或设置一个值，该值指示是否缓冲输出并在处理完整个响应之后发送它
Charset	属性	获取或设置输出流的 HTTP 字符集

名 称	方法/属性	描 述
ClearContent	方法	清除缓冲区流中的所有内容输出
ContentType	属性	获取或设置输出流的 HTTP MIME 类型
Cookies	属性	获取响应的 Cookie 集合
End	方法	将当前所有缓冲的输出发送到客户端，停止该页的执行，并引发 EndRequest 事件
Flush	方法	向客户端发送当前所有缓冲的输出
IsClientConnected	属性	获取一个值，通过该值指示客户端是否仍连接在服务器上
Redirect	方法	将客户端重定向到新的 URL，并指定该新 URL
Write	方法	将信息写入 HTTP 响应输出流
WriteFile	方法	将指定的文件直接写入 HTTP 响应输出流

4.2 共享信息：Application/Session 对象

4.2.1 Application 对象与 Session 对象

ASP.NET 应用程序是单个 Web 服务器上的某个虚拟目录及其子目录范围内的所有文件、页、处理程序、模块和代码的总和。Application 对象派生自 HttpApplicationState 类，HttpApplicationState 类的单个实例在客户端第一次从某个特定的 ASP.NET 应用程序虚拟目录中请求任何 URL 资源时创建。对于 Web 服务器上的每个 ASP.NET 应用程序都要创建一个单独的实例，然后通过内部 Application 对象公开对每个实例的引用。

Application 对象的一个常用功能是存储应用程序级的全局变量，比如，可以将网站当前在线访问者的数量信息存储在 Application 对象中。不过，多年来全局变量在其他编程环境中被认为是有害的，ASP.NET 也不例外。在使用 Application 对象时，应认真考虑在其中放置什么内容，也可以考虑采用其他解决方案，如使用较灵活的 Cache 对象，它有助于控制对象的生存期。

会话（Session）是一个 ASP.NET 概念，它建立在无状态的 HTTP 协议基础之上，对于 Web 应用来说，它是维护状态的高效、优秀的方式之一。

Session 对象派生自 HttpSessionState 类，提供对会话状态值及会话级别设置和生存期管理方法的访问。它与 Application 对象一样，都是 ASP.NET 应用程序公用的对象。所不同的是，Application 对象是应用程序级别的公用对象，而 Session 是用户级别的公用对象，这个 Session 对象用于在单个用户访问的各页面之间传递信息，即 Session 是连接所有网页的公用对象。例如，某个时刻有 10 位连接者，则 Session 对象的个数为 10，每个连接者都有自己的 Session 对象，且互不相干，而 Application 对象的个数为 1。

4.2.2 入门实践七：网站访问计数功能

结合使用 Application 与 Session 对象实现登录后显示欢迎用户，并显示其是第几位访客的功能。本例在"入门实践六"项目的基础上修改而成。

（1）源文件 login.aspx.cs，代码为：

```
using System;
…
namespace AppSes_Asp
{
    public partial class login : System.Web.UI.Page
    {
        protected void Page_Load(object sender, EventArgs e) { }
        protected void loginBtn_Click(object sender, EventArgs e)
        {
            Session["username"] = Request.Form["UserName"]; //保存 Session 变量 username
            Response.Redirect("login_success.aspx");
        }
    }
}
```

（2）在项目中添加新建全局应用类"Global.asax"，如图 4.3 所示。

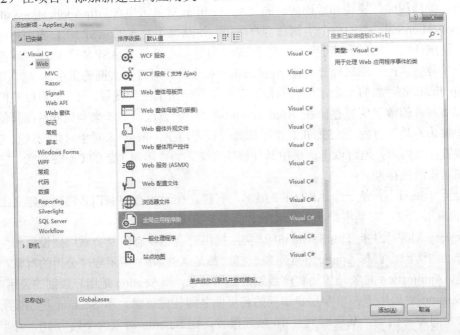

图 4.3 创建全局应用类

在 Global.asax 文件的 Application_Start 事件处理程序中创建计数器变量，代码如下：

```
using System;
using System.Collections.Generic;
```

第4章 项目开发入门：ASP.NET 4.5 内置对象

```csharp
using System.Linq;
using System.Web;
using System.Web.Security;
using System.Web.SessionState;
namespace AppSes
{
    public class Global : System.Web.HttpApplication
    {
        protected void Application_Start(object sender, EventArgs e)
        {
            Application.Set("cnt", 0);                //创建访问计数器变量,初值为0
        }
        protected void Session_Start(object sender, EventArgs e) { }
        protected void Application_BeginRequest(object sender, EventArgs e) { }
        protected void Application_AuthenticateRequest(object sender, EventArgs e) { }
        protected void Application_Error(object sender, EventArgs e) { }
        protected void Session_End(object sender, EventArgs e) { }
        protected void Application_End(object sender, EventArgs e) { }
    }
}
```

（3）源文件 login_success.aspx.cs，代码修改为：

```csharp
using System;
…
namespace AppSes_Asp
{
    public partial class login_success : System.Web.UI.Page
    {
        protected void Page_Load(object sender, EventArgs e)
        {
            Application.Lock();              //锁定,不允许其他用户修改变量
            Application.Set("cnt", (int)Application["cnt"] + 1);   //访问计数增加1
            Application.UnLock();            //开锁,允许其他用户修改变量
            Response.Write(Session["username"] + ",欢迎登录！您是光临本店的第" + Application["cnt"] + "位顾客<br>");
            Response.Write("网站服务器：" + Request.ServerVariables["SERVER_SOFTWARE"] + "<br>");
            Response.Write("协议：" + Request.ServerVariables["SERVER_PROTOCOL"] + "<br>");
            Response.Write("您使用的浏览器为：" + Request.Browser.Browser + " " + Request.Browser.Version + "/" + Request.Browser.Platform);
        }
    }
}
```

本例用 Session 对象保存访问网站的用户名，而用 Application 对象对整个站点进行访问计数，充分发挥了这二者的优势。

程序的运行结果如图 4.4 和图 4.5 所示。

图 4.4　第 1 位顾客访问

图 4.5　第 2 位顾客访问

4.2.3　知识点——属性和方法、会话状态及性能优化

1. Application 对象常用属性和方法

Application 对象有许多属性和方法，表 4.5 列出了 Application 对象常用的属性和方法。

表 4.5　Application 对象常用的属性和方法

名　　称	方法/属性	描　　述
Add(name,value)	方法	向 Contents 集合中添加名为 name、值为 value 的变量
AllKeys(index)	属性	只读。AllKeys 从 Content 集合中返回所有的变量名，AllKeys(index) 返回下标为 index 的变量名
Clear	方法	清除 Contents 集合中的所有变量
Contents({name,index})	属性	从 Contents 集合中获取名为 name 或下标为 index 的变量值，如 Application.Contents["cnt"]或简写为 Application["cnt"]。保留它是为了与 ASP 兼容
Count	属性	获取 Contents 集合中的变量数

第 4 章 项目开发入门：ASP.NET 4.5 内置对象

续表

名 称	方法/属性	描 述
Get({name,index})	方法	获取名为 name 或下标为 index 的变量值
GetKey(index)	方法	获取下标为 index 的变量名
Item({name,index})	属性	从 Contents 集合内获取名称为 name 或下标为 index 的变量值，如 Application.Item["cnt"]或简写为 Application["cnt"]
Lock	方法	锁定对 HttpApplicationState 变量的访问以促进访问同步，禁止其他用户修改 Application 对象的变量
Remove(name)	方法	从 Contentes 集合中删除名为 name 的变量
RemoveAll	方法	清除 Contents 集合中的所有变量
RemoveAt(index)	方法	删除 Contents 集合中下标为 index 的变量
Set(name,value)	方法	将名为 name 的变量值修改为 value
StaticObjects(name)	属性	获取 Global.asax 文件中由<object>标记声明的所有对象
UnLock	方法	取消锁定对 HttpApplicationState 变量的访问以促进访问同步，允许其他用户修改 Application 对象的变量

Application 事件处理程序只能在 Global.asax 文件中定义，且 Global.asax 文件必须存放在 Web 主目录中。当浏览器与 Web 服务器连接时，会先检查 Web 主目录中有没有 Global.asax 文件，如果有，则先执行该文件中定义的事件处理程序。

Application 对象有以下 4 个事件。

（1）OnStart 事件：在整个 ASP.NET 应用中首先被触发的事件，也就是在一个虚拟目录中第一个 ASP.NET 程序执行时触发。

（2）OnEnd 事件：与 OnStart 正好相反，在整个应用停止时被触发（通常发生在服务器被重启/关机时，或 IIS 被停止时）。

（3）OnBeginRequest 事件：在每一个 ASP.NET 程序被请求时发生，即客户端每访问一个 ASP.NET 程序时就触发一次该事件。

（4）OnEndRequest 事件：ASP.NET 程序结束时触发该事件。

2. Session 对象常用属性和方法

Session 对象有许多属性和方法，表 4.6 列出了 Session 对象常用的属性和方法。

表 4.6 Session 对象常用属性和方法

名 称	方法/属性	描 述
Add(name,value)	方法	向 Contents 集合中添加名为 name、值为 value 的变量
Abandon	方法	释放 Session 对象，调用此方法将触发 OnEnd 事件
Clear	方法	清除 Contents 集合中的所有变量
CopyTo(array,index)	方法	复制 Session 对象的变量集合到 Array 指定的数组
Contents({name,index})	属性	从 Contents 集合中获取名为 name 或下标为 index 的变量值
Count	属性	获取 Contents 集合中的变量数
IsReadOnly	属性	只读。Session 是否为只读，默认为 False

续表

名　称	方法/属性	描　述
IsNewSession	属性	只读。Session 对象是否与当前请求一起创建
Item({name,index})	属性	从 Contents 集合内获取名称为 name 或下标为 index 的变量值
Keys	属性	获取 Contents 集合内的所有变量。Keys(index)为获取下标为 index 的变量值
Mode	属性	获取当前会话状态模式
Remove(name)	方法	从 Contents 集合中删除名为 name 的变量
RemoveAll	方法	清除 Contents 集合中的所有变量
RemoveAt(index)	方法	删除 Contents 集合中下标为 index 的变量
SessionID	属性	获取用于标识每个 Session 对象的标识码
StaticObjects	属性	获取由 ASP.NET 应用程序文件 Global.asax 中的<object Runat="Server" Scope="Session"/> 标记声明的对象的集合
Timeout	属性	获取或设置 Session 对象的失效时间，单位为分钟，默认为 20min

Session 对象的使用与 Application 对象非常相似，它也有两个集合 Contents、StaticObjects，用于存储变量和对象，变量与对象的设置和引用方法都与 Application 对象相同。例如，Session.Contents["cnt"]、Session.item["cnt"] 和 Session["cnt"]都表示访问 Session 对象的 cnt 变量。

Session 对象有以下两个事件。

（1）OnStart 事件：当用户第一次访问 ASP.NET 应用程序时将创建 Session 对象，并触发 OnStart 事件。对同一用户该事件只发生一次，除非发生 OnEnd 事件，否则不会再触发该事件。

（2）OnEnd 事件：在 Timeout 属性所设置的时间内没有再访问网页，或者调用了 Abandon 方法都会触发此事件。该事件通常用于用户会话结束的处理，如将数据写入文件或数据库等。注意，仅当会话状态 mode 被设置为 InProc 时，才会引发 OnEnd 事件。

Session 对象的生命周期始于用户第一次连接到应用程序的任何网页，在以下情况之一发生时结束：

（1）断开与服务器的连接。

（2）浏览者在 Timeout 属性规定的时间内未与服务器联系。

3. 会话状态模式的配置

事实上 Session 对象是使用提供程序在服务器进行存储的，具体存储在服务器的磁盘中还是内存中，可以通过配置 web.config 中的 sessionState 元素，来选择使用不同的提供程序存储 Session 对象，从而确定 Session 对象存储的位置。ASP.NET 包含三个存储 Session 对象的提供程序。

（1）进程中的会话状态存储：在 ASP.NET 内存的高速缓存中存储会话。

（2）进程外的会话状态存储：在 ASP.NET State Server 服务 aspnet_state.exe 中存储会话。

（3）SQL 会话状态存储：在 SQL Server 数据库中存储会话，用 spnet_regsql.exe 配置它。

配置 web.config 中的 sessionState 元素的格式如下：

```
<configuration>
    <system.web>
        <sessionState mode="Off|InProc|StateServer|SQLServer|Custom" ../>
    </system.web>
    …
</configuration>
```

ASP.NET 会话状态建立在一个可扩展的、基于提供程序的新存储模型上，除了以上三个提供程序，用户还可以实现自定义的提供程序，有兴趣的读者可查阅相关资料。

（1）进程中的会话状态

将配置设置为 InProc，即选择进程中的会话状态存储，会话数据就存储在 HttpRuntime 的内部高速缓存中。会话状态在进程中时，对象存储为活动的引用，这是一种非常快的机制。

但是，因为对象存储在内存中，在会话超时前，它们有可能会耗尽内存。例如，一个用户访问站点，单击了一个页面，就可能要在会话中存储一个 50MB 的 XmlDocument，如果该用户一直没有进一步访问，这块内存就要被占用 20min（默认的会话超时时间），直到该会话超时。

另外，进程中会话还存在一个很大的局限，当 ASP.NET 应用程序被重新启动后，所有原先的会话数据都会丢失。

所以，进程中会话非常适合于只需要一个 Web 服务器的小型应用程序，也适合有 IP 负载平衡机制把每个用户返回到最初创建会话的服务器中。

（2）进程外的会话状态

进程外的会话状态保存在 aspnet_state.exe 进程中，该进程作为一个 Windows 服务运行。使用 Services MMC 管理单元或在命令行上运行如下命令，就可以启动 ASP.NET 状态服务：

```
net start aspnet_state
```

在默认情况下，状态服务监听 TCP 端口 42424。可以通过修改注册表来改变端口，注册表键值如下：

```
HKEY_LOCAL_MACHINE\SYSTEM\CurrentControlSet\Services\aspnet_state\Parameters\Port
```

要选择进程外的会话状态，把 web.config 中的 sessionState 元素设置从 InProc 改为 StateServer 即可，另外，还必须在 stateConnectionString 属性中设置运行会话状态服务的服务器 IP 地址和端口，示例如下：

```
<configuration>
    <system.web>
        <sessionState mode="StateServe "
            stateConnectionString="tcpip=127.0.0.1:42424 " />
    </system.web>
    …
</configuration>
```

对于世界一流的、可用性非常高的 Web 站点来说，应考虑使用进程外会话模型，而不是 InProc。即使可以通过负载平衡机制确保把会话保存起来，仍要面对应用程序的再次利用问题。进程外状态服务的数据在应用程序再次利用时会保存起来，但计算机重新启动时还是会丢失。如果状态存储在另一台计算机上，在 Web 服务器再次使用或重新启动时，状态仍存在。

（3）SQL 支持的会话状态

将配置设置为 SQL Server，即选择 SQL 支持的会话状态存储，在这种模式下，会话存储在 SQL Server 数据库中，它允许会话用于大型 Web 场（有多台 Web 服务器），如果需要，会话可以在 IIS 重新启动的过程中保存下来。

SQL 支持的会话状态用 aspnet_regsql.exe 配置。下面的命令行示例给系统配置了 SQL 会话支持，其中 SQL Server 位于 localhost，数据库用户为 sa，密码为 1234，在 ASPState 数据库中永久存储。

```
C:\>aspnet_regsql –S localhost –U sa –P 1234 –ssadd –sstype p
```

如果使用 SQL Express，可用 .\SQLEXPRESS 替代 localhost。有关 aspnet_regsql.exe 配置的详细方法读者可查阅相关资料。

4. 会话性能优化

在默认情况下，所有的页面都可以对 Session 对象进行写入访问。因为可以在一个浏览器客户端同时请求多个页面（例如，使用框架、同一个机器上的多个浏览器窗口等），所以在请求页面的过程中，该页面会在一个 Session 上打开读取器/写入器锁定。如果页面在一个 Session 上有写入锁定，该 Session 上请求的其他页面就必须等待第一个请求结束。也就是说，只为该 SessionID 锁定 Session。这些锁定不影响有其他 Session 的用户。

为了让使用 Session 的页面具有最佳的性能，ASP.NET 允许通过@Page 指令的 EnableSessionState 属性设置来明确说明页面需要什么 Session 对象。EnableSessionState 属性的取值如下。

（1）EnableSessionState="True"：页面需要对 Session 进行读/写访问。有这个 SessionID 的 Session 在每个请求过程中都会被锁定。

（2）EnableSessionState="False"：页面不需要访问 Session。如果代码使用 Session 对象，就会抛出异常，停止页面的执行。

（3）EnableSessionState="ReadOnly"：页面需要对 Session 进行只读访问。在 Session 上给每个请求加上读取锁定，但可以同时读取其他页面。锁定请求的顺序是很重要的。只要请求了写入锁定，即使在线程获得访问权限之前请求了该锁定，所有后续的读取锁定请求也会被禁止，而无论这些读取锁定是当前设置还是没有设置。ASP.NET 显然可以处理多个请求，但一次只有一个请求能获得 Session 的显式访问。

如果网页没有指定 EnableSessionState 属性，ASP.NET 总是会做出最保守的决定，影响页面的执行性能。所以，应给每个页面设置 EnableSessionState 属性，这样就可以使 ASP.NET 更高效地执行。

如果编写一个不需要 Session 的页面，可以设置 EnableSessionState="False"，这会使 ASP.NET 在需要 Session 的页面之前安排该页面，提高应用程序的整体可伸缩性。另外，如果应用程序不使用 Session，在 web.config 中设置 Mode="OFF"，会减少整个应用程序的开销。

4.3 初始化页面：Page 对象

在浏览器中打开 Web Form 网页时，ASP.NET 先编译 Web Form 网页，分析网页及其代码，然后以动态的方式产生新的类，再编译新的类。Web Form 网页编译后所创建的类由 Page 类派生而来，因此，Web Form 网页可以使用 Page 类的属性、方法与事件。

每次请求 Web Form 网页，新派生的类将成为一个能在服务器执行的可执行文件。在运行阶段，Page 类会以动态的方式创建 HTML 标记并返回浏览器，同时处理收到的请求（Request）和响应（Response）。若网页中包含服务器控件，Page 类便可作为服务器控件的容器，并在运行阶段创建服务器控件。

4.3.1 入门实践八：加载显示图书类别链接

在"入门实践七"的基础上修改项目，在加载页面时显示各图书类别的链接菜单。
（1）创建源文件 menu.aspx.cs，代码为：

```
using System;
…
namespace Page_Asp
{
    public partial class menu : System.Web.UI.Page
    {
        protected void Page_Load(object sender, EventArgs e)
        {
            if (!Page.IsPostBack)
            {
                Response.Write("<li><strong>图书分类</strong></li>");
                Response.Write("<li><a href='book.html' target='main'>C 语言程序设计</a></li>");
                Response.Write("<li><a href='book.html' target='main'>Java 开发</a></li>");
                Response.Write("<li><a href='bookDb.html' target='main'>数据库</a></li>");
                Response.Write("<li><a href='bookWeb.html' target='main'>网页编程</a></li>");
            }
        }
    }
}
```

（2）修改 main.html，代码为：

```
<!DOCTYPE html>
<html xmlns="http://www.w3.org/1999/xhtml">
<head>
<meta http-equiv="Content-Type" content="text/html; charset=utf-8">
    <title>网上书店</title>
    <link href="css/bookstore.css" rel="stylesheet" type="text/css" />
</head>
<body>
```

```html
            <div class="head">
                ...
                <div class="head_right">
                    <div class="head_right_nei">
                        <div class="head_top">
                            ...
                        </div>
                        <div class="head_middle">
                            <a class="title01" href="http://localhost:36834/menu.aspx" target="menu">
                                <span>  首页  </span>
                            </a>
                            <a class="title01" href="#">
                                <span>  注册  </span>
                            </a>
                            <a class="title01" href="http://localhost:36834/login.aspx" target="main">
                                <span>  登录  </span>
                            </a>
                            <a class="title01" href="#">
                                <span> 联系我们   </span>
                            </a>
                            <a class="title01" href="#">
                                <span> 网站地图   </span>
                            </a>
                        </div>
                        <div class="head_bottom">
                            ...
                        </div>
                    </div>
                </div>
            </div>

            <div class="content">
                <div class="left">
                    <div class="list_box">
                        <div class="list_bk">
                            <iframe class=point02 name ="menu" frameborder="0"></iframe>
                        </div>
                    </div>
                </div>
                <div class="right">
                    ...
                </div>
            </div>
```

```
    …
</body>
</html>
```

程序的运行结果如图 4.6 所示,单击"首页",在左边"图书分类"下显示出各图书类别的链接。

图 4.6　显示图书类别

4.3.2　知识点——Page 对象属性和方法

Page 对象有许多属性和方法,表 4.7 列出了 Page 对象常用的属性和方法。

表 4.7　Page 对象常用的属性和方法

名　　称	方法/属性	描　　述
Application	属性	获取目前 Web 请求的 Application 对象,Application 对象派生自 httpapplicationstate 类,每个 Web 应用程序都有一个专属的 Application 对象
Cache	属性	获取与网页所在应用程序相关联的 Cache 对象,Cache 对象派生自 Cache 类,允许在后续的请求中保存并捕获任意数据,Cache 对象主要用来提升应用程序的效率
ClientScript	属性	获取用于管理脚本、注册脚本和向页添加脚本的 ClientScriptManager 对象
ClientTarget	属性	获取或设定数值,覆盖浏览器的自动侦测,并指定网页在特定浏览器用户端如何显示。若设置了此属性,则会禁用客户端浏览器检测,使用在应用程序配置文件(web.config)中预先定义的浏览器能力
Controls	属性	获取 ControlCollection 对象,该对象表示 UI 层次结构中指定服务器控件的子控件
DataBind	方法	将数据源绑定到网页的服务器控件上
EnableViewState	属性	获取或设置目前网页请求结束时,网页是否要保持视图状态及其所包含的任何服务器控件的视图状态(viewstate),默认为 true
ErrorPage	属性	获取或设置当网页发生未处理的异常情况时,要将用户定向到哪个错误信息网页,此属性可以让用户自定义所要显示的错误信息。如果没有设置此属性,ASP.NET 会显示默认的错误信息网页

续表

名称	方法/属性	描述
FindControl	方法	在网页上搜索标志名称为 id 的控件，返回值为标志名称为 id 的控件，若找不到标志名称为 id 的控件，则会返回 Nothing
HasControls	方法	获取布尔值，用来判断 Page 对象是否包含控件，返回 True 表示包含控件，返回 False 表示不包含控件
IsClientScriptBlockRegistered	方法	获取布尔值，用来判断客户端脚本块是否已使用键值 key 注册过，例如，代码 IsClientScriptBlockRegistered("clientScript")可以判断是否有客户端脚本块使用键值"clientScript"登录过
IsPostBack	属性	获取布尔值，用来判断网页在何种情况下加载，返回 False 表示是第一次加载该网页，返回 True 表示是因为客户端返回数据而被重新加载
IsValid	属性	获取布尔值，用来判断网页上的验证控件是否全部验证成功，返回 True 表示全部验证成功，返回 False 表示至少有一个验证控件验证失败
MapPath	方法	将 VirtualPath 指定的虚拟路径（相对或绝对路径）转换成实际路径
RegisterClientScriptBlock	方法	发送客户端脚本给浏览器，参数 key 为脚本块的键值，参数 script 为要发送到客户端的脚本，此方法会在网页<Form Runat="Server">标记之后将客户端脚本发送到浏览器
RegisterHiddenField	方法	在网页窗体上添加名称为 hiddenFieldName、值为 hiddenFieldInitialValue 的隐藏字段
Request	属性	获取请求网页的 Request 对象，Request 对象派生自 HttpRequest 类，主要用来获取客户端的相关信息
Response	属性	获取与请求网页相关的 Response 对象，Response 对象派生自 HttpResponse 类，允许发送 HTTP 响应数据给客户端
Server	属性	获取 Server 对象，Server 对象派生自 HttpServerUtility 类
Session	属性	获取 Session 对象，Session 对象派生自 HttpSessionstate 类
Trace	属性	获取目前 Web 请求的 Trace 对象，Trace 对象派生自 TraceContext 类，可以用来处理应用程序跟踪
Validators	属性	获取请求的网页所包含的 ValidatorsCollection（验证控件集合），网页上的验证控件均存放在此集合中

  IsPostBack 是 Page 对象的一个重要属性。这是一个只读的 Boolean 类型属性，它可以指示页面是第一次加载还是为了响应客户端回传而进行的加载。有经验的程序员通常将一些耗费资源的操作（例如，从数据库获取数据或构造列表项）放在页面第一次加载时执行。如果页面回传到服务器并再次加载，就无须重复这些操作了。因为，任何输入或构建的数据都已被视图状态自动保留到后续的回传中。

  Page 对象最主要的事件是 Init、Load 和 UnLoad，在 Init 和 Load 事件中可以进行页面的初始化操作。虽然 Init、Load 事件在网页加载时都会被触发，但它们是有区别的。

  （1）Init 事件：当一个用户多次请求同一个网页（Page）时，Init 事件在每一次请求时被触发。由于视图状态尚未加载，在该事件的生存期内不应访问其他服务器控件。

（2）Load 事件：当一个用户多次请求同一个网页（Page）时，Load 事件在每一次请求时被触发，可以在此事件中访问控件。可以使用 Page 对象的 IsPostBack 属性来判断是否是第一次请求。若为 False 则是第一次请求，否则为回发。

4.4 其他对象简介

4.4.1 服务器对象：Server 对象

Server 是最基本的 ASP.NET 对象，它派生自 HttpServerUtility 类，包含了服务器的相关信息。通过该类，可以获得最新的错误信息、对 HTML 文本进行编码和解码、访问和读/写服务器的文件等。一般可通过 Page 对象的 Server 属性获取对应的 Server 对象，即 Page.Server，而通常 Page 可省略，直接使用 Server 进行操作。

1. Server 对象的属性和方法

Server 对象有许多属性和方法，表 4.8 列出了 Server 对象常用的属性和方法。

表 4.8 Server 对象常用属性和方法

名称	方法/属性	描述
ClearError	方法	清除前一个异常
CreateObject(type)	方法	创建由 type 指定的对象或服务器组件的实例
Execute(path)	方法	执行由 path 指定的 ASP.NET 程序，执行完毕后仍继续原程序的执行
GetLastError()	方法	获取最近一次发生的异常
HtmlDecode	方法	对已被编码以消除无效 HTML 字符的字符串进行解码
HtmlEncode(string)	方法	将 string 指定的字符串进行编码
MachineName	属性	服务器的计算机名称，为只读属性
MapPath(path)	方法	将参数 path 指定的虚拟路径转换成实际路径
ScriptTimeout	属性	获取或设置程序执行的最长时间，即程序必须在该段时间内执行完毕，否则将自动终止，时间以秒为单位。系统的默认值为 90s。例如，ScriptTimeout = 100，表示最长程序执行时间为 100s
Transfer(url)	方法	结束当前 ASP.NET 程序，然后执行参数 url 指定的程序
UrlDecode	方法	对字符串进行解码，该字符串针对 HTTP 传输进行了编码并在 URL 中发送到服务器
UrlEncode(string)	方法	对 string 进行 URL 编码

2. Server 对象的应用

使用 Server 对象可进行 HTML 编码和解码、URL 编码和解码、执行指定的 ASP.NET 程序、将程序的虚拟路径转换为实际路径及进行文件操作等。

（1）**HTML 与 URL 编码和解码**

Server 对象的 HtmlEncode 方法将对字符串进行编码，使它不被浏览器按 HTML 语法进行解释，按字符串原样在浏览器中显示。当不希望将传送的字符串中与 HTML 标记相同的串解释为 HTML 标记时，可使用该方法。例如，希望传送内容中包含的"<p>"在浏览器中直接显示出来，此时就可使用 HtmlEncode 方法转换后再传送。HtmlDecode 方法的功能与 HtmlEncode 方法刚好相反，它可以对 HTML 编码的字符串进行解码。

与 HTML 类似，URL 串也可进行编、解码。例如，在浏览器中使用 GET 方法传送数据到服务器时，被传送的表单变量值将附在 URL 之后，并在浏览器的地址栏中显示出来，此时被传送串中的特殊字符，如空格、中文等都被进行了 URL 编码。URL 编码保证了浏览器中提交的文本能够正确传输。利用 UrlEncode 方法可以测试 URL 编码的结果，UrlDecode 的功能与 UrlEncode 相反。

（2）路径转换

在程序中给出的文件路径通常使用的是虚拟路径，即相对于虚拟根目录的路径。例如，若虚拟目录 xxx 对应的实际路径为"E:\TestASPNET\Test"，则虚拟文件路径"/abc.txt"对应的实际路径为"E: \TestASPNET\Test\abc.txt"。有些应用中需要访问服务器的文件、文件夹或数据库文件，此时就需要将虚拟文件路径转换为实际文件路径。使用 Server 对象的 MapPath 方法可实现这种路径转换。例如：

```
Server.MapPath("/abc.txt")              //返回文件 abc.txt 的实际路径名
Server.MapPath("/")                     //返回虚拟根目录的实际路径名
```

（3）执行指定程序

Server 对象的 Execute 方法和 Transfer 方法都可让服务器执行指定的程序。Execute 类似于高级语言中的过程调用，将程序流程转移到指定的程序，当该程序执行结束后，流程将返回源程序的中断点继续执行。而 Transfer 则终止当前程序的执行，而转去执行指定的程序。例如，下面的程序代码输出文本"输出本程序结果部分"后，转而执行 example.aspx 程序，完成后再输出文本"输出 example.aspx 的结果部分"。

```
protected void Page_Load(object sender, EventArgs e)
{
    Response.Write("<h3>输出本程序结果部分</h3><hr>");
    Server.Execute("example.aspx");
    Response.Write("<hr><h3>输出 example.aspx 的结果部分</h3>");
}
```

4.4.2 缓存对象：Cache 对象

在 ASP.NET 中，Cache 对象实际上是 System.Web 命名空间中的 HttpCachePolicy 类，出于习惯，仍然将 ASP.NET 中的 HttpCachePolicy 类称为 Cache 对象。Cache 对象用于设置 ASP.NET 应用程序的缓存，有关缓存的内容有兴趣的读者可查看相关资料。

习 题

1. 是否要先创建内置对象的实例，然后才能使用？

2．完成"入门实践六"，说说 Request、Response 对象的主要功能及各自在其中发挥的作用是什么？

3．获取服务器的名称，可以利用（　　）对象。

　　A．Response　　　B．Session　　　C．Server　　　D．Application

4．Application 对象的特点包括（　　）。

　　A．数据可以在 Application 对象内部共享

　　B．一个 Application 对象包含事件，可以触发某些 Application 对象脚本

　　C．个别 Application 对象可以用 IIS 来设置而获得不同属性

　　D．单独的 Application 对象可以隔离出来在它们自己的内存中运行

5．试述 Session 对象的生命周期。

6．完成"入门实践七"，掌握 Application 和 Session 对象的使用。

7．Web 应用程序启动或者终止时，将激发_____和_____全局事件。

8．完成"入门实践八"，掌握 Page 对象的使用。

9．自己查资料和相关书籍了解 ASP.NET 4.5 的其他内置对象及作用。

第 5 章

项目开发入门：ASP.NET 4.5 服务器控件

所谓服务器控件，就是指在服务器端运行的控件。在 ASP.NET 4.5 中，服务器控件与代码和标记一起放在页面中，在初始化时会根据用户浏览器的版本生成适合浏览器的 HTML 代码。服务器控件是 ASP.NET 页面中的核心构造模块。本章将具体介绍各种常见 ASP.NET 4.5 服务器控件的使用。

5.1 控件概述

控件是一种类，绝大多数控件都具有可视的界面，能够在程序运行中显示其外观。利用控件进行可视化设计既直观又方便，可以实现所见即所得的效果。程序设计的主要内容是选择和设置控件及对控件的事件编写处理代码。

服务器控件是指在服务器上执行程序逻辑的组件，通常具有一定的用户界面，但也可能不包括用户界面。服务器控件包含在 ASP.NET 页面中，在运行页面时，用户可与控件发生交互行为。当页面被用户提交时，控件可在服务器端引发事件，服务器端则会根据相关事件处理程序来进行事件处理。服务器控件是动态网页技术的一大进步，它真正地将后台程序和前端网页融合在一起。服务器控件的广泛应用简化了应用程序的开发，提高了工作效率。

ASP.NET 提供两种不同类型的服务器控件：HTML 服务器控件和 Web 服务器控件。这两种控件迥然不同：HTML 服务器控件会映射为特定的 HTML 元素，而 Web 服务器控件则映射为 ASP.NET 页面上需要的特定功能。根据开发设计需要，在同一页面或应用程序中可以同时使用 HTML 服务器控件和 Web 服务器控件。

HTML 服务器控件和 Web 服务器控件用来完成最基本的页面显示功能。ASP.NET 还提供一系列的验证服务器控件，利用这些控件可以方便地完成页面的数据验证，从而确保用户在应用程序窗体中输入信息的有效性。ASP.NET 允许开发人员创建自己的用户控件，可以在设计视图中编辑它，再将它嵌入到其他 ASP.NET 网页中，然后将它们集成进 ASP.NET 应用程序。开发人员还可以自定义服务器控件，将它添加进 Visual Studio 2013 的工具箱，在开发应用程序时，可以像拖曳其他 Web 标准控件那样方便地使用它。用户控件和自定义服务器控件提高了代码的可重用性，使得开发程序更加方便快捷。

在 Visual Studio 2013 的"工具箱"中，只有 HTML 选项卡中的控件是浏览器端控件，其他各种控件都是服务器控件。其中"标准"选项卡中的控件是较常用的。在类库中，所有的网页控件都是从 System.Web.UI.Control.WebControls 直接或间接派生而来的，都包含在 System.Web.UI.WebControls 命名空间下。其中包含表单控件（输入与显示控件、按钮控件、超链接、日历控件、图像等）、列表控件、数据源控件、数据绑定与数据显示控件、验证控件，等等。它们之间的关系如图 5.1 所示。

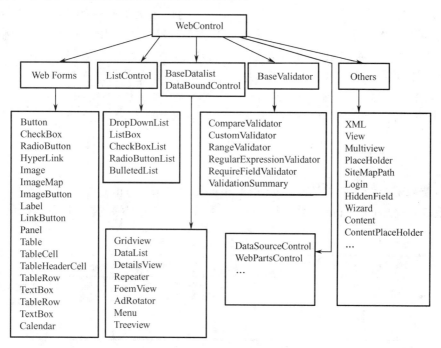

图 5.1 Web 服务器控件的层次结构

服务器控件包含方法以及与之关联的事件处理程序，并且这些代码都在服务器执行。部分服务器控件也提供客户端脚本，尽管如此，这些控件事件仍然会在服务器处理。

如果控件包括可视化组成部分（如标签、按钮和表格），则 ASP.NET 将在检测目标浏览器接收能力的情况下，为浏览器呈现传统的 HTML。ASP.NET 应用程序可以运行在任何厂商的任何浏览器上，所有处理过程都在服务器完成，发送给客户端的是最普通的 HTML 代码，即 ASP.NET 服务器控件最终呈现在浏览器中的是标准的 HTML 代码。

ASP.NET 服务器控件提供统一的编程模型。不同的功能类型对应特定的控件。例如，使用 TextBox 控件输入文本，并通过属性指定行数。通常情况下，对于 ASP.NET 服务器控件而言，所有声明标记的属性都与控件类的属性相对应。

5.1.1 控件基本语法

ASP.NET 服务器控件的基本语法格式如下：

<asp:控件类型名 ID="控件 id" 属性名 1="属性值 1" 属性名 2="属性值 2" … runat="server" />

控件标签以 asp: 开头，这是 Web 服务器控件的标记前缀。控件类型名为控件的类型

或类,如 TextBox、Button、DropDownList 等。可以利用 ID 属性,以编程方式引用控件实例。runat 属性告知服务器,该控件在服务器运行。

尽管 runat="server" 是默认属性,但必须在每个控件的每次声明中都显式地包括该属性。如果省略了它,并不会产生错误,但控件将被忽略而不被呈现。如果省略 ID 属性,控件能完全呈现出来,但是,该控件无法在代码中引用和操作。

一般情况下,标签是成对出现的,例如,文本框控件由起始标签<asp:TextBox>和结束标签</asp:TextBox>构成。但若此标签仅占一行,也可在标签最后加一个"/"作为结束。

另外,许多 Web 服务器控件可以在起始和结束标签之间使用内部 HTML。例如,在 TextBox 控件中,可将 Text 属性指定为内部 HTML,而不是将其设置在起始标签的属性中。所以,下面关于某个 TextBox 控件的两种不同的写法是等价的:

<asp:TextBox ID="txtBookName" runat="server" Width="250px" Text="请输入书名: "/>
<asp:TextBox ID="txtBookName" runat="server" Width="250px">请输入书名: </asp:TextBox>

5.1.2 控件常用属性

Web 服务器控件继承了 WebControl 和 System.Web.UI.Control 类的所有属性、事件和方法。表 5.1 列出了从 Control 或 WebControl 类继承的 Web 服务器控件的常用属性。

表 5.1 Web 服务器控件的常用属性

名 称	类 型	值	说 明
AccessKey	String	单字符的字符串	定义控件的加速键。比如,定义某控件的"AccessKey"属性值为"W",就可以通过按"Alt+W"组合键来访问该控件
BackColor	Color	Azure、Green、Blue 等	背景颜色
BorderColor	Color	Fuchsia、Aqua、Coral 等	边框颜色
BorderStyle	BorderStyle	Dashed、Dotted、Double、NotSet 等	边框样式。默认为 NotSet
BorderWidth	Unit	nn、nnpt	边框的宽度。如果用 nn,nn 是整数,单位是像素;如果用 nnpt,nn 是整数,单位是点
CausesValidation	Boolean	true、false	表示是否输入控件引发控件所需的验证。默认值为 true
Controls	ControlCollection		该控件所包含的所有控件对象的集合
CssClass	String		CSS 类
Enabled	Boolean	true、false	若设为 false,则控件可见,但显示为灰色,不能操作。内容仍可复制和粘贴。默认值为 true
EnableViewState	Boolean	true、false	表示该控件是否维持视图状态。默认值为 true
Font	FontInfo		定义控件上显示的文本的格式
ForeColor	Color	Lavender、LightBlue、Blue 等	前景色

续表

名　称	类　型	值	说　明
ID	String		控件的可编程标识符
Parent	Control	页面上的控件	返回在页面控件层次结构中对该控件的父控件的引用
EnableTheming	Boolean	true、false	表示是否将主题应用到该控件
SkinID	String	皮肤文件名	应用到该控件主题目录下的皮肤文件的详细信息
ToolTip	String		当鼠标移动到控件上方时显示出的文本字符串，在低版本的浏览器中呈现
Visible	Boolean	true、false	若设为 false，则不呈现该控件。默认值为 true

一般可以使用服务器控件类的属性，来设置 ASP.NET 服务器控件的属性标记，并通过编程方式访问它们。而一旦控件被声明，或在代码中被实例化，就可以通过编程方式获取或设置它的属性。

5.1.3　服务器控件事件

Web 页面和控件都包含事件，它们继承自 Control 类（在 Error 事件的情况下，则继承自 TemplateControl 类）。所有这些事件都传递没有属性的 EventArgs 类型的事件参数。表 5.2 列举了常见的控件事件。

表 5.2　常见的控件事件

事件名称	说　明
DataBinding	当控件绑定到数据源时发生
Disposed	当控件从内存中释放时发生
Error	只在页面中；当抛出未处理的异常时发生
Init	当控件初始化时发生
Load	当控件加载到页面对象时发生
PreRender	当控件准备做输出时发生
Unload	当控件从内存中卸载时发生

在 ASP.NET 网页中，与服务器控件关联的事件在客户端（浏览器上）引发，但 ASP.NET 页在 Web 服务器上处理。服务器控件仅提供有限的一组事件，通常仅限于 Click 类型事件，不支持经常发生的事件，如 onmouseover 事件。

基于服务器的 ASP.NET 页和控件事件遵循事件处理程序方法的标准 .NET Framework 模式。所有事件都传递两个参数：第一个参数表示引发事件的对象，以及包含任何事件特定信息的事件对象；第二个参数通常是 EventArgs 类型，但对于某些控件而言是特定于该控件的类型。例如，对于 ImageButton Web 服务器控件，第二个参数是 ImageClickEventArgs 类型，它包括有关用户单击位置的坐标信息。

在服务器控件中，某些事件（通常是 Click 事件）会导致页被立即回发到服务器，而另一些事件（通常是 Change 事件）不会导致页被立即发送，它们在下一次发生发送操作时引发。如果希望改变的操作立即回发到服务器，让 Change 事件导致页发送，则需要设置 Web 服务器控件的 AutoPostBack 属性。当该属性为 true 时，控件的更改事件会导致页面立即发送，而不必等待 Click 事件。例如，默认情况下，CheckBox 控件的 CheckedChanged 事件不会导致该页被提交。但是，如果将此控件的 AutoPostBack 属性设置为 true，则一旦用户单击该复选框，该页便会立即被发送到服务器进行处理。

图 5.2 是"网上书店"用户注册表单的界面，下面将以此为例展开 Web 服务器标准控件的介绍。

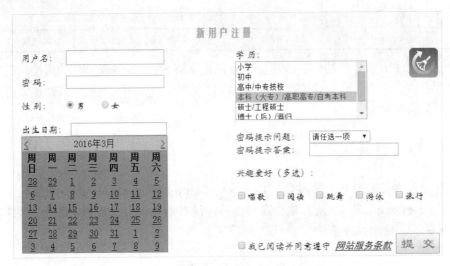

图 5.2 注册表单

5.2 基本控件及应用

5.2.1 文本控件

文本控件包括输入控件和显示控件两类。输入控件用来接收用户在浏览器端输入的信息，包括文本框、密码框、多行文本框，用 TextBox 控件可以实现它们；显示控件用来显示信息，包括标签（Label 控件）、文本（Literal 控件）等。

1. TextBox 控件

TextBox 控件是用得最多的控件之一，该控件显示为文本框，可以用来显示数据或者输入数据。

TextBox 控件定义的语法示例如下：

`<asp:TextBox ID="TBx_Pwd" runat="server" Width="94px" TextMode="Password"></asp:TextBox>`

此行代码提供给用户一个输入密码的文本框，效果如图 5.2 所示。

表 5.3 列出了 TextBox 控件的常用属性、事件和方法。

表 5.3 TextBox 控件的常用属性、事件和方法

属性/事件/方法	说 明
AutoPostBack	指示在输入信息时，数据是否实时自动回发到服务器
AutoCompleteType	记忆客户端输入的内容类型
MaxLength	文本框中最多允许的字符数
ReadOnly	指示能否更改 TextBox 控件的内容
Rows	多行文本框中显示的行数
Text	TextBox 控件的文本内容
TextMode	TextBox 控件的行为模式（单行、多行或密码）
Wrap	指示多行文本框内的文本内容是否换行
TextChanged	文本框的内容改变时发生的事件
Focus ()	使光标置于文本框中的方法

其中有一个重要的属性：TextMode。该属性包括三个选项。

（1）SingleLine：单行编辑框。

（2）MultiLine：带滚动条的多行文本框。

（3）PassWord：密码输入框，所有输入字符都用特殊字符（如"*"）来显示。

许多浏览器都支持自动完成功能，该功能可帮助用户根据以前输入的值向文本框中填充信息。自动完成的精确行为取决于浏览器。通常，浏览器根据文本框的 name 属性存储值。任何同名的文本框（即使在不同页上）都将为用户提供相同的值。TextBox 控件支持 AutoCompleteType 属性，该属性用于控制 TextBox 控件的自动完成功能。

TextBox 控件的常用事件是 TextChanged 事件，当文字改变时引发此事件，可以编写事件处理代码做出响应。

默认情况下，TextChanged 事件并不立刻导致页面回发，而是当下次发送窗体时在服务器代码中引发此事件。若希望 TextChanged 事件即时回传，需将 TextBox 控件的 AutoPostBack（自动回传）属性设置为 true。

TextBox 控件最常用的方法是 Focus()方法，该方法派生于 WebControl 基类。Focus()方法可以将光标置于文本框中，准备接收用户的输入。用户不必移动鼠标就可以在窗体中输入信息。

2. Label 控件

Label 控件用于在 Web 页面上显示文本。控件定义的语法示例如下：

```
<asp:Label ID="Label7" runat="server" Font-Names="华文楷体" Font-Size="Medium" Text="密码提示问题："></asp:Label>
```

除了表 5.3 所示的文本控件标准属性外，Label 控件还有几个常用属性，如表 5.4 所示。

表 5.4 Label 控件的常用属性

属 性	说 明
Runat	规定该控件是一个服务器控件。必须设置为"server"
Text	在 Label 中显示的文本

续表

属 性	说 明
AccessKey	指定热键的按键
AssociatedControlID	将 Label 控件与窗体中另一个服务器控件关联起来

Label 控件最常用的属性为 Text，该属性表示在 Label 中显示的文本。

3. Literal 控件

Literal 控件的工作方式类似于 Label 控件，用于在浏览器上显示在整个过程中不发生变化的文本。控件定义的语法示例如下：

`<asp:Literal id="Literal1" Text = "新用户注册" runat="server" />`

表 5.5 列出了 Literal 控件的常用属性。

表 5.5　Literal 控件的常用属性

属 性	说 明
runat	规定该控件是一个服务器控件。必须设置为"server"
Text	规定要显示的文本
Mode	指定控件对所添加的标记的处理方式

Literal 控件最常用的属性为 Text，该属性表示在 Literal 中显示的文本。

4. HyperLink 控件

HyperLink 服务器控件在 Web 页上创建超级链接，使用户可以在应用程序中的页之间移动跳转，相当于 HTML 中的<a href>元素。

HyperLink 控件定义的语法示例如下：

`<asp:HyperLink ID="HyperLink1" runat="server" BorderColor="#FFCC66" Font-Italic="True" Font-Names="黑体" Font-Size="Medium" Font-Underline="True">网站服务条款</asp:HyperLink>`

此行代码定义了一个超链接 *网站服务条款*。

表 5.6 列出了 HyperLink 控件的常用属性。

表 5.6　HyperLink 控件的常用属性

属 性	说 明
ImageUrl	显示此链接的图像的 URL
NavigateUrl	该链接的目标 URL，当用户单击链接时会转向此 URL
Target URL	URL 的目标框架，默认为本框架，_blank 表示新窗口
Text	显示该链接的文本

与大多数服务器控件不同的是，在用户单击 HyperLink 控件时并不会在服务器代码中引发事件。HyperLink 控件可以用于图像和文本。在用于图像时，不应使用 Text 属性，而需要使用 ImageUrl 属性。使用 HyperLink 控件的主要优点是可以通过代码动态设置链接目标。

5.2.2 按钮控件

按钮是提交窗体的常用元素。标准控件中包括三种类型的按钮：标准命令按钮（Button 控件）、超级链接样式按钮（LinkButton 控件）和图形化按钮（ImageButton 控件）。这三种按钮提供类似的功能，但具有不同的外观。

当用户单击这三种类型按钮中的任何一种时，都会向服务器提交一个窗体，当前页被提交给服务器并在那里进行处理，可为下列事件之一创建事件处理程序。

（1）Page_load 事件：因为按钮总是将页提交给服务器，所以该方法总是在运行。倘若只是要提交相应窗体，并不关心单击的是哪个按钮，则使用页的 Page_load 事件。

（2）Click 事件：如果需要知道具体单击的是哪个按钮，则编写对应按钮的 Click 事件处理程序。

1. Button 控件

Button 控件是 Web 窗体中的常见控件，该控件呈现的是一个标准的命令按钮，一般用来提交 Web 表单。

Button 控件定义的语法示例如下：

```
<asp:Button ID="Btn_Submit" runat="server" Font-Bold="False" Font-Names="隶书" Font-Size="X-Large" ForeColor="Gray" Text="提 交" align="right" Height="30px" style="margin-left: 0px" Enabled="False" OnClick="Btn_Submit_Click" />
```

此行代码定义了一个用于注册提交的按钮 提 交 。

表 5.7 列出了 Button 控件的常用属性、事件和方法。

表 5.7 Button 控件的常用属性、事件和方法

属性/事件/方法	说　　明
Attributes	获取控件的属性集合
BackColor	获取或设置背景色
BordorColor	获取或设置边框颜色
CommandArgument	获取或设置可选参数，该参数与 CommandName 一起传递到 Command 事件
CommandName	获取或设置命令名，该命令名与传递给 Command 事件的 Button 控件相关联
EnableViewState	获取或设置一个值，指示服务器控件是否保持自己及所包含子控件的状态
PostBackUrl	获取或设置单击 Button 时从当前页发送到的网页的 URL。默认为空，即本页
Text	获取或设置在 Button 控件中显示的文本标题
Click	在单击 Button 控件时发生的服务器事件
OnClientClick	在单击 Button 控件时发生的客户端事件
Command	在单击 Button 控件时发生的服务器事件

虽然 Click 和 Command 事件都能够响应单击事件，但它们并不相同。

（1）Click 事件：在单击 Button 控件时发生。在开发过程中，双击 Button 按钮，便可为其自动产生事件触发函数，然后直接在此函数内编写所要执行的代码即可。以下是代码示例：

```
protected void Btn_Submit_Click(object sender, EventArgs e)
{      Response.Write ("注册成功，欢迎您！ ");      }
```

（2）Command 事件：相对于 Click 事件，Command 事件具有更为强大的功能。它通过关联按钮的 CommandName 属性，使按钮可以自动寻找并调用特定的方法，还可以通过 CommandArgument 属性向该方法传递参数。这样做的好处在于，当页面上需要放置多个 Button 按钮，分别完成多个任务，而这些任务非常相似，容易用统一的方法实现时，就不必为每一个 Button 按钮单独实现 Click 事件，而可通过一个公共的处理方法结合各个按钮的 Command 事件来完成。

另外，PostBackUrl 属性用于设置网页的 URL，指示此 Button 按钮从当前页提交给哪个网页，默认为空（即本页）。可以利用该属性进行跨页面的数据传送。

2．LinkButton 控件

LinkButton 控件是 Button 控件的变化体，实现具有超级链接样式的按钮。而它不是一般的超链接，终端用户单击该链接时，它的行为和按钮相似。

LinkButton 控件定义的语法示例如下：

```
<asp:LinkButton    id="LinkButton1"    Onclick="LinkButton1_Click"    runat="server">  退  出  </asp:LinkButton>
```

上面的代码定义了一个用于退出的超链接按钮。LinkButton 对象的成员与 Button 对象非常相似，具有 CommandName、CommandArgument 属性，以及 Click 和 Command 事件。

可以为上面定义的 LinkButton1 添加如下事件代码：

```
protected void LinkButton1_Click(object sender, EventArgs e)
{
    Response.Write ("谢谢访问，下次再来哦，88！ ");
    Response.End( );
}
```

3．ImageButton 控件

ImageButton 控件也是 Button 控件的变化体，实现具有图片样式的按钮。它在功能上和 Button 控件相同，但它可以使用定制图像作为窗体的按钮，终端用户通过单击该图像来提交窗体数据。

ImageButton 控件定义的语法示例如下：

```
<asp:ImageButton  ID="ImageButton1"  runat="server"  ImageUrl="~/image/重新填写.png"  align="right"  ToolTip="重新填写" />
```

上面的代码定义了一个用于重置的 ImageButton 按钮。

表 5.8 列出了 ImageButton 控件的常用属性、事件和方法。

表 5.8 ImageButton 控件的常用属性、事件和方法

属性/事件/方法	说　　明
Attributes	获取控件的属性集合
AlternateText	获取或设置当图像不可用时，控件中显示的替换文本
BackColor	获取或设置背景色
BordorColor	获取或设置边框颜色

续表

属性/事件/方法	说 明
CommandArgument	获取或设置可选参数,该参数与 CommandName 一起传递到 Command 事件
CommandName	获取或设置命令名,该命令名与传递给 Command 事件的 ImageButton 控件相关联
ImageAlign	获取或设置 ImageButton 控件相对于网页上其他元素的对齐方式
ImageUrl	获取或设置在 ImageButton 控件中显示的图像的位置
EnableViewState	获取或设置一个值,指示服务器控件是否保持自己及所包含子控件的状态
Text	获取或设置在 ImageButton 控件中显示的文本标题
Click	在单击 ImageButton 控件时发生的服务器事件
OnClientClick	在单击 ImageButton 控件时发生的客户端事件
Command	在单击 ImageButton 控件时发生的服务器事件
PostBackUrl	获取或设置单击 ImageButton 时从当前页发送到的网页的 URL。默认为空,即本页

5.2.3 选择控件

标准控件中可以给用户提供简单选择的控件有单选按钮（RadioButton 控件）、复选框（CheckBox 控件）、单选按钮列表（RadioButtonList 控件）、复选框列表（CheckBoxList 控件）。下面对这些控件分别予以介绍。

1. RadioButton 控件

RadioButton 控件表现为 Web 页面上的单选按钮。它允许用户选择 true 状态或 false 状态,但是只能选择其一。窗体上的一个单选按钮没有什么意义,在使用时通常有两个以上的 RadioButton 控件组成一组,以提供互相排斥的选项。在一组中,每次只能选择一个单选按钮。

页面上的一组 RadioButton 控件可以定义如下:

```
<asp:RadioButton ID="RBtn_male" runat="server" Font-Names="华文新魏" Font-Size="Medium" Text="男" Checked="True" GroupName="sexchoice" />
<asp:RadioButton ID="RBtn_female" runat="server" Font-Names="华文新魏" Font-Size="Medium" Text="女" GroupName="sexchoice" />
```

这里有两个单选按钮,它们的 GroupName 属性相同,表明它们是一组的,同一时刻确保只能有一个被选中。被选中按钮的 Checked 属性为 True。

表 5.9 列出了 RadioButton 控件的常用属性和事件。

表 5.9 RadioButton 控件的常用属性和事件

属性/事件	说 明
Checked	布尔值,规定是否选定单选按钮
AutoPostBack	布尔值,规定在 Checked 属性被改变后,是否立即回传表单。默认是 false
GroupName	该单选按钮所属控件组的名称
OnCheckedChanged	当 Checked 被改变时,被执行的函数的名称

续表

属性/事件	说　明
Text	单选按钮旁边的文本
TextAlign	文本应出现在单选按钮的哪一侧（左侧还是右侧）

当用户选择一个 RadioButton 控件时，该控件将引发一个事件，有下面两种处理方式。

（1）如果无须直接对控件的选择事件进行响应，而只关心单选按钮的状态，则可以在窗体发送到服务器后测试单选按钮，判断 RadioButton 控件的 Checked 属性，若为 True，则表示单选按钮已选定。

（2）如果需要立即响应用户更改控件状态的事件，则要为控件的 CheckedChanged 事件创建一个事件处理程序。默认情况下，CheckedChanged 事件并不马上导致向服务器发送页，而是当下次发送窗体时在服务器代码中引发此事件。若要使 CheckedChanged 事件即时发送，必须将 RadioButton 控件的 AutoPostBack 属性设置为 True。

2. RadioButtonList 控件

RadioButtonList 控件在 Web 页面上显示为一个单选按钮列表，用户在这一组列表项中只能选择一项。

RadioButton 控件优于 RadioButtonList 控件的一个方面是，可以在 RadioButton 控件之间放置其他项（文本、控件或图像）。虽然多个 RadioButton 控件也可以组成单选按钮组以实现互斥选择，但有多个选项供用户进行选择时，使用 RadioButtonList 控件更加方便。

RadioButtonList 控件定义示例如下：

```
<asp:RadioButtonList id="RadioButtonList1" runat="server" AutoPostBack="True">
    <asp:ListItem Value="0">男</asp:ListItem>
    <asp:ListItem Value="1">女</asp:ListItem>
    <asp:ListItem Value="2">保密</asp:ListItem>
</asp:RadioButtonList>
```

表 5.10 列出了 RadioButtonList 控件的常用属性和事件。

表 5.10　RadioButtonList 控件的常用属性和事件

属性/事件	说　明
AppendDataBoundItems	指示添加数据绑定的项目时应当保留静态定义的项目，还是应当清除它们
AutoPostBack	指示当用户改变选项时该控件是否自动地回发到服务器
CellPadding	指示单元的边框和内容之间的像素数
CellSpacing	指示单元间的像素数
DataMember	DataSource 中要绑定的表名
DataSource	填充该列表的列表项的数据源
DataSourceID	提供数据的数据源组件的 ID
DataTextField	提供列表项文本的数据源字段的名称
DataTextFormatString	用来控制列表项显示方式的格式化字符串
DataValueField	提供一个列表项的值的数据源字段的名称

续表

属性/事件	说　明
Items	获得列表控件中的项目集合
RepeatColumns	获得或设置控件中要显示的列数
RepeatDirection	获得或设置一个指示该控件垂直显示还是水平显示的值
RepeatLayout	获得或设置单选按钮（表或流）的布局
SelectedIndex	获得或设置列表中第一个被选项的索引即索引最小的项
SelectedItem	获得第一个被选项
SelectedValue	获得第一个被选项的值
TextAlign	获得或设置单选按钮的文本对齐方式
SelectedIndexChanged	当在 RadioButtonList 中改变选择时触发的事件

RadioButtonList 控件的 Items 集合的成员和列表中的每一项对应，要确定选中了哪些项，应测试每项的 Selected 属性。ListItem 的基本属性如表 5.11 所示。

表 5.11　ListItem 的基本属性

属　性	说　明
Text	每个选项的文本
Value	每个选项的值
Selected	选项的状态，True 表示默认选中
Count	选项的个数

3. CheckBox 控件

CheckBox 控件在 Web 窗体页上创建复选框。与 RadioButton 控件相似，CheckBox 控件也为用户提供了一种在二选一（如真/假、是/否或开/关）选项之间切换的方法。当用户选中这个控件时，表示输入的是 True，当没有选中这个控件时，表示输入的是 False。CheckBox 控件在使用时通常也与其他的 CheckBox 控件组成一组，但与 RadioButton 控件不同的是，RadioButton 控件组中用户只能选择其一，而 CheckBox 控件组中用户却能选择多个。

CheckBox 控件定义示例如下：

```
<asp:CheckBox ID="CBx_LicenseAgreement" runat="server" Font-Names="华文楷体" Font-Size="Medium" Text="我已阅读并同意遵守" AutoPostBack="True" OnCheckedChanged="CBx_LicenseAgreement_CheckedChanged" />
```

表 5.12 列出了 CheckBox 控件的常用属性和事件。

表 5.12　CheckBox 控件的常用属性和事件

属性/事件	说　明
Checked	布尔值，规定是否选定单选按钮
AutoPostBack	布尔值，规定在 Checked 属性被改变后是否立即回传表单。默认是 false
OnCheckedChanged	当 Checked 被改变时，被执行的函数的名称

续表

属性/事件	说明
Text	CheckBox 控件旁边的文本
TextAlign	文本应出现在 CheckBox 的哪一侧（左侧还是右侧）

CheckBox 控件的常用属性和事件与 RadioButton 控件类似，唯一不同的是它没有属性 GroupName。RadioButton 控件用 GroupName 属性来标识一组 RadioButton 控件，以确保提供互斥选项，保证用户只选择其中之一。而 CheckBox 控件组是提供复选的，用户可以选择多项。

4. CheckBoxList 控件

CheckBoxList 控件提供给用户一个复选框列表，它相当于一个 CheckBox 控件组，当需要显示多个 CheckBox 控件，并且对于所有控件的处理方式相似时，使用 CheckBoxList 控件更为方便。

CheckBox 控件允许操作一个条目，而 CheckBoxList 控件允许操作一组条目。CheckBox 控件可提供对布局的更多控制，而 CheckBoxList 控件提供方便的数据绑定功能。

CheckBoxList 控件定义示例如下：

```
<asp:CheckBoxList id="CheckBoxList1" runat="server">
 <asp:ListItem Value="琴">琴</asp:ListItem>
 <asp:ListItem Value="棋">棋</asp:ListItem>
    <asp:ListItem Value="书">书</asp:ListItem>
    <asp:ListItem Value="画">画</asp:ListItem>
</asp:CheckBoxList>
```

CheckBoxList 控件的属性和事件与 RadioButtonList 控件的基本相同。

5.2.4 列表控件

列表控件是以列表方式呈现选项，从而给用户提供选择的控件，有：下拉框（DropDownList 控件）、列表框（ListBox 控件）和项列表（BulletedList 控件）。

1. DropDownList 控件

DropDownList 控件在 Web 页面上呈现为下拉列表框，它允许用户从预定义的多个选项中选择一项。在选择前，用户只能看到第一个选项，其余的选项都"隐藏"起来。通过设置该控件的高度和宽度（以像素为单位），可以设定控件的大小，但是不能控制该列表拉下时显示的项目数。

DropDownList 控件定义示例如下：

```
<asp:DropDownList ID="DropDownList1" runat="server" AutoPostBack="True" OnSelectedIndexChanged="DropDownList1_SelectedIndexChanged">
    <asp:ListItem Value="0">请任选一项</asp:ListItem>
    <asp:ListItem Value="1">母亲的生日</asp:ListItem>
    <asp:ListItem Value="2">最喜欢看的书</asp:ListItem>
    <asp:ListItem Value="3">最难忘的日子</asp:ListItem>
</asp:DropDownList>
```

表 5.13 列出了 DropDownList 控件的常用属性和事件。

表 5.13　DropDownList 控件的常用属性和事件

属性/事件	说　明
AppendDataBoundItems	指示添加数据绑定的项目时应当保留静态定义的项目，还是应当清除它们
AutoPostBack	指示当用户改变选项时该控件是否应当自动地回发到服务器
DataMember	DataSource 中要绑定的表的名称
DataSource	填充该列表的项目的数据源
DataSourceID	提供数据的数据源组件的 ID
DataTextField	提供列表的文本的数据源字段名称
DataTextFormatString	用来控制列表项显示方式的格式化字符串
DataValueField	提供一个列表项的值的数据源字段的名称
Items	获得列表控件中的项目集合
SelectedIndex	获得或设置列表中被选项的索引
SelectedItem	获得列表中的被选项
SelectedValue	获得列表中被选项的值
SelectedIndexChanged	当列表控件的选择项发生变化时触发

DropDownList 控件还有三个编程接口，用来配置下拉列表边框的属性：BorderColor、BorderStyle 和 BorderWidth。虽然这些属性被样式属性正确转换了，但是大多数浏览器不会用它们来改变下拉列表的外观。

DropDownList 控件的 Items 集合的成员和列表中的每一项对应，要确定选中了哪项，应测试每一项的 Selected 属性。或者访问 SelectedItem 属性获取被选项，访问 SelectedValue 属性获得列表中被选项的值。当列表控件的选项改变时会触发 SelectedIndexChanged 事件，如果 DropDownList 控件的 AutoPostBack 属性为 True，将导致页面即时回传，从而立刻执行此事件代码。

本例中 DropDownList 控件设置了 AutoPostBack 为 True，下拉列表框的选项改变会即时回传，触发此控件的 SelectedIndexChanged 事件，程序运行的效果如图 5.3 所示。

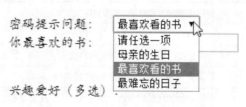

图 5.3　DropDownList 选项回传效果

2．ListBox 控件

ListBox 控件表示在一个滚动窗口中垂直显示一系列项目列表。ListBox 允许选择单项或多项，并通过常见的 Items 集合提供它的内容。与 DropDownList 类似，列表框 ListBox 可以实现从预定义的多个选项中进行选择的功能。区别在于：ListBox 在用户选择操作前，可以看到所有的选项，并可以实现多项选择。

ListBox 控件定义示例如下:

```
<asp:ListBox ID="ListBox1" runat="server" Height="99px" Width="228px">
    <asp:ListItem>小学</asp:ListItem>
    <asp:ListItem>初中</asp:ListItem>
    <asp:ListItem Value="高中">高中/中专技校</asp:ListItem>
    <asp:ListItem Selected="True" Value="大学">本科（大专）/高职高专/自考本科</asp:ListItem>
    <asp:ListItem Value="研究生">硕士/工程硕士</asp:ListItem>
    <asp:ListItem Value="博士">博士（后）/海归</asp:ListItem>
    <asp:ListItem Value="不详">以上都不是</asp:ListItem>
</asp:ListBox>
```

ListBox 控件的属性和事件与上面讲述的 DropDwonList 控件的属性和事件基本类似。

有两个属性使 ListBox 控件略微不同于其他列表控件：Rows 属性和 SelectionMode 属性。Rows 属性用来获取或设置 ListBox 控件中所显示的行数。SelectionMode 属性用来控制是否支持多行选择，当此属性设置为 Single 时，表示是单选；当属性设置为 Multiple 时，表示是多选。如果将 ListBox 控件设置为多选，则用户可以在按住 Ctrl 或 Shift 键的同时，单击以选择多个项。

3. BulletedList 控件

BulletedList 控件创建一个无序或有序（编号的）项列表，它们呈现为 HTML 的<ul>或<ol>元素。可以指定项、项目符号或编号的外观；静态定义列表项或通过将控件绑定到数据来定义列表项；也可以在用户单击项时作出响应。

表 5.14 列出了 BulletedList 控件的主要属性。

表 5.14 BulletedList 控件的属性

属　　性	说　　明
AppendDataBoundItems	指示在添加数据绑定的项目时应当保留还是清除静态定义的项目
BulletImageUrl	获得或设置到用做项目符号的图像的路径
BulletStyle	确定项目符号的样式
DataMember	DataSource 中要绑定的表的名称
DataSource	用来填充该列表控件的列表项的数据源
DataSourceID	提供数据的数据源组件的 ID
DataTextField	提供列表项文本的数据源字段的名称
DataTextFormatString	用来控制列表项显示样式的格式化字符串
DataValueField	提供列表项的值的数据源字段的名称
DisplayMode	确定如何显示列表项：纯文本、链接按钮或超链接
FirstBulletNumber	获得或设置编号的起始值
Items	获得列表控件中的列表项的集合
Target	指示超链接模式下的目标框架

其中的 BulletStyle 枚举值如表 5.15 所示。

表 5.15 BulletStyle 枚举值列表

枚 举 值	说 明
Circle	表示项目符号编号样式设置为 "○" 空圈
CustomImage	编号样式设置为自定义图片，图片由 BulletImageUrl 属性指定
Disc	编号样式设置为 "●" 实圈
LowerAlpha	编号样式设置为小写字母格式，如 a、b、c、d 等
LowerRoman	编号样式设置为小写罗马数字格式，如 i、ii、iii、iv 等
NotSet	表示不设置项目符号编号样式
Numbered	编号样式为数字格式，如 1、2、3、4 等
Square	编号样式为 "■" 实体黑方块
UpperAlpha	编号样式为大写字母格式，如 A、B、C、D 等
UpperRoman	编号样式为大写罗马数字格式，如 I、II、III、IV 等

项目符号类型允许选择项目前面的元素的样式，可以使用数字、方块、圆形和大小写字母。子项目可以作为纯文本、超链接或按钮生成。

BulletedList 控件的项目支持各种图形样式：圆盘形、圆形和定制图形，还有包括罗马编号（roman numbering）在内的几种编号。初始编号可以通过 FirstBulletNumber 属性以编程的方式进行设计。DisplayMode 属性确定如何显示每个项目符号的内容：纯文本（默认）、链接按钮或超链接。如果显示链接按钮，则在该页回发时，在服务器上激发 Click 事件以允许处理该事件；如果显示超链接，则浏览器将在指定方框内显示目标页——Target 属性，目标 URL 与 DataValueField 指定的字段内容一致。

以下是一个 BulletedList 控件的定义示例：

```
<div>
<asp:BulletedList ID="BulletedList1" BulletStyle="Circle" runat="server">
    <asp:ListItem>第一项</asp:ListItem>
    <asp:ListItem>第二项</asp:ListItem>
    <asp:ListItem Text="第三项"></asp:ListItem>
    <asp:ListItem Text="第四项" Value="6"></asp:ListItem>
</asp:BulletedList>
</div>
```

上述 BulletedList 控件的运行效果如图 5.4 所示。

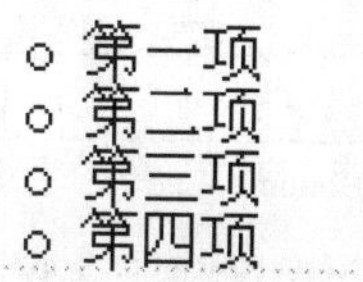

○ 第一项
○ 第二项
○ 第三项
○ 第四项

图 5.4 BulletedList 控件示例

可以在 Page 对象的某些事件（如 Page_Load、Page_Init）中添加代码动态生成上述列表控件（RadioButtonList 控件、CheckBoxList 控件、DropDownList 控件、ListBox 控件、

BulletedList 控件）的 Item 选项，或者通过把它们绑定到数据源控件提供的条目上，从而动态创建它们。

5.2.5 日历控件

Calendar 控件实现一个传统的单月份日历，用户可使用该日历查看和选择日期。当需要在网页中显示日期或者需要用户输入或确认日期时，就需要这样一个控件。Calendar 控件提供的功能如下：

（1）显示一个日历，该日历会显示一个月份；
（2）允许用户选择日期、周、月；
（3）允许用户选择一定范围内的日期；
（4）允许用户移到下一月或上一月；
（5）以编程方式控制选定日期的显示。

一个 Calendar 控件定义示例如下：

`<asp:Calendar ID="Calendar1" runat="server" BackColor="Lime" ForeColor="Black" OnSelectionChanged="Calendar1_SelectionChanged"></asp:Calendar>`

上述定义将在 Web 页上生成一个显示当前月份日历，如图 5.5 所示。无须手工代码，这个日历具有一些常见的功能，如用户可以选择一天（这时什么也不发生，只是高亮显示选中的日期）及通过单击月份名称两边的导航符号选择月份。

图 5.5 Calendar 控件示例

除了所有的 ASP.NET 服务器控件都从 WebControl 继承属性外，Calendar 控件还包含许多自己的属性。表 5.16 列出了 Calendar 控件的主要属性。

表 5.16 Calendar 控件的主要属性

名称	类型	值	说明
Caption	String		显示在日历上方的文本
CaptionAlign	TableCaption-Align	Bottom、Left、NotSet、Right、Top	指定标题的垂直和水平对齐方式
CellPadding	Integer	0、1、2 等	边框和单元格之间的以像素为单位的间距。应用到日历的所有单元格和单元格的每个边。默认为 2
CellSpacing	Integer	0、1、2 等	单元格间以像素为单位的间距，应用到日历中的所有单元格。默认值为 0

续表

名　　称	类　　型	值	说　　明
DayNameFormat	DayName-Format	Full、Short、FirstLetter、FirstTwoLetters	一周中每一天的格式。它的值不言自明，除了 Short，它用前 3 个字母表示。默认为 Short
FirstDayOfWeek	FirstDayOf-Week	Default、Sunday、Monday … Saturday	在第一列显示的一周的某一天，默认值由系统设置指定
NextMonthText	String		下一月份的导航按钮的文本。默认为>，它表现为一个大于号(>)。只有 ShowNextPrevMonth 属性设置为 true 时显示
NextPrevFormat	NextPrev-Format	CustomText、FullMonth、ShortMonth	使用 CustomText，设置该属性并在 NextMont-Text 和 PrevMonth-Text 中指定使用的文本
PrevMonthText	String		上一月份的导航按钮的文本。默认为<，它表现为一个小于号(<)。只有 ShowNextPrevMonth 属性设置为 true 时显示
SelectedDate	DateTime		一个选定的日期。只保留日期，时间为空
SelectedDate	DateTime		选择多个日期后的 DateTime 对象的集合。只保存日期，时间为空
SelectionMode	Calendar-SelectionMode		在本节的后面描述
SelectMonthText	String		选择器列中月份选择元素显示的文本。默认为 >>，它表现为两个大于号（>>）。只在 SelectionMode 属性设置为 DayWeekMonth 时可见
ShowDayHeader	Boolean	true、false	是否在日历标题中显示一周中每一天的名称。默认为 true
ShowGridLines	Boolean	true、false	如果为 true，显示单元格之间的网格线。默认为 false
ShowNextPrev-Month	Boolean	true、false	指定是否显示上个月和下个月导航元素。默认为 true
ShowTitle	Boolean	true、false	指定是否显示标题。如果为 false，则上个月和下个月导航元素将隐藏。默认为 true
TitleFormat	TitleFormat	Month、MonthYear	指定标题是显示为月份，还是同时显示月份和年份。默认为 MonthYear
TodaysDate	DateTime		今天的日期
UseAccessible-Header	Boolean	true、false	指示是否使用可通过辅助技术访问的标题
VisibleDate	DateTime		显示月份的任意日期

导航符号由 NextMonthText 和 PrevMonthText 属性分别指定为 > 和 < ，这两个 HTML 字符实体一般会显示为大于号（>）和小于号（<）。因为 Calendar 中所有可选的符号在浏览器中都会呈现为链接，所以在 Calendar 控件中这些符号会显示下画线。

1. 在 Calendar 控件中选择日期

Calendar 控件有 6 种日期获取模式，用户可以选择一天、一周或一个月，通过设置控件的 SelectionMode 属性来实现。表 5.17 列出了 SelectionMode 属性。

表 5.17　Calendar 控件的 SelectionMode 属性

模　式	说　明
Day	允许用户选择单个日期。这是默认值
DayWeek	允许用户选择单个日期或整周
DayWeekMonth	允许用户选择单个日期、周或整个月
None	不能选择日期

如果 Calendar 控件的 SelectionMode 为 DayWeek 或 DayWeekMonth，而用户恰好选择了整周或整月的话，就应该访问 Calendar 控件的 SelectedDates（选定日期的集合）来获得所有选定的日期。SelectedDates 集合中的日期是按日期升序排列的。

2. 控制 Calendar 控件的外观

Calendar 控件是一个由很多属性构成的复杂控件，为自定义其外观提供了多个选项。最简单直接的改变 Calendar 控件外观的方法是在其智能标签中的"自动套用格式"中选取想要的样式。如果要使 Calendar 控件的外观独具个性，则可以通过设置日历的属性更改日历的颜色、尺寸、文本及其他可视特征。

许多 TableItemStyle 类型的属性用于控制日历每个部分的样式。表 5.18 中列出了这些 TableItemStyle 类型的属性。

表 5.18　Calendar 中 TableItemStyle 类型的属性

属　性	所设置样式的对象
DayHeaderStyle	一周中某天
DayStyle	日期
NextPrevStyle	月份导航控件
OtherMonthDayStyle	不在当前显示月份中的日期
SelectedDayStyle	选中日期
SelectorStyle	周和月选择器列
TitleStyle	标题栏
TodayDayStyle	今天的日期
WeekendDayStyle	周末日期

除 TableItemStyle 类型的属性，还有几个可读/写的 Boolean 类型属性，它们也用于控制日历的外观，如表 5.19 所示。

表5.19 Boolean 类型的属性

属　　性	默 认 值	控制其可见性的对象
ShowDayHeader	true	一周中每一天的名称
ShowGridLines	false	月份中日期的网格线
ShowNextPrevMonth	true	月份导航控件
ShowTitle	true	标题栏

下列代码设置了 Calendar 控件的样式：

```
<asp:Calendar ID="Calendar1" runat="server" SelectionMode="DayWeekMonth">
        <SelectedDayStyle BackColor="#339966" />
        <DayStyle BackColor="Aqua"
BorderColor="Lime" BorderWidth="1px" />
        <NextPrevStyle BackColor="#009999" />
        <TitleStyle BackColor="#66CCFF" />
</asp:Calendar>
```

自定义 Calendar 控件的外观时，BackColor 和 ForeColor 属性用于设置背景和文本颜色。DayStyle 设置日样式，包括背景色、边框颜色和边框宽度等。NextPrevStyle 用于设置标题栏左端和右端的上一月和下一月的样式。SelectedDayStyle 设置用户选定日期的样式。

3. Calendar 控件编程

Calendar 控件提供了3个事件，通过为事件提供事件处理程序，可以看到日历是如何运行的。这3个事件是 SelectionChanged、DayRender、VisibleMonthChanged。

（1）SelectionChanged 事件：当用户在 Calender 控件中选择一天、一周或整个月份时，将触发 SelectionChanged 事件。以编程方式选择时，并不触发该事件。该事件处理程序传递一个 EventArgs 类型参数。

（2）DayRender 事件：Calendar 控件不直接支持日期绑定，但可以修改单个日期单元格的内容和格式。这样可从数据库中获取数据，以便进行一些处理后把它们置于指定的单元格中。

在 Calendar 控件呈现到客户端浏览器之前，将组成创建该控件的所有组件。随着创建每个单元格，将引发 DayRender 事件。可以捕获该事件。

DayRender 事件处理程序接收两个 DayRenderEventArgs 类型的参数。该对象有两个属性，它们可以用编程方式读取。

- Cell：表示要呈现的单元格的表格单元格对象。
- Day：表示呈现在单元格中日期的 CalendarDay 对象。

（3）VisibleMonthChanged 事件：Calendar 控件还提供了一个事件 VisibleMonthChanged，以确定用户是否更改了月份。

5.2.6　入门实践九："网上书店"用户注册表单

综合应用以上介绍的多种控件，为"网上书店"系统设计一个用户注册表单，效果见前图 5.2 所示。本例在"入门实践八"项目的基础上修改而成。

（1）网页 main.html 的代码改为：

```html
…
<div class="head_middle">
    <a class="title01" href="#">
        <span>  首页  </span>
    </a>
    <a class="title01" href="http://localhost:36834/register.aspx" target="main">
        <span>  注册  </span>
    </a>
    <a class="title01" href="http://localhost:36834/login.aspx" target="main">
        <span>  登录  </span>
    </a>
    <a class="title01" href="#">
        <span> 联系我们   </span>
    </a>
    <a class="title01" href="#">
        <span> 网站地图   </span>
    </a>
</div>
…
```

（2）新建 Web 页 register.aspx，代码为：

```html
<%@ Page Language="C#" AutoEventWireup="true" CodeBehind="register.aspx.cs" Inherits="Page_Asp.register" %>
<!DOCTYPE html>
<html xmlns="http://www.w3.org/1999/xhtml">
<head runat="server">
<meta http-equiv="Content-Type" content="text/html; charset=utf-8"/>
    <title></title>
    <link href="css/register.css" rel="stylesheet" type="text/css" />
</head>
<body style="width: 730px">
    <form id="form1" runat="server">
        <div align="center" style="width: 728px">
            <asp:Label ID="Label1" runat="server" Font-Bold="True" Font-Italic="False" Font-Names="方正姚体" Font-Size="Larger" Text="新用户注册" ForeColor="#FF9900"></asp:Label>
            <br /><br />
        </div>
        <div>
            <div class="left">
                <div>
                    <asp:Label ID="Label2" runat="server" Font-Names="华文楷体" Font-Size="Medium" Text="用户名："></asp:Label>
                     <asp:TextBox ID="TBx_Usr" runat="server" Font-Size="Medium" Wid
```

```
th="168px"></asp:TextBox>
                                <br /><br />
                        </div>
                        <div>
                                <asp:Label ID="Label3" runat="server" Font-Names="华文楷体" Font-Size="Medium" Text="密 码："></asp:Label>
                                  <asp:TextBox ID="TBx_Pwd" runat="server" style="margin-left: 4px" Width="168px" TextMode="Password"></asp:TextBox>
                                <br /><br />
                        </div>
                        <div>
                                <asp:Label ID="Label4" runat="server" Font-Names="华文楷体" Font-Size="Medium" Text="性 别："></asp:Label>
                                  <asp:RadioButton ID="RBtn_male" runat="server" Font-Names="华文新魏" Font-Size="Medium" Text="男" Checked="True" GroupName="sexchoice" /> 
                                 <asp:RadioButton ID="RBtn_female" runat="server" Font-Names="华文新魏" Font-Size="Medium" Text="女" GroupName="sexchoice" />
                                <br /><br />
                        </div>
                        <div>
                                <asp:Label ID="Label5" runat="server" Font-Names="华文楷体" Font-Size="Medium" Text="出生日期："></asp:Label>
                                <asp:TextBox ID="TBx_Date" runat="server" Width="164px" ReadOnly="True"></asp:TextBox>
                                <asp:Calendar ID="Calendar1" runat="server" BackColor="Lime" ForeColor="Black" OnSelectionChanged="Calendar1_SelectionChanged"></asp:Calendar>
                        </div>
                </div>
                <div class="right">
                        <div>
                                <asp:Label ID="Label6" runat="server" Font-Names="华文楷体" Font-Size="Medium" Text="学 历："></asp:Label>
                                <asp:ImageButton ID="ImageButton1" runat="server" ImageUrl="~/image/重新填写.png" align="right" ToolTip="重新填写" />
                                <br />
                                <asp:ListBox ID="ListBox1" runat="server" Height="99px" Width="228px">
                                        <asp:ListItem>小学</asp:ListItem>
                                        <asp:ListItem>初中</asp:ListItem>
                                        <asp:ListItem Value="高中">高中/中专技校</asp:ListItem>
                                        <asp:ListItem Selected="True" Value="大学">本科（大专）/高职高专/自考本科</asp:ListItem>
                                        <asp:ListItem Value="研究生">硕士/工程硕士</asp:ListItem>
                                        <asp:ListItem Value="博士">博士（后）/海归</asp:ListItem>
                                        <asp:ListItem Value="不详">以上都不是</asp:ListItem>
                                </asp:ListBox>
```

```
                    <br /><br />
                </div>
                <div>
                    <asp:Label ID="Label7" runat="server" Font-Names="华文楷体" Font-Size="Medium" Text="密码提示问题："></asp:Label> 
                    <asp:DropDownList ID="DropDownList1" runat="server" AutoPostBack="True" OnSelectedIndexChanged="DropDownList1_SelectedIndexChanged">
                        <asp:ListItem Value="0">请任选一项</asp:ListItem>
                        <asp:ListItem Value="1">母亲的生日</asp:ListItem>
                        <asp:ListItem Value="2">最喜欢看的书</asp:ListItem>
                        <asp:ListItem Value="3">最难忘的日子</asp:ListItem>
                    </asp:DropDownList>
                    <br />
                </div>
                <div>
                    <asp:Label ID="Lbl_Answer" runat="server" Font-Names="华文楷体" Font-Size="Medium" Text="密码提示答案："></asp:Label> 
                    <asp:TextBox ID="TBx_Answer" runat="server"></asp:TextBox>
                    <br /><br />
                </div>
                <div>
                    <asp:Label ID="Label9" runat="server" Font-Names="华文楷体" Font-Size="Medium" Text="兴趣爱好（多选）："></asp:Label>
                    <br /><br />
                    <asp:CheckBox ID="CheckBox1" runat="server" Text="唱歌" Font-Names="华文新魏" Font-Size="Medium" /> 
                    <asp:CheckBox ID="CheckBox2" runat="server" Font-Names="华文新魏" Text="阅读" /> 
                    <asp:CheckBox ID="CheckBox3" runat="server" Font-Names="华文新魏" Font-Size="Medium" Text="跳舞" /> 
                    <asp:CheckBox ID="CheckBox4" runat="server" Font-Names="华文新魏" Font-Size="Medium" Text="游泳" /> 
                    <asp:CheckBox ID="CheckBox5" runat="server" Font-Names="华文新魏" Font-Size="Medium" Text="旅行" />
                    <br /><br /><br /><br />
                </div>
                <div>
                    <div style="width: 385px; height: 36px">
                        <asp:CheckBox ID="CBx_LicenseAgreement" runat="server" Font-Names="华文楷体" Font-Size="Medium" Text="我已阅读并同意遵守" AutoPostBack="True" OnCheckedChanged="CBx_LicenseAgreement_CheckedChanged" />
                        <asp:HyperLink ID="HyperLink1" runat="server" BorderColor="#FFCC66" Font-Italic="True" Font-Names="黑体" Font-Size="Medium" Font-Underline="True">网站服务条款</asp:HyperLink>
                        <asp:Button ID="Btn_Submit" runat="server" Font-Bold="False" Font-Na
```

mes="隶书" Font-Size="X-Large" ForeColor="Gray" Text="提 交" align="right" Height="35px" style="margin-left: 0px" Enabled="False" OnClick="Btn_Submit_Click" />


```
                </div>
            </div>
        </div>
    </form>
</body>
</html>
```

（3）新建 Web 页 register_success.aspx，代码为：

```
<%@ Page Language="C#" AutoEventWireup="true" CodeBehind="register_success.aspx.cs" Inherits="Page_Asp.register_success" %>
<!DOCTYPE html>
<html xmlns="http://www.w3.org/1999/xhtml">
<head runat="server">
<meta http-equiv="Content-Type" content="text/html; charset=utf-8"/>
    <title></title>
</head>
<body>
    <form id="form1" runat="server">
    <div>
        <asp:Label ID="Lbl_Welcome" runat="server" Font-Names="华文琥珀" Font-Size="Large" ForeColor="#FF0066"></asp:Label>
        <br /><br />
        <asp:Label ID="Label2" runat="server" Font-Bold="False" Font-Names="方正姚体" Text="您的注册信息如下："></asp:Label>
        <br />
        <asp:TextBox ID="TBx_Info" runat="server" BorderStyle="None" Height="136px" ReadOnly="True" TextMode="MultiLine" Width="271px" BackColor="#CCCCCC" BorderColor="White" Font-Names="幼圆" Font-Size="Medium"></asp:TextBox>
        <br /><br />
        <asp:Label ID="Label3" runat="server" Font-Names="华文楷体" Text="请保管好您的个人信息，切勿泄露！祝购书愉快。"></asp:Label>
    </div>
    </form>
</body>
</html>
```

（4）源文件 register.aspx.cs，代码为：

```
using System;
…
using System.Drawing;
namespace Page_Asp
{
    public partial class register : System.Web.UI.Page
```

```csharp
        {
            protected void Page_Load(object sender, EventArgs e) { }

            protected void CBx_LicenseAgreement_CheckedChanged(object sender, EventArgs e)
            {
                if (CBx_LicenseAgreement.Checked)
                {
                    Btn_Submit.Enabled = true;
                    Btn_Submit.ForeColor = Color.FromName("#009900");          //文字变绿
                }
                else
                {
                    Btn_Submit.Enabled = false;
                    Btn_Submit.ForeColor = Color.Gray;                          //文字变灰
                }
            }

            protected void Calendar1_SelectionChanged(object sender, EventArgs e)
            {
                TBx_Date.Text = Calendar1.SelectedDate.ToLongDateString();
            }

            protected void Btn_Submit_Click(object sender, EventArgs e)
            {
                Session["username"] = Request.Form["TBx_Usr"];
                if (RBtn_male.Checked)
                {
                    Session["sex"] = "先生";
                }
                else
                {
                    Session["sex"] = "女士";
                }
                Session["password"] = Request.Form["TBx_Pwd"];
                Session["birthday"] = Request.Form["TBx_Date"];
                Session["degree"] = ListBox1.SelectedValue;
                Session["answer"] = TBx_Answer.Text;
                Session["hobbies"] = (CheckBox1.Checked ? "唱歌 " : "") + (CheckBox2.Checked ? "阅读 " : "") + (CheckBox3.Checked ? "跳舞 " : "") + (CheckBox4.Checked ? "游泳 " : "") + (CheckBox5.Checked ? "旅行 " : "");
                Response.Redirect("register_success.aspx");
            }

            protected void DropDownList1_SelectedIndexChanged(object sender, EventArgs e)
            {
```

```csharp
            switch (DropDownList1.SelectedValue)
            {
                case "1":
                    Lbl_Answer.Text = "您母亲的生日：";
                    break;
                case "2":
                    Lbl_Answer.Text = "你最喜欢的书：";
                    break;
                case "3":
                    Lbl_Answer.Text = "你难忘的日子：";
                    break;
            }
            Session["question"] = Lbl_Answer.Text;
        }
    }
}
```

（5）源文件 register_success.aspx.cs，代码为：

```csharp
using System;
…
namespace Page_Asp
{
    public partial class register_success : System.Web.UI.Page
    {
        protected void Page_Load(object sender, EventArgs e)
        {
            Lbl_Welcome.Text = Session["username"] + " " + Session["sex"] + "，欢迎您注册成功！";
            TBx_Info.Text += "密码：" + Session["password"] + "\r\n";
            TBx_Info.Text += "出生日期：" + Session["birthday"] + "\r\n";
            TBx_Info.Text += "学历：" + Session["degree"] + "\r\n";
            TBx_Info.Text += Session["question"].ToString() + Session["answer"] + "\r\n";
            TBx_Info.Text += "兴趣爱好：" + Session["hobbies"];
        }
    }
}
```

程序的运行结果如图 5.6 和图 5.7 所示。

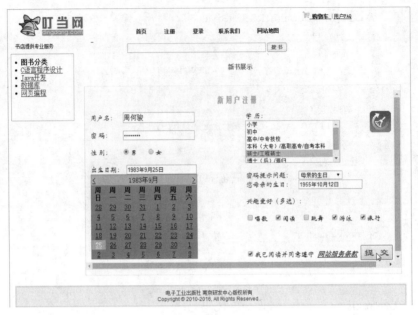

图 5.6　用户填写注册信息

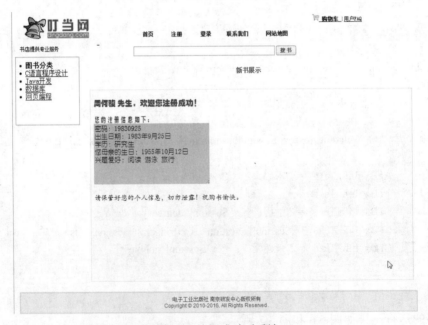

图 5.7　注册成功后反馈

5.3　表格及图像控件

5.3.1　表格控件

Table 控件是用来在 Web 窗体页上创建通用表的。Table 控件的主要功能是控制页面上元素的布局。Table 的构成可以理解为：一个 Table 对象包含多个行（TableRow 对象），每一行又包含多个单元格（TableCell 对象）。而每个 TableCell 对象中包含其他的 HTML 或服务器控件作为 Web 服务器控件，Table 可以根据不同的用户响应，动态生成表格的结构。

Table 控件定义的语法格式如下：

```
<asp:Table id="Table1" runat="server">
<asp:TableRow>
<asp:TableCell></asp:TableCell>
    <asp:TableCell></asp:TableCell>
</asp:TableRow>
</asp:Table>
```

上面的定义创建的是一个一行两列的表格。创建 Table 控件包含两个步骤，首先添加表本身，然后再分别添加行和单元格。

表 5.20 列出了 Table 及内部对象部分属性描述。

动态创建一个 Table 包含三个步骤：

（1）创建 TableRow 对象以表示表中的行；

（2）创建 TableCell 对象，表示行中的单元格，并将单元格添加到行中；

（3）将 TableRow 添加到 Table 控件的 Rows 集合中。

表 5.20　Table 及内部对象部分属性

对象	成员	功能
Table	BackImageUrl	表格的背景图像的 URL
	Caption	表格的标题
	CaptionAlign	标题文本的对齐方式
	CellPadding	Table 中单元格内容和单元格边框之间的空间量（以像素为单位）
	CellSpacing	Table 控件中相邻单元格之间的空间量（以像素为单位）
	Rows	Table 控件中行的集合
TableRow	HorizontalAligh	获取或设置行内容的水平对齐方式
	VerticalAligh	获取或设置行内容的垂直对齐方式
	Cells	获取 TableCell 对象的集合，这些对象表示 Table 控件中的行的单元格
TableCell	ColumnSpan	获取或设置该单元格在 Table 跨越的列数
	RowSpan	获取或设置 Table 控件中单元格跨越的行数
	Text	获取或设置单元格的文本内容

5.3.2　图像控件

ASP.NET Framework 4.5 包含两个用于显示图像的控件：Image 控件和 ImageMap 控件。Image 控件用于简单地显示图像；而 ImageMap 控件用于创建客户端的、可点击的图像映射。

1. Image 控件

图像服务器控件 Image 可以在 Web 窗体页上显示图像，并用服务器的代码管理这些图像。

Image 控件定义格式如下：

`<asp:Image ID="Image1" runat="server" />`

Image 控件有下列常见属性。

（1）AlternateText：为图像提供替代文本（辅助功能要求）。

（2）DescriptionUrl：用于提供指向包含该图像详细描述的页面的链接（复杂的图像要求可访问）。

（3）GenerateEmptyAlternateText：为 AlternateText 属性设空字符串值。

（4）ImageAlign：用于将图像和页面中的其他 HTML 元素对齐。可能的值有 AbsBottom、AbsMiddle、Baseline、Bottom、Left、Middle、NotSet、Right、TextTop 和 Top。

（5）ImageUrl：用于指定图片的 URL。

Image 控件有 3 种方式来提供代替文本：如果图片代表页面内容，就应该为 AlternateText 属性提供一个值；如果 Image 控件表示的信息很复杂，如柱状图、饼图或公司组织结构图，就应该为 DescriptionUrl 属性提供一个值，DescriptionUrl 属性链接到一个包含对该图片的大篇文字描述的页面；如果图片纯粹是为了装饰（不表示内容），则应该把 GenerateEmptyAlternateText 属性设为 True，当这个属性设为 True 时，生成的`<img>`标签就会包含 alt=""属性。

2. ImageMap 控件

ImageMap 控件实现在图片上定义热点（HotSpot）区域的功能。通过单击这些热点区域，用户可以向服务器提交信息，或者链接到某个 URL 地址。当需要对一幅图片的某个局部范围进行操作时，需要使用 ImageMap 控件。在外观上，ImageMap 控件与 Image 控件相同，但在功能上与 Button 控件相同。

ImageMap 控件用于生成客户端的图像映射。一个图像映射显示一幅图片。单击图片的不同区域，激发事件。比如，可以把图像映射当做一个奇特的导航条使用。这样，单击图像映射的不同区域，就会导航到网站的不同页面。也可以把图像映射用做一种输入机制。比如，可以单击不同的图书封面图片来向购物车添加不同的书。

ImageMap 控件定义格式如下：

`<asp: ImageMap id="ImageMap1" runat="server" ImageUrl="~/image1.jpg"></asp: ImageMap>`

ImageMap 控件的主要属性如下。

（1）HotSpotMode：热点模式，取值为枚举 System.Web.UI.WebControls.HotSpotMode，如表 5.21 所示。

表 5.21　HotSpotMode 枚举值

枚 举 值	说　　明
NotSet	未设置。虽然名为未设置，但默认情况下会执行定向操作，定向到指定的 URL 地址。如果未指定 URL 地址，将定向到 Web 应用程序根目录
Navigate	定向操作。定向到指定的 URL 地址。如果未指定 URL 地址，默认将定向到 Web 应用程序根目录
PostBack	回发操作。单击热点区域后，将执行 Click 事件
Inactive	无任何操作，即此时 ImageMap 如同一张没有热点区域的普通图片

（2）HotSpots：该属性对应 System.Web.UI.WebControls.HotSpot 对象集合。HotSpot 类是

第 5 章　项目开发入门：ASP.NET 4.5 服务器控件

一个抽象类，有 CircleHotSpot（圆形热区）、RectangleHotSpot（方形热区）、PolygonHotSpot（多边形热区）3 个子类。实际应用中，可以使用上面 3 种类型来定制图片热点区域的形状。

（3）AccessKey：用于指定导向 ImageMap 控件的键。

（4）AlternateText：为图像提供替代文本（辅助功能要求）。

（5）DescriptionUrl：用于提供指向一个页面的链接，该页面包含对该图像的详细描述（复杂的图像要求能被理解）。

（6）GenerateEmptyAlternateText：为 AlternateText 属性设空字符串值。

（7）ImageAlign：用于和页面中的其他 HTML 元素对齐。可能的值有 AbsBottom、AbsMiddle、Baseline、Bottom、Left、Middle、NotSet、Right、TextTop 和 Top。

（8）ImageUrl：用于指定图像的 URL。

（9）TabIndex：设置 ImageMap 控件的 Tab 顺序。

（10）Target：用于在新窗口中打开页面。

ImageMap 控件支持 Click 事件，在用户对热点区域单击时触发，通常在 HotSpotMode 为 PostBack 时用到。

ImageMap 控件支持 Focus()方法，该方法用于把表单初始焦点设为该 ImageMap 控件。

5.3.3　入门实践十：购书页面

结合使用表格和图像控件实现购书页面，本例在"入门实践九"基础上修改而成。

（1）源文件 menu.aspx.cs 的代码改为：

```
using System;
…
namespace Page_Asp
{
    public partial class menu : System.Web.UI.Page
    {
        protected void Page_Load(object sender, EventArgs e)
        {
            if (!Page.IsPostBack)
            {
                Response.Write("<li><strong>图书分类</strong></li>");
                Response.Write("<li><a href='book.html' target='main'>C 语言程序设计</a></li>");
                Response.Write("<li><a href='book.html' target='main'>Java 开发</a></li>");
                Response.Write("<li><a href='bookDb.aspx' target='main'>数据库</a></li>");
                Response.Write("<li><a href='bookWeb.html' target='main'>网页编程</a></li>");
            }
        }
    }
}
```

（2）新建 Web 页 bookDb.aspx，代码为：

```
<%@ Page Language="C#" AutoEventWireup="true" CodeBehind="bookDb.aspx.cs" Inherits="Page_Asp.bookDb" %>
```

```
<!DOCTYPE html>
<html xmlns="http://www.w3.org/1999/xhtml">
<head runat="server">
<meta http-equiv="Content-Type" content="text/html; charset=utf-8"/>
    <title></title>
</head>
<body style="width: 450px; height: 510px;">
    <form id="form1" runat="server">
    <div>
        <asp:Table ID="Table" runat="server" Width="450px">
            <asp:TableRow runat="server">
                <asp:TableCell runat="server"><asp:Image ID="Image1" runat="server" src="image/SQL Server（2014）.jpg" Width="118px" Height="166px" Border="0" /></asp:TableCell>
                <asp:TableCell runat="server">
                    <asp:Table ID="Table1" runat="server" Width="312px">
                        <asp:TableRow runat="server"><asp:TableCell ID="Book1" runat="server" Font-Names="华文楷体" Text=" 书  名：《SQL Server 实用教程（第 4 版）》"></asp:TableCell></asp:TableRow>
                        <asp:TableRow runat="server"><asp:TableCell runat="server" Font-Names="微软雅黑"> ISBN：  9787121266232</asp:TableCell></asp:TableRow>
                        <asp:TableRow runat="server"><asp:TableCell runat="server" Font-Names="华文楷体"> 价  格：  49.00￥</asp:TableCell></asp:TableRow>
                        <asp:TableRow runat="server">
                            <asp:TableCell runat="server">              <asp:ImageMap ID="ImageMap1" runat="server" ImageUrl="~/image/buy.gif" HotSpotMode="PostBack" OnClick="ImageMap1_Click">
                                <asp:CircleHotSpot Radius="50" X="40" Y="10" />
                            </asp:ImageMap>
                            </asp:TableCell>
                        </asp:TableRow>
                    </asp:Table>
                </asp:TableCell>
            </asp:TableRow>
            <asp:TableRow runat="server">
                <asp:TableCell runat="server"><asp:Image ID="Image2" runat="server" src="image/Oracle（12c）.jpg" Width="118px" Height="166px" Border="0" /></asp:TableCell>
                <asp:TableCell runat="server">
                    <asp:Table ID="Table2" runat="server" Width="312px">
                        <asp:TableRow runat="server"><asp:TableCell ID="Book2" runat="server" Font-Names="华文楷体" Text=" 书  名：《Oracle 实用教程（第 4 版）》"></asp:TableCell></asp:TableRow>
                        <asp:TableRow runat="server"><asp:TableCell runat="server" Font-Names="微软雅黑"> ISBN：  9787121273803</asp:TableCell></asp:TableRow>
                        <asp:TableRow runat="server"><asp:TableCell runat="server" Font-Name
```

```
s="华文楷体"> 价  格：  49.00￥</asp:TableCell></asp:TableRow>
                    <asp:TableRow runat="server">
                        <asp:TableCell runat="server">
                                    
     <asp:ImageMap ID="ImageMap2" runat="server" ImageUrl="~/image/buy.gif" HotSpotMode="PostBack" OnClick="ImageMap2_Click">
                            <asp:CircleHotSpot Radius="50" X="40" Y="10" />
                            </asp:ImageMap>
                        </asp:TableCell>
                    </asp:TableRow>
                </asp:Table>
            </asp:TableCell>
        </asp:TableRow>
        <asp:TableRow runat="server">
            <asp:TableCell runat="server"><asp:Image ID="Image3" runat="server" src="image/MySQL（2）.jpg" Width="118px" Height="166px" Border="0" /></asp:TableCell>
            <asp:TableCell runat="server">
                <asp:Table ID="Table3" runat="server" Width="312px">
                    <asp:TableRow runat="server"><asp:TableCell ID="Book3" runat="server" Font-Names="华文楷体" Text=" 书  名：《MySQL 实用教程（第 2 版）》"></asp:TableCell></asp:TableRow>
                    <asp:TableRow runat="server"><asp:TableCell runat="server" Font-Names="微软雅黑"> ISBN：  9787121232701</asp:TableCell></asp:TableRow>
                    <asp:TableRow runat="server"><asp:TableCell runat="server" Font-Names="华文楷体"> 价  格：  53.00￥</asp:TableCell></asp:TableRow>
                    <asp:TableRow runat="server">
                        <asp:TableCell runat="server">
                                    
     <asp:ImageMap ID="ImageMap3" runat="server" ImageUrl="~/image/buy.gif" HotSpotMode="PostBack" OnClick="ImageMap3_Click">
                            <asp:CircleHotSpot Radius="50" X="40" Y="10" />
                            </asp:ImageMap>
                        </asp:TableCell>
                    </asp:TableRow>
                </asp:Table>
            </asp:TableCell>
        </asp:TableRow>
    </asp:Table>
    </div>
    </form>
</body>
</html>
```

其中，语句"`<asp:CircleHotSpot Radius="50" X="40" Y="10" />`"在"购买"图像按

钮控件上设置圆形热区，以接受用户单击事件，从而执行购书动作。

（3）新建 Web 页 showCart.aspx，代码为：

```
<%@ Page Language="C#" AutoEventWireup="true" CodeBehind="showCart.aspx.cs" Inherits="Page_Asp.showCart" %>
<!DOCTYPE html>
<html xmlns="http://www.w3.org/1999/xhtml">
<head runat="server">
<meta http-equiv="Content-Type" content="text/html; charset=utf-8"/>
    <title></title>
</head>
<body>
    <form id="form1" runat="server">
    <div>
        <asp:Label ID="Label1" runat="server"></asp:Label>
    </div>
    </form>
</body>
</html>
```

（4）源文件 bookDb.aspx.cs，代码为：

```
using System;
…
namespace Page_Asp
{
    public partial class bookDb : System.Web.UI.Page
    {
        protected void Page_Load(object sender, EventArgs e) { }

        protected void ImageMap1_Click(object sender, ImageMapEventArgs e)
        {
            Session["bookname"] = "《SQL Server 实用教程（第4版）》，售价49.00￥。";
            Response.Redirect("showCart.aspx");
        }

        protected void ImageMap2_Click(object sender, ImageMapEventArgs e)
        {
            Session["bookname"] = "《Oracle 实用教程（第4版）》，售价49.00￥。";
            Response.Redirect("showCart.aspx");
        }

        protected void ImageMap3_Click(object sender, ImageMapEventArgs e)
        {
            Session["bookname"] = "《MySQL 实用教程（第2版）》，售价53.00￥。";
            Response.Redirect("showCart.aspx");
        }
```

　　　　}
　　}

（5）源文件 showCart.aspx.cs，代码为：
```
using System;
…
namespace Page_Asp
{
    public partial class showCart : System.Web.UI.Page
    {
        protected void Page_Load(object sender, EventArgs e)
        {
            Label1.Text = "已购买" + Session["bookname"];
        }
    }
}
```
程序的运行结果如图 5.8 和图 5.9 所示。

图 5.8　购买图书

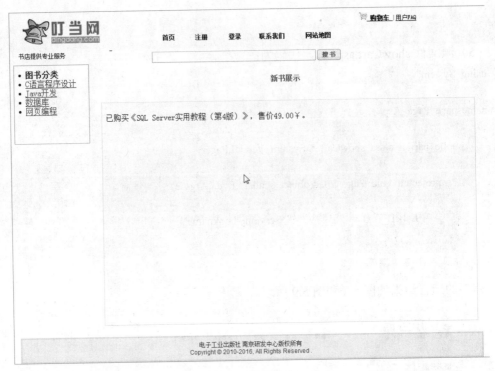

图 5.9　购书成功

5.4　验证控件

5.4.1　验证控件及验证方式

1. ASP.NET 4.5 验证控件

在 Internet 上收集数据时，为确保所收集的数据有价值、有意义，应避免收集的信息违反制定的规则。验证服务器控件是这样一系列控件，它们可以处理终端用户在应用程序的窗体元素中输入的信息。这些控件可确保放在窗体上的数据的有效性。验证控件位于 Visual Studio 2013 工具箱的"验证"选项卡中。

验证控件检查输入到其他控件中的数据，然后发出通过或失败信息。这种检查类型的范围为从简单的检查到非常复杂的模式匹配。验证控件类似于其他 ASP.NET 4.5 控件，其属性设置方式与其他标准 Web 控件相同。ASP.NET 4.5 中的整个验证模式只需要页面设计者很少的自定义工作。如果添加验证控件并设置它们的相关属性，则验证可在没有编码的情况下工作。

ASP.NET 4.5 包含 6 个验证控件。

- RequiredFieldValidator：用于要求用户在表单字段中输入必需的值。
- RangeValidator：用于检测一个值是否在确定的最小值和最大值之间。
- CompareValidator：用于比较一个值和另一个值或执行数据类型检查。

- RegularExpressionValidator：用于比较一个值和正则表达式。
- CustomValidator：用于执行自定义验证。
- ValidationSummary：用于在页面中显示所有验证错误的摘要。

不同的验证控件主要在执行的检查类型方面存在区别。这些验证控件的大多数成员提供了相同的属性集，因此在单独研究每个验证控件之前，先介绍这些一般性的属性，具体如下。

（1）ControlToValidate：标识页面上的哪些控件应该由此验证控件检查。

（2）Text：若用户输入的数据违反验证规则，则将该字符串显示给用户。如果有 ErrorMessage 的值，但在 Text 属性中没有值，则 ErrorMessage 自动替换 Text 属性。

（3）ErrorMessage 和 ValidationGroup：包含在 Validation Summary 中显示的文本，当讨论 Validation Summary 时将介绍这些属性。

（4）Display：确定页面在验证控件显示其 Text 消息时应如何处理它的布局。有 3 个选项，包括 None、Static 和 Dynamic。

（5）SetFocusOnError：将页面的焦点放置在产生错误的控件上，让用户更容易修订输入。如果页面上有多个验证控件，并且多个验证控件报告验证失败，则页面上第一个失败的验证控件接收焦点。

（6）EnableClientScript：该属性默认为 True，表示允许客户端验证。

此外，每个控件中还有特定于测试类型的属性。在后续内容中，将讨论比较字段、值范围和正则表达式的测试属性。

有两个在名称方面类似的验证属性：Text 和 ErrorMessage。当控件验证失败时，调用这两个属性，在验证控件的位置显示 Text，ErrorMessage 则提供给 ValidationSummary 控件，并显示在 ValidationSummary 控件的位置。若未使用 ValidationSummary，则应该在 Text 属性中放置提供给用户的警告信息。

处理含有验证控件的表单数据提交，应当总是检查 Page.IsValid 属性。每一个验证控件都包含一个 IsValid 属性，如果没有验证错误，这个属性返回 True。如果页面中所有验证控件的 IsValid 属性都返回 True，则 Page.IsValid 属性返回 True。

2. 两种验证方式

在窗体回送给服务器之前，对输入该窗体的数据进行的验证称为客户端验证。当请求发送到应用程序所在的服务器后，在请求/响应循环的这一刻，就可以为所提交的信息进行有效性验证，这称为服务器验证。验证控件会在客户端（浏览器）和服务器都默认执行验证。验证控件使用客户端 JavaScript。从用户体验的角度来看，无论何时把一个无效的值输入表单字段都能立即得到反馈。

对于验证中的事件序列，有两种情况：

（1）若客户端支持 JScript 且验证控件的 EnableClientScript=true，则在客户端和服务器上执行验证。

（2）如果上面两个条件中的任何一个不满足，则只在服务器上执行验证。

如果在客户端执行验证，则在被验证的控件丢失焦点时进行验证。注意，一般是在单击 Submit 按钮之前进行该操作。如果验证失败，则不会发送任何内容给服务器，但验证控件将仍然通过使用 JavaScript 显示关于失败的文本消息。

当由服务器接收时,执行另一个验证。如果页面通过验证,则页面继续执行它的其他任务。如果验证失败,则将 Page.IsValid 设置为 False,然后页面执行脚本,但如果程序员检查 Page.IsValid 状态,则可以停止这些操作。页面上的数据控件将不会执行任何写入任务。然后,使用验证错误消息重新构建页面,并且以回送来响应。

比较安全的验证形式是服务器验证。验证总是在服务器上执行,无论是否执行客户端验证。这就防止了电子欺骗(黑客可借此伪造一个有效的服务器回送,从而绕开客户端验证)。添加客户端选项可节省一些时间,因为如果在客户端验证中存在验证失败,就不需要建立来回的过程。

比较好的方法是先进行客户端验证,在窗体传送给服务器后,再使用服务器验证进行检查。这种方法综合了两种验证的优点,总是执行服务器验证(对于 ASP.NET 4.5 验证控件,无论如何都不可关闭这种验证)。如果知道客户端使用 JavaScript,则客户端验证是额外的便利措施。如果一些客户端没有启用 JavaScript,仍然可以打开 EnableClientScript,它将被浏览器忽略。

5.4.2 入门实践十一:验证用户注册信息

运用多种验证控件对"入门实践九"中用户填写的表单注册信息进行合法性检查。

(1)首先添加 C:\Program Files (x86)\Microsoft Web Tools\Packages\AspNet.ScriptManager.jQuery.1.10.2\lib\net45 的 AspNet.ScriptManager.jQuery.dll 到引用空间,才能使用验证控件。

(2)往 Web 页 register.aspx 中加入验证控件(见加黑语句),代码改为:

```
<%@ Page Language="C#" AutoEventWireup="true" CodeBehind="register.aspx.cs" Inherits="Page_Asp.register" %>
    <!DOCTYPE html>
    <html xmlns="http://www.w3.org/1999/xhtml">
    <head runat="server">
    <meta http-equiv="Content-Type" content="text/html; charset=utf-8"/>
        <title></title>
        <link href="css/register.css" rel="stylesheet" type="text/css" />
    </head>
    <body style="width: 732px">
        <form id="form1" runat="server">
            <div align="center" style="width: 728px">
                <asp:Label ID="Label1" runat="server" Font-Bold="True" Font-Italic="False" Font-Names="方正姚体" Font-Size="Larger" Text="新用户注册" ForeColor="#FF9900"></asp:Label>
                <br /><br />
            </div>
            <div>
                <div class="left">
                    <div>
                        <asp:Label ID="Label2" runat="server" Font-Names="华文楷体" Font-Size="
```

```
Medium" Text="用户名："></asp:Label>
                          <asp:TextBox ID="TBx_Usr" runat="server" Font-Size="Mediu
m" Width="90px">
                        </asp:TextBox><asp:RequiredFieldValidator ID="ReqName" run
at="server" ControlToValidate="TBx_Usr" Font-Bold="True" ForeColor="Red" Erro
rMessage="用户名不能为空" Font-Size="Small">（必填）</asp:RequiredFieldValidator>
                        <br /><br />
                </div>
                <div>
                        <asp:Label ID="Label3" runat="server" Font-Names="华文楷体" Font-Size="
Medium" Text="密 码："></asp:Label>
                                   <asp:TextBox ID="TBx_Pwd" runat="server" Width="94
px" TextMode="Password"></asp:TextBox>
                        <br /><br />
                </div>
                <div>
                        <asp:Label ID="Label10" runat="server" Font-Names="华文楷体" Font-Size=
"Medium" Text="确认密码："></asp:Label>
                        <asp:TextBox ID="TBx_RPwd" runat="server" Width="90px" TextMode="Pas
sword">
                        </asp:TextBox><asp:CompareValidator ID="ComparePassword"
 runat="server" ControlToCompare="TBx_Pwd" ControlToValidate="TBx_RPwd" F
ont-Bold="True" ForeColor="Red" ErrorMessage="两次输入密码必须一致" Font-Size="
Small">（不一致）</asp:CompareValidator>
                        <br /><br />
                </div>
                <div>
                        <asp:Label ID="Label4" runat="server" Font-Names="华文楷体" Font-Size="
Medium" Text="性 别："></asp:Label>
                                   <asp:RadioButton ID="RBtn_male" runat="server" Font-
Names="华文新魏" Font-Size="Medium" Text="男" Checked="True" GroupName="sexchoice" /> 
                                 <asp:RadioButton ID="RBtn_female" runat="server" Font-Names="华
文新魏" Font-Size="Medium" Text="女" GroupName="sexchoice" />
                        <br /><br />
                </div>
                <div>
                        <asp:Label ID="Label8" runat="server" Font-Names="华文楷体" Font-Size="
Medium" Text="年 龄："></asp:Label>
                                   <asp:TextBox ID="TBx_Age" runat="server" Width="94
px">
                        </asp:TextBox><asp:RangeValidator ID="RngAge" runat="serve
r" ControlToValidate="TBx_Age" MaximumValue="100" MinimumValue="5" Type=
"Integer" Font-Bold="True" ForeColor="Red" ErrorMessage="允许的年龄范围为 5~10
0 岁" Font-Size="Small">（超范围）</asp:RangeValidator>
                        <br /><br />
```

```
            </div>
            <div>
                <asp:Label ID="Label5" runat="server" Font-Names="华文楷体" Font-Size="Medium" Text="出生日期："></asp:Label>
                <asp:TextBox ID="TBx_Date" runat="server" Width="164px" ReadOnly="True"></asp:TextBox>
                <asp:Calendar ID="Calendar1" runat="server" BackColor="Lime" ForeColor="Black" OnSelectionChanged="Calendar1_SelectionChanged"></asp:Calendar>
            </div>
        </div>
        <div class="right">
            <div>
                <asp:Label ID="Label6" runat="server" Font-Names="华文楷体" Font-Size="Medium" Text="学 历："></asp:Label>
                <asp:ImageButton ID="ImageButton1" runat="server" ImageUrl="~/image/重新填写.png" align="right" ToolTip="重新填写" />
                <br />
                <asp:ListBox ID="ListBox1" runat="server" Height="99px" Width="228px">
                    <asp:ListItem>小学</asp:ListItem>
                    <asp:ListItem>初中</asp:ListItem>
                    <asp:ListItem Value="高中">高中/中专技校</asp:ListItem>
                    <asp:ListItem Selected="True" Value="大学">本科（大专）/高职高专/自考本科</asp:ListItem>
                    <asp:ListItem Value="研究生">硕士/工程硕士</asp:ListItem>
                    <asp:ListItem Value="博士">博士（后）/海归</asp:ListItem>
                    <asp:ListItem Value="不详">以上都不是</asp:ListItem>
                </asp:ListBox>
                <br /><br /><br />
            </div>
            <div>
                <asp:Label ID="Label7" runat="server" Font-Names="华文楷体" Font-Size="Medium" Text="密码提示问题："></asp:Label> 
                <asp:DropDownList ID="DropDownList1" runat="server" AutoPostBack="True" OnSelectedIndexChanged="DropDownList1_SelectedIndexChanged">
                    <asp:ListItem Value="0">请任选一项</asp:ListItem>
                    <asp:ListItem Value="1">母亲的生日</asp:ListItem>
                    <asp:ListItem Value="2">最喜欢看的书</asp:ListItem>
                    <asp:ListItem Value="3">最难忘的日子</asp:ListItem>
                </asp:DropDownList><b>&lt;asp:RequiredFieldValidator ID="ReqQuestion" runat="server" ControlToValidate="DropDownList1" Font-Bold="True" ForeColor="Red" InitialValue="0" ErrorMessage="</b>必须选择设置一个密码提示问题<b>" Font-Size="Small"&gt;</b>（必选）<b>&lt;/asp:RequiredFieldValidator&gt;</b>
                <br />
            </div>
            <div>
```

```
                    <asp:Label ID="Lbl_Answer" runat="server" Font-Names="华文楷体" Font-Size="Medium" Text="密码提示答案："></asp:Label> 
                    <asp:TextBox ID="TBx_Answer" runat="server"></asp:TextBox>
                    <br /><br /><br />
                </div>
                <div>
                    <asp:Label ID="Label9" runat="server" Font-Names="华文楷体" Font-Size="Medium" Text="兴趣爱好（多选）："></asp:Label>
                    <br />
                    <asp:CheckBox ID="CheckBox1" runat="server" Text="唱歌" Font-Names="华文新魏" Font-Size="Medium" /> 
                    <asp:CheckBox ID="CheckBox2" runat="server" Font-Names="华文新魏" Text="阅读" /> 
                    <asp:CheckBox ID="CheckBox3" runat="server" Font-Names="华文新魏" Font-Size="Medium" Text="跳舞" /> 
                    <asp:CheckBox ID="CheckBox4" runat="server" Font-Names="华文新魏" Font-Size="Medium" Text="游泳" /> 
                    <asp:CheckBox ID="CheckBox5" runat="server" Font-Names="华文新魏" Font-Size="Medium" Text="旅行" />
                    <br /><br /><br />
                </div>
                <div>
                    <asp:Label ID="Label11" runat="server" Font-Names="华文楷体" Font-Size="Medium" Text="电子邮件："></asp:Label>
                    <asp:TextBox ID="TBx_Email" runat="server" Font-Size="Medium" Width="160px">
                    </asp:TextBox><asp:RegularExpressionValidator ID="RegularEmail" runat="server" ControlToValidate="TBx_Email" ValidationExpression="\w+([-+.']\w+)*@\w+([-.]\w+)*\.\w+([-.]\w+)*" ErrorMessage="电子邮件地址必须采用 name@domain.xyz 格式" Font-Bold="True" ForeColor="Red" Font-Size="Small">（无效格式）</asp:RegularExpressionValidator>
                    <br /><br />
                </div>
                <div>
                    <div style="width: 385px; height: 36px">
                        <asp:CheckBox ID="CBx_LicenseAgreement" runat="server" Font-Names="华文楷体" Font-Size="Medium" Text="我已阅读并同意遵守" AutoPostBack="True" OnCheckedChanged="CBx_LicenseAgreement_CheckedChanged" />
                        <asp:HyperLink ID="HyperLink1" runat="server" BorderColor="#FFCC66" Font-Italic="True" Font-Names="黑体" Font-Size="Medium" Font-Underline="True">网站服务条款</asp:HyperLink>
                        <asp:Button ID="Btn_Submit" runat="server" Font-Bold="False" Font-Names="隶书" Font-Size="X-Large" ForeColor="Gray" Text="提 交" align="right" Height="30px" style="margin-left: 0px" Enabled="False" OnClick="Btn_Submit_Click" />
                    </div>
```

```
            </div>
         </div>
      </div>
      <div>
         <br />
            <asp:ValidationSummary ID="ValidationSummary1" runat="server" Font-Bold="True" Font-Italic="True" Font-Names="黑体" Font-Size="Small" ForeColor="Red" />
      </div>
   </form>
</body>
</html>
```

(3) 将页面上"提交"按钮的事件代码（位于 register.aspx.cs 中）改为：

```
protected void Btn_Submit_Click(object sender, EventArgs e)
{
    Session["username"] = Request.Form["TBx_Usr"];
    if (RBtn_male.Checked)
    {
        Session["sex"] = "先生";
    }
    else
    {
        Session["sex"] = "女士";
    }
    Session["password"] = Request.Form["TBx_Pwd"];
    Session["birthday"] = Request.Form["TBx_Date"];
    Session["degree"] = ListBox1.SelectedValue;
    Session["answer"] = TBx_Answer.Text;
    Session["hobbies"] = (CheckBox1.Checked ? "唱歌 " : "") + (CheckBox2.Checked ? "阅读 " : "") + (CheckBox3.Checked ? "跳舞 " : "") + (CheckBox4.Checked ? "游泳 " : "") + (CheckBox5.Checked ? "旅行 " : "");
    if (IsValid) Response.Redirect("register_success.aspx");    // 只有全部信息验证通过才跳转页面
}
```

程序的运行结果如图 5.10 和图 5.11 所示。

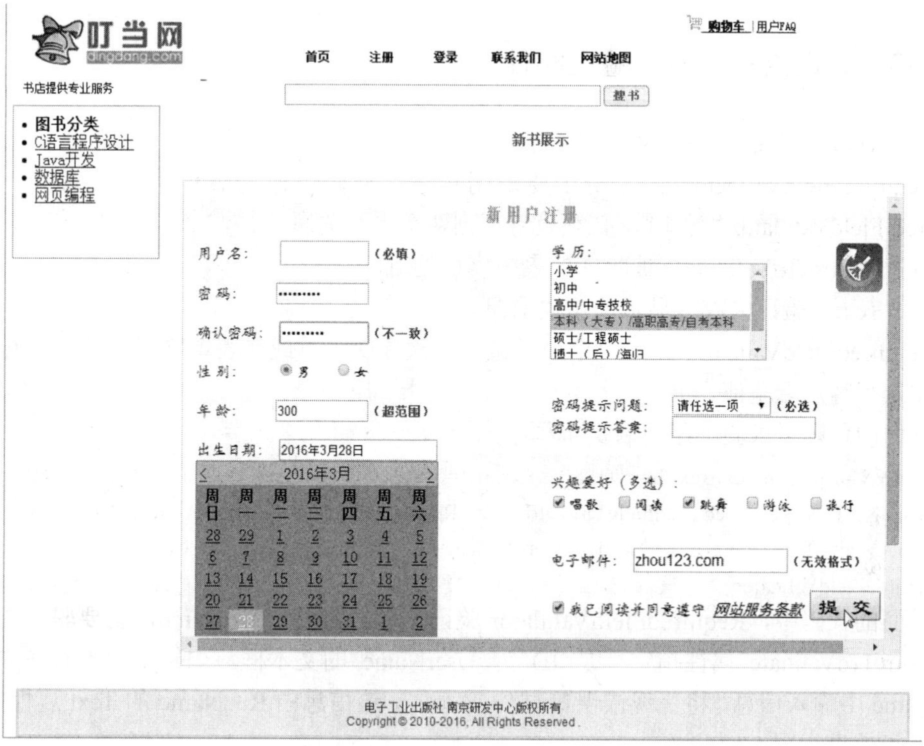

第 5 章 项目开发入门：ASP.NET 4.5 服务器控件

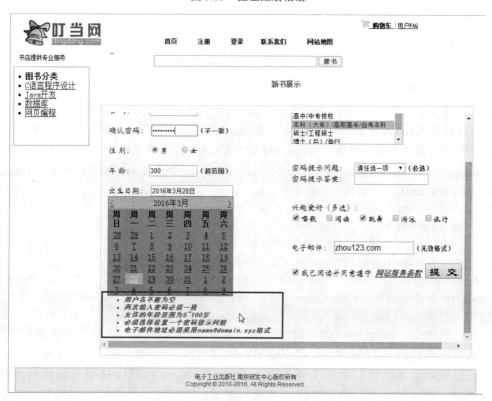

图 5.10 验证注册信息

图 5.11 给出所有错误信息的提示

5.4.3 知识点——各种验证控件介绍

1. RequiredFieldValidator 控件

RequiredFieldValidator 控件用于要求用户在提交表单前为表单字段输入值。使用 Required FieldValidator 控件时，必须设置下列两个重要的属性。

（1）ControlToValidate：被验证的表单字段的 ID。

（2）Text：验证失败时显示的错误信息。

RequiredFieldValidator 在用户至少尝试了一次提交表单或在表单字段中输入、移除数据后才执行客户端验证。

下面的代码要求验证用户名文本框不为空：

```
  <asp:TextBox ID="TBx_Usr" runat="server" Font-Size="Medium" Width="90px">
</asp:TextBox><asp:RequiredFieldValidator ID="ReqName" runat="server" ControlToValidate="TBx_Usr" Font-Bold="True" ForeColor="Red" ErrorMessage="用户名不能为空" Font-Size="Small">（必填）</asp:RequiredFieldValidator>
```

上面的代码中，RequiredFieldValidator 验证控件的 ID 为 ReqName，它要验证的控件由 ControlToValidate 属性指定，是 ID 为 UserName 的文本框。如果用户没有在文本框 UserName 中输入信息，将呈现错误信息"（必填）"，该信息由 ReqName 的 Text 属性规定。代码运行效果如图 5.12 所示。

图 5.12 RequiredFieldValidator 控件示例一

RequiredFieldValidator 控件默认检查非空字符串。在 RequiredFieldValidator 关联的表单字段中输入任何字符，该 RequiredFieldValidator 控件就不会显示它的验证错误信息。

可以使用 RequiredFieldValidator 控件的 InitialValue 属性来指定空字符串之外的默认值。下面代码清单中的页面使用 RequiredFieldValidator 控件来验证 DropDownList 控件。

```
<asp:DropDownList ID="DropDownList1" runat="server" AutoPostBack="True" OnSelectedIndexChanged="DropDownList1_SelectedIndexChanged">
    <asp:ListItem Value="0">请任选一项</asp:ListItem>
    <asp:ListItem Value="1">母亲的生日</asp:ListItem>
    <asp:ListItem Value="2">最喜欢看的书</asp:ListItem>
    <asp:ListItem Value="3">最难忘的日子</asp:ListItem>
</asp:DropDownList><asp:RequiredFieldValidator ID="ReqQuestion" runat="server" ControlToValidate="DropDownList1" Font-Bold="True" ForeColor="Red" InitialValue="0" ErrorMessage="必须选择设置一个密码提示问题" Font-Size="Small">（必选）</asp:RequiredFieldValidator>
```

上述代码中，DropDownList 控件显示的第一个列表项显示文本"请任选一项"。RequiredFieldValidator 控件拥有一个 InitialValue 属性，DropDownList 控件的第一个列表项的值赋给了该属性。如果没有在这个 DropDownList 控件中选择密码提示问题就提交表单，则会显示一个验证错误，效果如图 5.13 所示。

第 5 章　项目开发入门：ASP.NET 4.5 服务器控件

图 5.13　RequiredFieldValidator 控件示例二

2. RangeValidator 控件

RangeValidator 控件用于检测表单字段的值是否在指定的最小值和最大值之间。使用这个控件时，必须设置以下 5 个属性。

（1）ControlToValidate：被验证的表单字段的 ID。

（2）Text：验证失败时显示的错误信息。

（3）MinimumValue：验证范围的最小值。

（4）MaximumValue：验证范围的最大值。

（5）Type：所执行的比较类型。可能的值有 String、Integer、Double、Date 和 Currency。

下面的代码中用一个 RangeValidator 控件验证表单的年龄字段。如果没有输入 5～100 之间的年龄，就会显示一个验证错误。

```
   <asp:TextBox ID="TBx_Age" runat="server" Width="94px">
</asp:TextBox><asp:RangeValidator ID="RngAge" runat="server" ControlToValidate="TBx_Age" MaximumValue="100" MinimumValue="5" Type="Integer" Font-Bold="True" ForeColor="Red" ErrorMessage="允许的年龄范围为 5~100 岁" Font-Size="Small">（超范围）</asp:RangeValidator>
```

上述代码所在的表单中，所填的年龄小于 5 或者大于 100，就会显示验证错误信息。假如输入的不是一个数字，也会显示验证错误。如果输入到表单字段的值不能转换成 RangeValidator 控件的 Type 属性所表示的数据类型，就会显示错误信息。效果如图 5.14 所示。

图 5.14　RangeValidator 控件示例

假如不为年龄字段输入任何值就提交表单，则不会显示错误信息。如果要求用户必须输入一个值，就需要用一个 RequiredFieldValidator 关联该表单字段。

使用 RangeValidator 控件时不要忘记设置 Type 属性。Type 属性的值默认为 String，RangeValidator 控件执行字符串比较来确定该值是否介于最小值和最大值之间。

3. CompareValidator 控件

CompareValidator 控件可用于执行 3 种不同类型的验证任务。首先，可使用 CompareValidator 执行数据类型检测。换句话说，可以用它确定用户是否在表单字段中输入了类型正确的值，比如在生日数据字段输入一个日期。其次，可以用 CompareValidator 控件在输入表单字段的值和一个固定值之间进行比较。例如，用 CompareValidator 控件检查输入的年龄是否大于 18 岁，从而判断是否为成年人。最后，可以用 CompareValidator 控件比较一个表单字段的值与另一个表单字段的值。例如，使用 CompareValidator 控件来检查密码框和重复密码框中两次输入的密码是否一致。

CompareValidator 控件有以下 6 个重要的属性。

（1）ControlToValidate：被验证的表单字段的 ID。

（2）Text：验证失败时显示的错误信息。

（3）Type：比较的数据类型。可能的值有 String、Integer、Double、Date 和 Currency。

（4）Operator：所执行的比较的类型。可能的值有 DataTypeCheck、Equal、GreaterThan、GreaterThanEqual、LessThan、LessThanEqual 和 NotEqual。

（5）ValueToCompare：所比较的固定值。

（6）ControlToCompare：所比较的控件的 ID。

将多于一个的验证控件关联到同一个表单字段不会产生任何错误。很多时候为了达到一定的验证效果需要将多个验证控件关联到某个特定的控件上。例如，如果要使一个表单字段必须输入值并检查输入表单字段的数据类型，就需要给表单字段同时关联 RequiredFieldValidator 控件和 CompareValidator 控件。

像 RangeValidator 一样，如果不为要验证的表单字段输入值，CompareValidator 也不会显示错误。如果想要求用户输入值，就需要为该字段关联一个 RequiredFieldValidator 控件。

4. RegularExpressionValidator 控件

RegularExpressionValidator 控件用于把表单字段的值和正则表达式进行比较。正则表达式可用于表示字符串模式，如电子邮件地址、社会保障号、电话号码、日期、货币数和产品编码。此验证控件非常灵活，使用时只要定义好用于验证的正则表达式，就可以实现各种各样的验证。

正则表达式是字符模式的描述。例如，中国内地的邮政编码的模式总是 6 个数字，因为情况总是如此（系统是规则的），所以可以编写描述该模式的表达式。正则表达式由以下两种字符组成。

（1）文字字符：描述必须在特定位置中的特定字符。例如，必须总是有一个作为第 6 个字符的连字符。

（2）元字符：描述允许的字符集（例如，在第 2 个位置必须有一个数字）。元字符也包括允许多少字符和如何应用允许标准的选项。

表 5.22 列出了常用的正则表达式及其说明。

表 5.22 常用正则表达式字符说明

字　符	说　明
[...]	定义可接受的字符，如[ABC123]
[^...]	定义不可接受的字符，如[^ ABC123]
\w	匹配包括下画线的任何单词字符，等价于 '[A-Za-z0-9_]'
\W	匹配任何非单词字符，等价于 '[^A-Za-z0-9_]'
\s	匹配任何空白字符，包括空格、制表符、换页符等，等价于 [\f\n\r\t\v]
\S	匹配任何非空白字符，等价于 [^ \f\n\r\t\v]
\d	匹配一个数字字符，等价于 [0-9]
\D	匹配一个非数字字符，等价于 [^0-9]

续表

字符	说　明
\	将下一个字符标记为一个特殊字符、一个原义字符、一个向后引用或一个八进制转义符。例如，'n' 匹配字符 "n"，'\n' 匹配一个换行符，序列 '\\' 匹配 "\" 而 "\(" 则匹配 "("
\b	匹配一个单词边界，也就是指词和空格间的位置。例如，'er\b' 可以匹配 "never" 中的 'er'，但不能匹配 "verb" 中的 'er'
\B	匹配非单词边界。'er\B' 能匹配 "verb" 中的 'er'，但不能匹配 "never" 中的 'er'
(...)	用于分块，与数学运算中的小括号相似
.	代表任意字符
{ }	定义必须输入的字符个数。例如，{6}为必须输入 6 个字符；{6,15}为输入 6～15 个字符，包含 6 个和 15 个；{6,}为至少输入 6 个字符
?	匹配前面的表达式 0 次或 1 次，相当于{0,1}
+	匹配前面的子表达式一次或多次。例如，'zo+' 能匹配 "zo" 及 "zoo"，但不能匹配 "z"。+ 等价于 {1,}
*	匹配前面的子表达式零次或多次。例如，zo* 能匹配 "z" 及 "zoo"。* 等价于{0,}
|	匹配前面的表达式或后面的表达式。例如，'z|food' 能匹配 "z" 或 "food"，'(z|f)ood' 则匹配 "zood" 或 "food"

正则表达式有一些基本的规则。第一个规则是，如果希望输入在一行中（没有换行符），则在表达式的开始添加一个脱字符号（^），并且在表达式的最后添加一个美元符号$。这意味着"包括的内容必须在字符串的开始和结束处匹配"。对于初学者，只指定一行是很好的方法。

正则表达式的第二个基本规则是反斜线（\）作为转义字符使用。反斜线后面的字符可以是以下两种情况之一：真正的元字符或转义的文字字符。例如，如果希望圆括号或句点作为字面值，则必须在其前面添加反斜线。

若值中的字符重复，则表达式中该字符的元字符应该在后面跟上一对花括号，其中包括允许重复的确切数量。例如，表示 6 位数字的中国邮政编码为 ^\d{6}$。

.NET 正则表达式支持接受元字符的可变重复数量的能力。例如，确切的 5 个数字表示为^\d{5}$，5 个或更多数字表示为 ^\d{5, }$，任何数量的数字表示为 ^\d{0, }$，数字的数量至少为 3 但不多于 5 可表示为 ^\d{3,5}$。

也存在使用通配符的多个字符的语法。星号（*）的元字符可重复零次或多次，这与{0,}相同。加号（+）的元字符必须重复一次或多次（至少一次），这与{1,}相同。元字符后面跟上问号表示字符重复零次或一次，这与{0,1}相同。例如，可以只有数字、必须至少有一个数字并且对数字的长度没有上限，这种输入可描述为 ^\d+$。

可以在一个位置中限定允许字符的列表。该列表只需要包括在方括号[]中，每项之间用逗号分隔。例如，只接受 3 个字母，中间的为元音字母，用于验证的正则表达式是 ^\w[a, e, i, o, u, A, E, I, O, U]\w$。

正则表达式支持许多特殊的字符，如制表符、换行符等。一种较大的作用域是 \s，它包括任何类型的空白（空格或制表符）。

和代数中一样，正则表达式也允许使用圆括号。例如，在产品代码可能输入为 12-365 或 12 365 的模式下为 `^\d{2}(\-|\s)\d{3}$`。

正则表达式可以变得非常复杂，需要编写整本书来介绍该主题，本书在这里只做了简要的介绍，感兴趣的读者可以参阅相关书籍。

使用 RegularExpressionValidator 控件进行验证，必须设置以下 3 个重要属性。

（1）ControlToValidate：被验证的表单字段的 ID。

（2）Text：验证失败时显示的错误信息。

（3）ValidationExpression：验证的正则表达式。

其中 ValidationExpression 属性可以根据需要手动编写，上文已经简单介绍了正则表达式的相关语法和规则。在 Visual Studio 2013 中集成了使用频率比较高的几个正则表达式，单击 ValidationExpression 属性框中的省略号按钮，弹出一个正则表达式编辑器，如图 5.15 所示。

下面的代码片段使用 RegularExpressionValidator 控件来验证文本框中是否输入了符合规则的电子邮箱地址。

```
<asp:TextBox ID="TBx_Email" runat="server" Font-Size="Medium" Width="160px">
</asp:TextBox><asp:RegularExpressionValidator ID="RegularEmail" runat="server" ControlToValidate="TBx_Email" ValidationExpression="\w+([-+.']\w+)*@\w+([-.]\w+)*\.\w+([-.]\w+)*" ErrorMessage="电子邮件地址必须采用 name@domain.xyz 格式" Font-Bold="True" ForeColor="Red" Font-Size="Small">（无效格式）</asp:RegularExpressionValidator>
```

上述代码中 RegularExpressionValidator 控件的 regEmail 用来验证文本框 txtEmail，通过设置 ValidationExpression 属性规定电子邮箱的规则。如果输入不符合规则，就会显示一个验证错误，运行效果如图 5.16 所示。

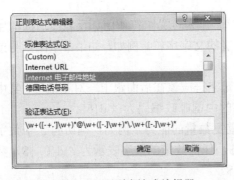

图 5.15　正则表达式编辑器　　　　图 5.16　RegularExpressionValidator 示例

5. ValidationSummary 控件

ValidationSummary 控件又叫验证总结控件，它本身并无验证功能，但可以集中显示所有未通过验证的控件的错误信息。它用于在页面中的一处地方显示所有验证错误的列表。这个控件在使用大的表单时非常有用。

在这里再比较一下验证控件的 ErrorMessage 属性和 Text 属性。

（1）如果有验证失败的情况，通常是在输入控件丢失焦点时，Text 值会出现在页面上验证控件所在的位置。

（2）如果有验证失败的情况，一般是在单击具有 CausesValidation=true 的 Submit 按钮时，ErrorMessage 值会出现在 ValidationSummary 控件中。

ValidationSummary 控件出现在页面的回送操作中，并且显示一组错误消息，这些消息来自于 IsValid=false 的所有验证控件。根据在 DisplayMode 中的设置，可以将这些错误消息安排为列表、段落或项目符号列表。此外，还可以在消息框中显示，通过 ShowMessageBox =true/false 设置。再次声明，ValidationSummary 控件自身实际上不执行任何验证；它没有 ControlToValidate 属性。

ValidationSummary 控件支持下列属性。

（1）DisplayMode：用于指定如何格式化错误信息。可能的值有 BulletList、List 和 SingleParagraph。

（2）HeaderText：用于在验证摘要上方显示标题文本。

（3）ShowMessageBox：用于显示一个弹出警告对话框。

（4）ShowSummary：用于隐藏页面中的验证摘要。

可以将验证错误信息只显示在 ValidationSummary 验证总结控件中，而在其他的验证控件位置不显示出错的文本消息。通过设置验证控件的 Display 属性为 None 值来实现这种隐藏。

习 题

1. 什么是 Web 服务器控件？它能完成什么功能？
2. 如何使用 Button 控件的 Command 事件响应用户的按钮单击动作？
3. 如何使用 CheckBox 和 RadioButton 控件自动响应用户的选择动作？
4. 如何使用 HyperLink 和 LinkButton 控件用超链接的形式接收用户的单击动作？
5. TextBox 如何接收密码形式、多行形式的用户输入？
6. 如何自动响应 DrowDownList 和 ListBox 中用户的选择动作？
7. 能用日历控件 Calendar 实现一个备忘录吗？
8. 完成"入门实践九"，掌握各种基本服务器控件的特性和使用。
9. 如何自动生成 Table？如何利用 Table 自动生成控件？
10. Image 和 ImageButton 控件的什么属性可以设置其显示的图像？
11. 结合应用表格和图像控件实现"入门实践十"的购书页面。
12. ASP.NET 4.5 的验证控件包括哪些？
13. 如何使用必填验证控件保证用户必须输入某项？
14. 如何使用比较验证控件保证用户的输入是特定的数据类型或是某个常数或与另外一个控件中的值具有相同（大于、小于等）关系？
15. 如何使用范围验证控件保证用户的输入在某个范围之内？
16. 如何使用正则表达式验证控件保证用户的输入满足某个构成模式？
17. 如何使用验证摘要控件在页面上统一位置输出错误信息？
18. 完成"入门实践十一"，综合应用 ASP.NET 4.5 的各种验证控件来确保用户输入信息的规范性和完整性。

第 6 章

项目开发："网上书店"注册、登录功能开发

到目前为止，本书前 5 章都是介绍用 ASP.NET 4.5 进行项目开发入门的基础知识，通过各个"入门实践"程序实例的学习，读者应该已经初步掌握了 ASP.NET 4.5 项目开发基本技术。从本章开始，将进入实际的项目开发训练，通过一个完整的"网上书店"系统各项功能的开发，让大家学到 ASP.NET 4.5 项目开发方方面面的技术和经验。本章先来开发最简单的系统注册、登录功能。

6.1 互联网与 B/S 体系

B/S（Browser/Server，浏览器/服务器）体系，是 Web 兴起后的一种网络结构模式，Web 浏览器是客户端最主要的应用软件。这种模式统一了客户端，将系统功能实现的核心部分集中到服务器上，简化了系统的开发、维护和使用。客户机上只要安装一个浏览器，如 360 安全或 Internet Explorer，服务器安装 MySQL、SQL Server、Oracle 等数据库。浏览器通过 Web 服务器同数据库进行数据交互，如图 6.1 所示。

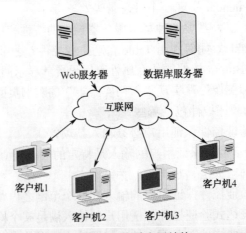

图 6.1 B/S 体系应用结构

随着互联网的快速发展，基于 B/S 体系的应用软件得到迅速发展。与传统的 C/S 体系的应用软件相比，其最大的不同是：B/S 的应用软件使用浏览器作为与用户交互的平台，

而 C/S 的应用软件则需要开发专用的应用程序。基于 B/S 体系的软件系统具有以下优点。

（1）简化客户端，方便软件的安装和部署。它不需要像 C/S 系统那样在客户端安装专门的客户端软件，而只需要安装常用的 Web 浏览器，这样不仅可以节省计算机磁盘空间，还可以降低用户使用软件的难度。

（2）便于开发和维护，在修改了应用程序的运行逻辑后，不需要用户更新浏览器。而传统的 C/S 系统则必须强制用户更新客户端程序。

（3）Web 浏览器是基于简单的 HTTP 协议，而传统的 C/S 系统可以自己定制通信协议，但各个协议之间可能不易协调而造成冲突。

（4）B/S 系统可以建立在任意一个可靠的服务器软件平台（如 IIS8）上，而传统的 C/S 系统则可能需要编写独立的服务器软件，整个系统的可靠性难以得到保证。

本书开发的"网上书店"项目就是一个基于 B/S 体系的 Web 应用系统。

6.2 设计"网上书店"数据库

一个完整的 ASP.NET 的 Web 应用系统必须有数据库作为其后台支撑，本书首选 MySQL 作为项目开发用数据库。

6.2.1 安装 MySQL 5.6

MySQL 是小型关系数据库管理系统（DBMS），开发者为瑞典 MySQL AB 公司，目前被广泛地应用在 Internet 上的中小型网站中。由于其体积小、速度快、总体拥有成本低，尤其开放源码这一特点，让许多中小网站为了降低网站总体拥有成本而选择它作为网站数据库。MySQL 的官方网址是 http://www.mysql.com。

本书使用的 MySQL 5 安装版的可执行文件是 mysql-installer-community-5.6.12.0.msi，双击启动安装向导，每一步都选择它的默认设置，具体的安装过程从略，注意设置密码的时候，要记住密码。笔者安装时设置的密码为 123456，系统默认用户名为 root。

完成之后进入命令行，输入"mysql -u root -p"并回车，输入密码 123456（读者请输入自己设置的密码），将显示如图 6.2 所示的欢迎屏信息。

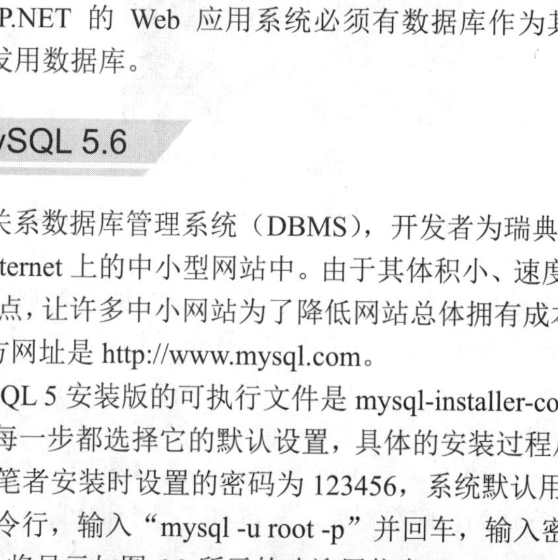

图 6.2 MySQL 安装成功

上图进入的是 MySQL 的命令行模式，在命令行提示符"mysql>"后输入 QUIT 并回车，可退出命令行模式。

下面简单介绍几个 MySQL 命令行的入门操作，更详细的内容请参看有关 MySQL 的专业书籍。

（1）新建、查看数据库。

为了创建一个新的数据库，在"mysql>"提示符后输入 CREATE DATABASE（大小写均有，余同）语句，此语句指定了数据库名：

mysql>CREATE DATABASE bookstore;

这里创建了数据库 bookstore，它就是本书"网上书店"项目所用的数据库。要查看刚刚新建的数据库，使用 SHOW DATABASES 语句，执行结果如图 6.3 所示。

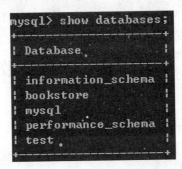

图 6.3　MySQL 管理下的数据库

图 6.3 中 MS-DOS 命令行列出了 MySQL 管理下的全部数据库，一共是 5 个，除了刚刚创建的 bookstore 外，其余 4 个：information_schema、mysql、performance_schema 和 test 为 MySQL 安装时系统自动创建的，MySQL 把有关 DBMS 的管理信息保存在这几个数据库中，如果删除了它们，MySQL 将不能正常工作，请读者操作时千万留神，不要误删了这 4 个系统库。

（2）在指定数据库中创建表。

刚刚创建了 bookstore 数据库，下面就在 bookstore 中创建一个表。因 bookstore 并不是当前数据库，为了使它成为当前数据库，发布 USE 语句即可：

mysql>USE bookstore

USE 为少数几个不需要终结符的语句之一，当然，加上终结符也不会出错。

使用 CREATE TABLE 语句来完成创建表的工作，其格式如下：

CREATE TABLE tbl_name (column_specs)

其中 tbl_name 代表希望赋予表的名称，column_specs 给出表中列及索引（如果有的话）的说明。

这里创建一个名为 user 的表：

```
create table user
(
    id              int auto_increment not null,
    username        varchar(10) not null,
    password        varchar(10) not null,
```

```
    primary key (id)
);
```

CREATE TABLE 语句中每个列的说明由列名、类型（该列将存储的值的种类）以及一些可能的列属性组成。

user 表中所用的类型 varchar(*n*)代表该列包含可变长度的字符（串）值，其最大长度为 *n*。可根据期望字符串能有多长来选择 *n* 的值，此处取 *n*=10。

用于 user 表的唯一列属性为 null（值可以缺少）和 not null（必须填充值），此处声明 not null，表示总要有一个它们的值。

现在来检验一下 MySQL 是否确实如期创建了 user 表。

在命令行输入：

```
mysql> show tables;
```

系统显示数据库中已经有了一个 user 表，如图 6.4 所示，进一步输入：

```
mysql> describe user;
```

可详细查看 user 表的结构、字段类型等信息。

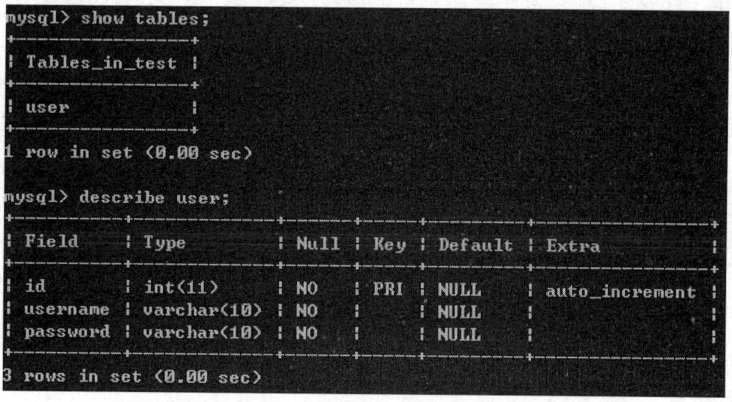

```
mysql> show tables;
+----------------+
| Tables_in_test |
+----------------+
| user           |
+----------------+
1 row in set (0.00 sec)

mysql> describe user;
+----------+-------------+------+-----+---------+----------------+
| Field    | Type        | Null | Key | Default | Extra          |
+----------+-------------+------+-----+---------+----------------+
| id       | int(11)     | NO   | PRI | NULL    | auto_increment |
| username | varchar(10) | NO   |     | NULL    |                |
| password | varchar(10) | NO   |     | NULL    |                |
+----------+-------------+------+-----+---------+----------------+
3 rows in set (0.00 sec)
```

图 6.4　成功创建了 user 表

（3）向表中加入数据记录。

通常用 INSERT 语句向表中加入记录，格式如下：

```
INSERT INTO tbl_name VALUES(value1, value2,…)
```

例如：

```
mysql> INSERT INTO user VALUES(1, 'yu', 'yu' );
mysql> INSERT INTO user VALUES(2, 'zhouhejun', '19830925');
```

VALUES 表必须包含表中每列的值，并且按表中列的存放次序给出。在 MySQL 中，可用单引号或双引号将串和日期值括起来。

请读者自己向表 user 中插入一些数据记录。完成后输入：

```
mysql> select * from user;
```

可查看表中的记录，笔者创建的表中的记录内容如图 6.5 所示。

```
mysql> select * from user;
+----+-----------+----------+
| id | username  | password |
+----+-----------+----------+
|  1 | yu        | yu       |
|  2 | zhouhejun | 19830925 |
|  3 | 周何骏    | 830925   |
|  4 | easybook  | 1234     |
|  5 | tortoise  | 061216   |
|  6 | 徐鹤      | 2046     |
|  7 | armstrong | 8888     |
+----+-----------+----------+
7 rows in set (0.00 sec)
```

图 6.5　查看 user 表的内容

6.2.2　创建项目数据库

“网上书店”有以下 5 个实体：用户、图书分类、图书、订单、订单项，因此，本系统的数据库设计如图 6.6 所示。

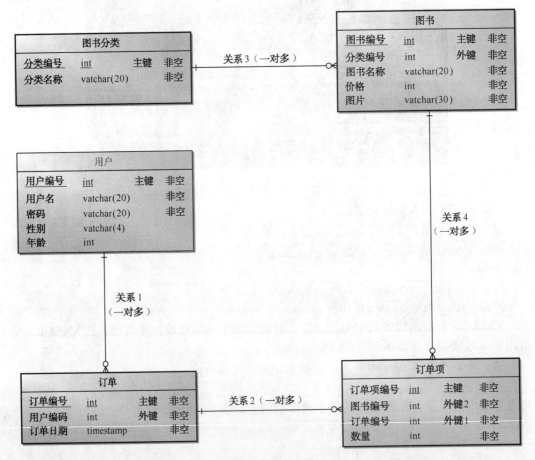

图 6.6　数据库的设计

（1）用户：代表一个用户实体，主要包括用户信息，如用户名、密码、性别、年龄等。

（2）图书分类：代表"网上书店"中已有的图书种类，如 Java 开发、数据库、其他等。

（3）图书：代表具体图书的具体信息，如图书名、价格和封面图片等。

（4）订单：代表用户的订单、购买信息。

（5）订单项：代表订单中具体项，每个订单的具体订单信息。

各实体之间还存在如下对应关系。

（1）关系1：用户和订单。一个用户可以拥有多个订单，一个订单只能属于一个用户，它们之间是一对多的关系，在数据库中表现为订单表中有一个用户表的外键。

（2）关系2：订单和订单项。一个订单中包含多个订单项，一个订单项只能属于一个订单，是一对多的关系。

（3）关系3：图书分类和图书。一个图书分类中有多种图书，一种图书属于一个图书分类，是一对多的关系。

（4）关系4：图书和订单项。一本图书可出现在多个订单项中，而一个订单项只能是对某一本图书的订购信息，是一对多关系。订单项中除了有这本书的基本信息，还有它的购买数量等。

根据图6.6所示的设计模型，用 CASE 工具生成 SQL 语句，代码如下：

```
/*==============================================================*/
/* DBMS name:      MySQL 5.6                                    */
/* Created on:     2016-4-6 上午 11:49:13                        */
/*==============================================================*/

drop table if exists book;
drop table if exists catalog;
drop table if exists orderitem;
drop table if exists orders;
drop table if exists user;

/*==============================================================*/
/* Table: book                                                  */
/*==============================================================*/
create table book
(
   bookid               int auto_increment not null,
   catalogid            int not null,
   bookname             varchar(50) not null,
   price                int not null,
   picture              varchar(30) not null,
   primary key (bookid)
);

/*==============================================================*/
/* Table: catalog                                               */
/*==============================================================*/
create table catalog
```

```sql
(
    catalogid            int auto_increment not null,
    catalogname          varchar(20) not null,
    primary key (catalogid)
);
/*==============================================================*/
/* Table: orderitem                                             */
/*==============================================================*/
create table orderitem
(
    orderitemid          int auto_increment not null,
    bookid               int not null,
    orderid              int not null,
    quantity             int not null,
    primary key (orderitemid)
);
/*==============================================================*/
/* Table: orders                                                */
/*==============================================================*/
create table orders
(
    orderid              int auto_increment not null,
    userid               int not null,
    orderdate            timestamp not null,
    primary key (orderid)
);
/*==============================================================*/
/* Table: user                                                  */
/*==============================================================*/
create table user
(
    userid               int auto_increment not null,
    username             varchar(20) not null,
    password             varchar(20) not null,
    sex                  varchar(4),
    age                  int,
    primary key (userid)
);
alter table book add constraint FK_Relationship_3 foreign key (catalogid)
      references catalog (catalogid) on delete restrict on update restrict;
alter table orderitem add constraint FK_Relationship_2 foreign key (orderid)
      references orders (orderid) on delete restrict on update restrict;
alter table orderitem add constraint FK_Relationship_4 foreign key (bookid)
      references book (bookid) on delete restrict on update restrict;
```

alter table orders add constraint FK_Relationship_1 foreign key (userid)
    references user (userid) on delete restrict on update restrict;

由命令行进入 MySQL 5.6，输入密码，切换到 bookstore 数据库，然后执行以上 SQL 语句，生成数据库表。

最终生成的表如图 6.7 所示，每个实体对应一个表，总共 5 个表。

图 6.7　创建好的数据库表

建好表后，向 book 表和 catalog 表中录入一些数据，供后续章节的"网上书店"系统运行之用。

向 catalog 表输入记录的 SQL 语句：

INSERT INTO catalog VALUES(1, 'Java 开发');
INSERT INTO catalog VALUES(2, '数据库');
INSERT INTO catalog VALUES(3, '其他');

向 book 表输入记录的 SQL 语句：

INSERT INTO book VALUES(1, 2, 'Oracle 实用教程（第 4 版）(Oracle 11g 版)', 49, 'Oracle（11g）.jpg');
INSERT INTO book VALUES(2, 2, 'Oracle 实用教程（第 4 版）(Oracle 12c 版)', 49, 'Oracle（12c）.jpg');
INSERT INTO book VALUES(3, 1, 'Java 实用教程（第 3 版）', 52, 'Java（3）.jpg');
INSERT INTO book VALUES(4, 2, 'SQL Server 实用教程（第 4 版）(SQL Server 2014 版)', 49, 'SQL Server（2014）.jpg');
INSERT INTO book VALUES(5, 2, 'SQL Server 实用教程（第 4 版）(SQL Server 2012 版)', 52, 'SQL Server（2012）.jpg');
INSERT INTO book VALUES(6, 3, 'AutoCAD 实用教程（第 4 版）(AutoCAD 2015 中文版)', 48, 'AutoCAD（4）.jpg');
INSERT INTO book VALUES(7, 3, '施耐德 PLC 开发及实例（第 2 版）', 59, 'PLC（2）.jpg');
INSERT INTO book VALUES(8, 1, 'JavaEE 实用教程（第 2 版）', 53, 'JavaEE（2）.jpg');
INSERT INTO book VALUES(9, 1, 'JavaEE 基础实用教程（第 2 版）', 49, 'JavaEEBasic（2）.jpg');
INSERT INTO book VALUES(10, 3, 'PHP 实用教程（第 2 版）', 45, 'PHP（2）.jpg');
INSERT INTO book VALUES(11, 2, 'SQL Server 实用教程（第 4 版）', 59, 'SQL Server（4）.jpg');
INSERT INTO book VALUES(12, 2, 'MySQL 实用教程（第 2 版）', 53, 'MySQL（2）.jpg');

以上所录入图书的封面图片都集中存放在 image 文件夹下，后面会将它添加到项目工程中。

在大型 ASP.NET 项目的开发中，数据库建模一般是使用 CASE 工具（如 Rational Rose、Sybase PowerDesigner 等）来完成的，这些软件能够自动实现数据库设计模型到 SQL 语句的转换。但本书重点并不在数据库建模，故而略去有关 CASE 工具如何操作使用的介绍，直接给出创建"网上书店"数据库所用的 SQL 语句，读者可直接运行以上 SQL 语句建立本项目的后台数据库。若对数据库本身的设计感兴趣，请另行阅读相关专业的书籍。

6.3 注册、登录功能开发

为便于后续的介绍，首先将"网上书店"注册登录功能设计需求说明如下。

6.3.1 需求展示

1. 用户登录流程

当用户点击"网上书店"主页的"登录"链接时，出现登录页面。系统会要求输入用户名和密码。在获取用户名后，系统会对用户名进行验证，如果该用户名在数据库中不存在，则提示"用户不存在"，只有当存在该用户时才会继续验证密码，且只有当用户名和密码都正确时，才出现欢迎页面，登录流程如图 6.8 所示。

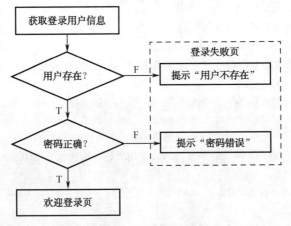

图 6.8　登录功能流程图

2. 用户登录界面

（1）登录表单界面如图 6.9 所示。

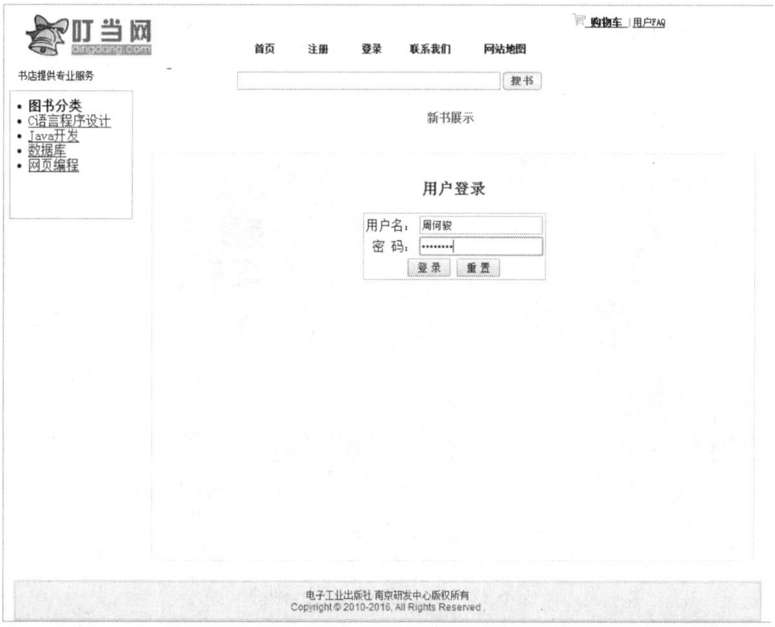

第6章 项目开发:"网上书店"注册、登录功能开发

图 6.9 登录提交表单

(2) 登录成功后的欢迎界面如图 6.10 所示。

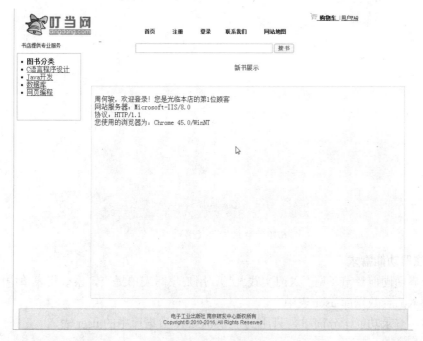

图 6.10 登录成功

(3) 登录失败视具体原因分别显示如图 6.11 和图 6.12 所示。

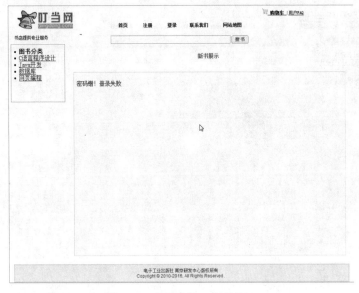

图 6.11　登录失败（密码错）

图 6.12　登录失败（用户不存在）

3. 注册功能需求

注册界面同前章节（见"入门实践九"），用户填写表单提交，系统将表单中的用户名和密码插入后台数据库 user 表中。

注册、登录功能十分简单，只用到了 bookstore 数据库中的 user 表。

6.3.2　开发步骤

本实例的功能可在之前已开发好的"入门实践十一"的基础上添加页面扩充而成，开发步骤如下：

第6章 项目开发:"网上书店"注册、登录功能开发

1. 添加数据库驱动

为了能与 MySQL 数据库 bookstore 连接,需要添加 MySQL 数据库驱动程序库引用,在此之前需要先安装 MySQL 驱动库,安装文件为 mysql-connector-net-6.6.6.msi,双击即可启动安装。安装完在 C:\Program Files (x86)\MySQL\MySQL Connector Net 6.6.6\Assemblies\v4.0 下找到 MySql.Data.dll 文件,说明安装成功。将 MySQL 驱动程序库添加到项目引用,如图 6.13 所示。

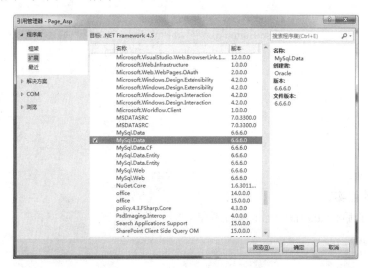

图 6.13 添加 MySQL 驱动类库引用

本例仅包含登录和注册两个功能,因此只需设计两个网页,一个是登录的网页,文件名为 login.aspx;另一个是注册网页,文件名为 register.aspx。

2. 登录网页设计

参照前图 6.9 的外观效果和功能要求,登录网页 login.aspx 的代码如下:

```
<%@ Page Language="C#" AutoEventWireup="true" CodeBehind="login.aspx.cs" Inherits="Page_Asp.login" %>
<!DOCTYPE html>
<html xmlns="http://www.w3.org/1999/xhtml">
<head runat="server">
<meta http-equiv="Content-Type" content="text/html; charset=utf-8"/>
    <title></title>
</head>
<body>
    <h3 style="width: 100%; text-align: center">用户登录</h3>
    <form id="form1" runat="server">
        <div>
            <table class="style1" align="center" style="border: thin solid #C0C0C0">
                <tr>
                    <td align="right">用户名:</td>
                    <td><asp:TextBox ID="UserName" runat="server" Width="150"></asp:TextBox></td>
```

```html
                </tr>
                <tr>
                    <td align="right">密码：</td>
                    <td><asp:TextBox ID="PassWord" runat="server" TextMode="Password" Width="150"></asp:TextBox></td>
                </tr>
                <tr>
                    <td align="center" colspan="2">
                        <asp:Button ID="loginBtn" runat="server" Text=" 登 录 " OnClick="loginBtn_Click"/> <asp:button id="resetBtn" runat="server" text=" 重 置 " />
                    </td>
                </tr>
            </table>
        </div>
    </form>
</body>
</html>
```

3. 登录功能实现

登录页面的后台 login.aspx.cs 实现登录功能，代码如下：

```csharp
using System;
…
using MySql.Data.MySqlClient;           //访问 MySQL 的库
using System.Data;                       //使用 DataSet 数据集

namespace Page_Asp
{
    public partial class login : System.Web.UI.Page
    {
        //定义数据库连接
        private string bookstoreConstr = "server=localhost;User Id=root;password=123456;database=bookstore;Character Set=utf8";      //访问"网上书店"后台数据库 bookstore
        protected void Page_Load(object sender, EventArgs e) { }

        protected void loginBtn_Click(object sender, EventArgs e)
        {
            Session["username"] = Request.Form["UserName"];      //保存 Session 变量 username
            Session["password"] = Request.Form["PassWord"];      //获取用户输入的密码
            string mySql = "select * from user where username='" + Session["username"] + "'";
            MySqlDataAdapter mda = new MySqlDataAdapter(mySql, bookstoreConstr);
            DataSet ds = new DataSet();
            mda.Fill(ds, "USER");
            if (ds.Tables["USER"].Rows.Count != 0)
```

```
            {
                string password = ds.Tables["USER"].Rows[0]["password"].ToString();
                string pwd = Session["password"].ToString();
                if (password == pwd) Response.Redirect("login_success.aspx");
                else
                {
                    Session["errormsg"] = "密码错！登录失败";
                    Response.Redirect("login_failure.aspx");
                }
            }
            else
            {
                Session["errormsg"] = "用户不存在！登录失败";
                Response.Redirect("login_failure.aspx");
            }
        }
    }
}
```

4. 注册网页设计

注册网页 register.aspx 的设计及源代码详见之前的章节（见"入门实践九"），此处略。

5. 注册功能实现

注册页面后台 register.aspx.cs 实现注册功能，代码如下：

```
using System;
…
using MySql.Data.MySqlClient;                  //访问 MySQL 的库

namespace Page_Asp
{
    public partial class register : System.Web.UI.Page
    {
        //定义数据库连接
        private string bookstoreConstr = "server=localhost;User Id=root;password=123456;database=bookstore;Character Set=utf8";    //访问"网上书店"后台数据库 bookstore
        private MySqlConnection myBCon;        //定义数据库访问连接对象
        protected void Page_Load(object sender, EventArgs e)
        {
            try
            {
                //初始化连接
                myBCon = new MySqlConnection(bookstoreConstr);
                myBCon.Open();
            }
            catch
            {
```

```csharp
            return;
        }
    }

    protected void CBx_LicenseAgreement_CheckedChanged(object sender, EventArgs e) {...}

    protected void Calendar1_SelectionChanged(object sender, EventArgs e) {...}

    protected void Btn_Submit_Click(object sender, EventArgs e)
    {
        Session["username"] = Request.Form["TBx_Usr"];
        if (RBtn_male.Checked)
        {
            Session["sex"] = "先生";
        }
        else
        {
            Session["sex"] = "女士";
        }
        Session["password"] = Request.Form["TBx_Pwd"];
        Session["birthday"] = Request.Form["TBx_Date"];
        Session["degree"] = ListBox1.SelectedValue;
        Session["answer"] = TBx_Answer.Text;
        Session["hobbies"] = (CheckBox1.Checked ? "唱歌 " : "") + (CheckBox2.Checked ? "阅读 " : "") + (CheckBox3.Checked ? "跳舞 " : "") + (CheckBox4.Checked ? "游泳 " : "") + (CheckBox5.Checked ? "旅行 " : "");
        if (IsValid)
        {
            try
            {
                //用户信息写入数据库
                string mySql = "insert into user(username,password) values('" + Session["username"] + "', '" + Session["password"] + "')";
                MySqlCommand cmd = new MySqlCommand(mySql, myBCon);
                cmd.ExecuteNonQuery();
                //跳转页面
                Response.Redirect("register_success.aspx");
            }
            catch
            {
                return;
            }
        }
    }
```

第6章 项目开发:"网上书店"注册、登录功能开发

```
        protected void DropDownList1_SelectedIndexChanged(object sender, EventArgs e) {...}
    }
}
```

其中,省略的代码与之前章节中的完全一样,为节省篇幅,故不再列出。而加黑语句则是需要强调的用于访问数据库的关键代码。

登录成功页(login_success.aspx)、注册成功页(register_success.aspx)设计及源码同之前章节,此处略。

6. 登录失败处理

登录失败处理页 login_failure.aspx 的源码如下:

```
<%@ Page Language="C#" AutoEventWireup="true" CodeBehind="login_failure.aspx.cs" Inherits="Page_Asp.login_failure" %>
<!DOCTYPE html>
<html xmlns="http://www.w3.org/1999/xhtml">
<head runat="server">
<meta http-equiv="Content-Type" content="text/html; charset=utf-8"/>
    <title></title>
</head>
<body>
    <div>
        <asp:Label ID="LblErrMsg" runat="server"></asp:Label>
    </div>
</body>
</html>
```

该页面后台 login_failure.aspx.cs 的代码如下:

```
using System;
…
namespace Page_Asp
{
    public partial class login_failure : System.Web.UI.Page
    {
        protected void Page_Load(object sender, EventArgs e)
        {
            LblErrMsg.Text = Session["errormsg"].ToString();
        }
    }
}
```

6.3.3 知识点——ADO.NET 数据访问编程模型

ADO.NET 是微软支持数据库应用程序开发的数据访问中间件,它是建立在.NET Framwork 4.5 平台上的数据库访问编程模型,由.NET 框架中提供的一组数据访问类和命名空间组成。

1. ADO.NET 体系结构

ADO.NET 提供了面向对象的数据库视图,在 ADO.NET 对象中封装了许多数据库属性和关系。ADO.NET 通过很多方式封装和隐藏了数据库访问的细节,可以完全不知道对象在与 ADO.NET 对象交互,也不用担心数据移动到另一个数据库或者从另一个数据库获得数据的细节问题。如图 6.14 所示为 ADO.NET 体系结构。

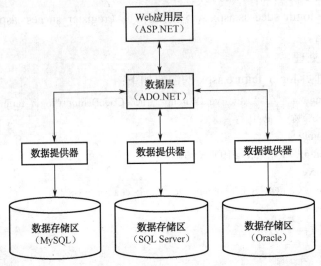

图 6.14 ADO.NET 体系结构

在 ADO.NET 中,数据集(DataSet)与数据提供器(Provider)是两个非常重要而又相互关联的核心组件,它们之间的关系如图 6.15 所示,图的右边代表数据集(DataSet),左边代表数据提供器(Provider)。

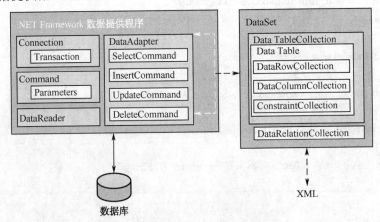

图 6.15 数据集与数据提供器关系视图

(1)数据集(DataSet)。

数据集相当于内存中暂存的数据库,不仅可以包括多张数据表,还可以包括数据表之间的关系和约束。允许将不同类型的数据表复制到同一个数据集中(其中某些数据表的数据类型可能需要做一些调整),甚至还允许将数据表与 XML 文档组合到一起协同操作。

第 6 章 项目开发:"网上书店"注册、登录功能开发

（2）数据提供器（Provider）。

又称 .NET Framework 数据提供程序，用于连接到数据库、执行命令和检索结果，可以使用它直接处理检索到的结果，或将其放入 ADO.NET 的 DataSet 对象，以便与来自多个源的数据或在层之间进行远程处理的数据组合在一起，以特殊方式向用户公开。

主要的数据提供程序如表 6.1 所示。

表 6.1 主要的数据提供程序

程　序	说　明
MySQL 数据提供程序	提供对 MySQL 数据库的访问。使用 MySql.Data.MySqlClient 命名空间
SQL Server 数据提供程序	提供对 Microsoft SQL Server 7.0 版或更高版本的数据访问。使用 System.Data.SqlClient 命名空间
OLE DB 数据提供程序	适合于使用 OLE DB 公开的数据源。使用 System.Data.OleDb 命名空间
ODBC 数据提供程序	适合于使用 ODBC 公开的数据源。使用 System.Data.Odbc 命名空间
Oracle 数据提供程序	适用于 Oracle 数据源。Oracle 数据提供程序支持 Oracle 客户端软件 8.1.7 版和更高版本，使用 System.Data.OracleClient 命名空间

2. 基于 DataSet 数据集访问数据库

ADO.NET 作为一种数据访问架构，主要是为非连接模式下的数据访问而设计的，这也是基于 Web 的应用程序所需要的。ADO.NET 在非连接模式下的数据访问模型如图 6.16 所示。

在图 6.16 中，DataSet 对象包含一个数据集，一个数据集可以包含多个 DataTable 对象，用于存储与数据源断开连接的数据。DataAdapter 对象可以作为数据库和无连接对象之间的桥梁，使用 DataAdapter 对象的 Fill 方法可以提取查询的结果并填充到 DataTable 中，以便离线访问。Connection 对象是用来连接数据源的，它通过连接字符串建立与数据源的连接，可以连接 .NET 支持的各种数据源。

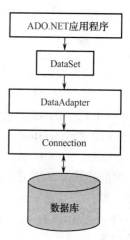

图 6.16 非连接模式下的数据访问模型

在非连接环境中使用 ADO.NET 的基本步骤如下：

① 声明连接对象 Connection。
② 声明数据适配器 DataAdapter 对象。
③ 声明 DataSet 对象。
④ 打开连接，连接到数据源。
⑤ 调用 DataAdapter 对象的 Fill 方法填充 DataSet 对象。
⑥ 关闭连接对象 Connection，断开与数据源的连接。
⑦ 处理离线数据 DataSet。

数据集从数据源中获取数据以后就断开了与数据源之间的连接。允许在数据集中定义数据约束和表关系，增加、删除和编辑记录，还可以对数据集中的数据进行查询、统计等。当完成了各项数据操作以后，还可以将数据集中的最新数据更新到数据源。

数据集的这些特点为满足多层分布式应用的需要迈进了一大步。因为编辑和检索数据都是一些比较繁重的工作，需要跟踪列模式、存储关系数据模型等。如果在连接数据源的

条件下完成这些工作，不仅会使总体性能下降，而且还会影响到可伸缩性的问题。

创建数据集对象的语句格式如下：

DataSet ds = new DataSet ();

或者：

DataSet ds = new DataSet ("数据集名");

语句中 ds 代表数据集对象。可以通过调用 DataSet 的两个重载构造函数来创建 DataSet 的实例，并且可以选择指定一个名称参数。如果没有为 DataSet 指定名称，则该名称会设置为"NewDataSet"。

DataSet 对象的常用属性列于表 6.2 中。

表 6.2 DataSet 对象的常用属性

属 性	说 明
CaseSensitive	获取或设置在 DataTable 对象中字符串比较时是否区分字母的大小写。默认为 False
DataSetName	获取或设置 DataSet 对象的名称
EnforceConstraints	获取或设置执行数据更新操作时是否遵循约束。默认为 True
HasErrors	DataSet 对象内的数据表是否存在错误行
Tables	获取数据集的数据表集合（DataTableCollection），DataSet 对象的所有 DataTable 对象都属于 DataTableCollection

DataSet 对象最常用的属性是 Tables，通过该属性，可以获得或设置数据表行、列的值。例如，表达式 ds.Tables["USER"].Rows[i][j] 表示访问 USER 表的第 i 行、第 j 列。

DataSet 对象的常用方法有 Clear() 和 Copy()，Clear()方法清除 DataSet 对象的数据，删除所有 DataTable 对象；Copy() 方法复制 DataSet 对象的结构和数据，返回值是与本 DataSet 对象具有同样结构和数据的 DataSet 对象。

3．数据提供程序的核心对象

.NET Framework 数据提供程序包含 4 种核心对象，其名称及作用如下。

（1）Connection

Connection 是建立与特定数据源的连接。在进行数据库操作之前，首先要建立对数据库的连接。所有 Connection 对象的基类均为 DbConnection 类。Connection 类中最重要的属性是 ConnectionString，该属性用来指定建立数据库连接所需要的连接字符串，其中包括以下几项：服务器名称、数据源信息及其他登录信息。ConnectionString 的主要参数如下：

① Data Source：设置需连接的数据库服务器名。

② Initial Catalog：设置连接的数据库名称。

③ Integrated Security：服务器的安全性设置，是否使用信任连接。其值有 True、False 和 SSPI 3 种，True 和 SSPI 都表示使用信任连接。

④ Workstation ID：数据库客户端标识。默认为客户端计算机名。

⑤ Packet Size：获取与 SQL Server 通信的网络数据包的大小，单位为字节，有效值为 512～32 767，默认值为 8 192。

⑥ User ID：登录数据库的账号。

⑦ Password（Pwd）：登录数据库的密码。

⑧ Connection Timeout：设置 Connection 对象连接数据库服务器的超时时间，单位为秒，若在所设置的时间内无法连接数据库，则返回失败。默认值为 15s。

表 6.3 列出了 Connection 对象的常用方法。

表 6.3　Connection 对象的常用方法

方　法	说　明
Open()	打开与数据库的连接。注意 ConnectionString 属性只对连接属性进行了设置，并不打开与数据库的连接，必须使用 Open()方法打开连接
Close()	关闭数据库连接
ChangeDatabase()	在打开连接的状态下，更改当前数据库
CreateCommand()	创建并返回与 Connection 对象有关的 Command 对象
Dispose()	调用 Close()方法关闭与数据库的连接，并释放所占用的系统资源

请注意，在完成连接后，及时关闭连接是必要的，因为大多数据源只支持有限数目的连接，何况打开的连接占用宝贵的系统资源。

（2）Command

Command 是对数据源操作命令的封装。对于数据库来说，这些命令既可以是内联的 SQL 语句，也可以是数据库的存储过程。由 Command 生成的对象建立在连接的基础上，对连接的数据源指定相应的操作。所有 Command 对象的基类均为 DbCommand 类。

每个.NET Framework 数据提供程序都包括一个 Command 对象：MySQL 数据提供程序包括一个 MySqlCommand 对象；OLEDB.NET Framework 数据提供程序包括一个 OleDbCommand 对象；SQL Server.NET Framework 数据提供程序包括一个 SqlCommand 对象；ODBC.NET Framework 数据提供程序包括一个 OdbcCommand 对象；Oracle.NET Framework 数据提供程序包括一个 OracleCommand 对象。

以下代码示例演示如何创建 MySqlCommand 对象，以便从 MySQL 中的 user 表返回数据列表。

```
string mySql = "SELECT username, password FROM user";
MySqlCommand cmd = new MySqlCommand(mySql, myBCon);
```

参数 mySql 为需执行的 SQL 命令，上述语句将生成一个命令对象 cmd，对由 myBCon 连接的数据源指定检索（SELECT）操作。这两个参数在创建 Command 对象时也可以省略不写，而在创建了 Command 对象后，再通过设置 Command 对象的 CommandText 和 CommandType 属性来指定。

Command 对象的常用属性和方法分别列于表 6.4 和表 6.5 中。

表 6.4　Command 对象的常用属性

属　性	说　明
CommandText	取得或设置要对数据源执行的 SQL 命令、存储过程或数据表名
CommandTimeout	获取或设置 Command 对象的超时时间，单位为秒，为 0 表示不限制。默认值为 30s，即若在这个时间之内 Command 对象无法执行 SQL 命令，则返回失败

续表

属性	说明
CommandType	获取或设置命令类别，可取的值有 StoredProcedure、TableDirect、Text，代表的含义分别为存储过程、数据表名和 SQL 语句、默认认为 Text。数字、属性的值为 CommandType.StoredProcedure、CommandType.Text 等
Connection	获取或设置 Command 对象所使用的数据连接属性
Parameters	SQL 命令参数集合

表 6.5 Command 对象的常用方法

方法	说明
Cancel()	取消 Comand 对象的执行
CreateParameter	创建 Parameter 对象
ExecuteNonQuery()	执行 CommandText 属性指定的内容，返回数据表被影响行数。只有 Update、Insert 和 Delete 命令会影响行数。该方法用于执行对数据库的更新操作
ExecuteReader()	执行 CommandText 属性指定的内容，返回 DataReader 对象
ExecuteScalar()	执行 CommandText 属性指定的内容，返回结果表第一行第一列的值。该方法只能执行 Select 命令
ExecuteXmlReader()	执行 CommandText 属性指定的内容，返回 XmlReader 对象。只有 SQL Server 才能用此方法

Command 对象的 CommandType 属性用于设置命令的类别：可以是存储过程、表名或 SQL 语句。当将该属性值设为 CommandType.TableDirect 时，要求 CommandText 的值必须是表名而不能是 SQL 语句。例如：

```
MySqlCommand cmd = new MySqlCommand();
cmd.CommandText = "user";
cmd.CommandType = CommandType.TableDirect;
cmd.Connection = myBCon;
```

这段代码执行以后，将返回 user 表中的所有记录。它等价于以下代码：

```
MySqlCommand cmd = new MySqlCommand();
cmd.CommandText = "Select * from user";
cmd.CommandType = CommandType.Text;
cmd.Connection = myBCon;
```

可见，要实现同样的功能，可选的方法有多种。

Command 对象提供了 4 个执行 SQL 命令的方法：ExecuteNonQuery()、ExecuteReader()、ExecuteScalar() 和 ExecuteXmlReader()。要注意每个方法的特点。常用的是 ExecuteNonQuery() 和 ExecuteReader() 方法，它们分别用于数据库的更新和查询操作。注意，ExecuteNonQuery() 不返回结果集而仅仅返回受影响的行数，ExecuteReader() 返回 DataReader 对象。

可直接用 Command 对象实现对数据库表的更新。用 Command 对象执行 SQL 语句或存储过程来实现数据更新，这种方法直接操作数据源，无须构建 ADO.NET 对象来保存数据，因此效率高。

使用 Command 对象更新数据库,需先创建 Command 对象并设置要执行的 SQL 命令,然后调用其 ExecuteNonQuery 方法来实现更新。这种方式的更新是直接对数据源(物理表)进行的。

使用 Command 对象更新数据源的基本操作步骤如下。

① 连接数据库。
② 创建 Command 对象,设置 CommandText 属性。
③ 打开连接。
④ 调用 Command 对象的 ExecuteNonQuery 方法执行 SQL 更新操作。
⑤ 关闭连接。

(3) DataReader

使用 DataReader 可以实现对特定数据源中的数据进行高速、只读、只向前的数据访问。与数据集(DataSet)不同,DataReader 是一个依赖于连接的对象。就是说,它只能在与数据源保持连接的状态下工作。所有 DataReader 对象的基类均为 DbDataReader 类。

(4) DataAdapter

数据适配器(DataAdapter)利用连接对象(Connection)连接数据源,使用命令对象(Command)规定的操作从数据源中检索出数据送往数据集,或者将数据集中经过编辑后的数据送回数据源。所有 DataAdapter 对象的基类均为 DbDataAdapter 类。

如果所连接的是 MySQL 数据库,则可以通过将 MySqlDataAdapter 与关联的 MySqlCommand 和 MySqlConnection 对象一起使用,从而提高总体性能。对于支持 OLEDB 的数据源,可以使用 OleDbDataAdapter 及其关联的 OleDbCommand 和 OleDbConnection 对象。对于支持 ODBC 的数据源,使用 OdbcataAdapter 及其关联的 OdbcCommand 和 OdbcConnection 对象。对于 Oracle 数据库,使用 OracleDataAdapter 及其关联的 OracleCommand 和 OracleConnection 对象。

定义 DataAdapter 对象有 4 种语法格式:

```
MySqlDataAdapter 对象名 = new MySqlDataAdapter();
MySqlDataAdapter 对象名 = new MySqlDataAdapter(MySqlCommand 对象);
MySqlDataAdapter 对象名 = new MySqlDataAdapter(SQL 命令, MySqlConnection 对象);
MySqlDataAdapter 对象名 = new MySqlDataAdapter(SQL 命令, MySqlConnection 对象)
```

创建 OleDbDataAdapter 对象的语法格式与之类似,只要将所有的"MySql"改为"OleDb"即可。创建 DataAdapter 对象的这几种格式,读者可根据需要自行选择使用。

DataAdapter 有一个重要的 Fill 方法,此方法将数据填入数据集,语句如下:

```
mda.Fill(ds, "USER");
```

其中,mda 代表数据适配器名;ds 代表数据集名;USER 代表数据表名。当 mda 调用 Fill() 方法时,将使用与之相关联的命令组件所指定的 SELECT 语句从数据源中检索行。然后将行中的数据添加到 DataSet 的 DataTable 对象中,如果 DataTable 对象不存在,则自动创建该对象。

当执行上述 SELECT 语句时,与数据库的连接必须有效,但不需要用语句将连接对象打开。如果调用 Fill() 方法之前与数据库的连接已经关闭,则将自动打开它以检索数据,执行完毕后再自动将其关闭。如果调用 Fill() 方法之前连接对象已经打开,则检索后继续保持打开状态。

DataAdapter 还有另一个重要的 Update 方法,当新增、修改或删除 DataSet 中的记录,并需要更改数据源时,就要使用 Update() 方法。

一个数据集中可以放置多张数据表。但是每个数据适配器只能对应一张数据表。

习　题

1. 什么是 B/S 体系,采用这种体系结构的软件系统有哪些优点?
2. 按照 6.2 节的指导安装 MySQL 数据库,并初步学会其基本的使用操作。
3. 按照 6.2 节的指导创建本书"网上书店"项目所用的数据库。
4. 按照 6.3 节的步骤开发"网上书店"注册和登录功能。
5. 理解 ADO.NET 数据访问模型的体系结构,掌握基于数据集访问数据库的方法。
6. 了解 ADO.NET 数据提供程序的核心对象,掌握使用 Command 对象更新数据库的方法。

第 7 章

项目开发："网上书店"系统的架构和设计

企业级大型 Web 应用系统几乎都涉及数据库访问,最简单的开发方法是将所有访问数据库的功能分别在各个页面类中完成,这种程序结构采用的是典型的单层应用程序架构,即用 ADO.NET 直接与数据源进行通信,除了 ADO.NET 之外,在应用程序与数据库之间没有任何其他层。单层应用程序结构适合于较小规模应用的开发,但是当应用规模变大时,这种结构会导致系统的可维护性、代码灵活性和重用性等方面出现缺陷,不适合大型应用开发。解决上述问题的方案是采用 N 层应用程序架构,典型的 N 层结构包括表示层、业务逻辑层、数据访问层,即三层结构。

本章将通过"网上书店"实例来分别介绍如何构建单层、二层和三层应用。为了使读者容易理解和掌握三层结构应用程序设计的方法,本实例中仅包含第 6 章已开发好的最简单的登录及注册功能,暂不包括"网上书店"其他的功能。在第 8 章中,我们会在此基础上方便地扩展,使之成为一个功能完整的"网上书店"系统。

7.1 单层设计架构

第 6 章开发的"网上书店"系统采用的就是单层设计架构,从第 6 章程序的代码中可以看出,login 和 register 两个网页类都调用了数据库操作类 MySqlConnection、MySqlCommand 和 MySqlDataAdapter,调用关系如图 7.1 所示。

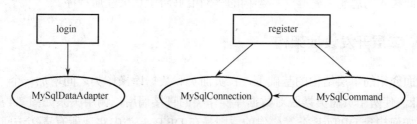

图 7.1　网页类与数据库操作类的调用关系

由于两个网页类都直接与数据库操作类发生联系,所以它破坏了软件"设计模式"的一个重要原则:"迪米特法则"。"迪米特法则"的主要原则是让一个类尽量少地与其他的类发生联系。如果破坏这个原则,那么当数据库操作类发生变化时,就会造成两个网页类也要做出相应的变化，这种连锁反应式的变化会增加软件的维护成本。

7.2 二层设计架构

单层设计架构违背了"迪米特法则"，解决的方案之一就是在页面类与数据库操作类之间引入一个"中介者"类，该类其实就是"门面模式"中的"门面"，这样就在页面类和数据库操作类之间构造了一个新的类，从而构成二层应用架构。

7.2.1 "门面模式"简介

门面模式要解决这样一个问题：如果多个类之间存在联系，则可以形成一张关系网，如图 7.2 所示。

若其中一个类被修改，很可能会导致其他的类也要随之修改。例如，Class1 类被修改了，则 Class2、Class3、Class4、Class5 都要修改，这增加了软件的维护难度。为避免这样的问题出现，可以引入一个"中介者"类，并且令所有类都只与这个中介者类进行通信，如图 7.3 所示。由图 7.3 可以看出，当其中一个类修改了，只需修改中介者类就可以了，不会导致其他的类也要修改，这样就降低了软件的维护难度。

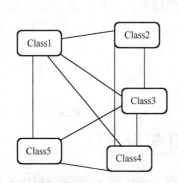 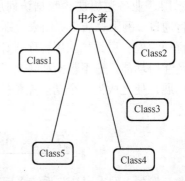

图 7.2　多个类之间的关系图　　　图 7.3　引入"中介者"类后的关系图

实际上设计模式有很多种，有兴趣的读者可查阅相关的资料了解更多的设计模式。下面就以门面模式的思想来建立二层架构的"网上书店"登录注册程序。

7.2.2 二层开发设计架构

在前面介绍的单层结构的基础上，在页面类和数据库操作类之间增加一个"中介者"类 DBTask，使两个页面类摆脱对数据库操作类的直接调用，调用关系如图 7.4 所示。

那么如何构建 DBTask 类？构建的原则是在 DBTask 类中实现所有直接访问数据库的操作，并提供对外的接口，供外部调用。可以将页面中访问数据库的代码归纳成若干个公开的方法，封装到 DBTask 类中，以便页面调用，而页面代码不能直接访问数据库操作类，必须通过 DBTask 类间接访问。

第 7 章 项目开发:"网上书店"系统的架构和设计

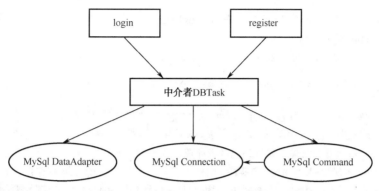

图 7.4 二层架构的类关系图

1. 封装获取已注册用户信息功能的方法

考察一下登录验证 login.aspx.cs 中访问数据库操作类的部分代码:

```
protected void loginBtn_Click(object sender, EventArgs e)
{
    Session["username"] = Request.Form["UserName"];      //保存 Session 变量 username
    Session["password"] = Request.Form["PassWord"];      //获取用户输入的密码
    string mySql = "select * from user where username='" + Session["username"] + "'";
    MySqlDataAdapter mda = new MySqlDataAdapter(mySql, bookstoreConstr);
    DataSet ds = new DataSet();
    mda.Fill(ds, "USER");
    if (ds.Tables["USER"].Rows.Count != 0)
    {
        …
    }
    else
    {
        …
    }
}
```

在上面的代码中,黑体字部分包含了访问数据库的代码。在二层架构设计的页面类中不应包含这些直接访问数据库的代码,应将这些代码独立出来,封装到 DBTask 类中。假设封装为 getRegUser 方法(返回 DataSet 对象),如下:

```
public DataSet getRegUser(string username)
{
    string mySql = "select * from user where username='" + username + "'";
    MySqlDataAdapter mda = new MySqlDataAdapter(mySql, bookstoreConstr);
    DataSet ds = new DataSet();
    mda.Fill(ds, "USER");
    return ds;
}
```

上述代码中封装并公开了一个方法 getRegUser()，可以调用它来获取特定用户的信息，返回的结果是 DataSet 数据集。

因此，可以将登录验证页面 login.aspx.cs 代码相应地简化如下：

```csharp
protected void loginBtn_Click(object sender, EventArgs e)
{
    Session["username"] = Request.Form["UserName"];        //保存 Session 变量 username
    Session["password"] = Request.Form["PassWord"];        //获取用户输入的密码
    //通过"中介者"DBTask 间接地访问数据库获取该用户注册信息
    DBTask dbTask = new DBTask();                          //建立数据库任务 DBTask 的实例
    DataSet ds = dbTask.getRegUser(Session["username"].ToString());
                                                           //获取已注册用户的信息
    if (ds.Tables[0].Rows.Count != 0)
    {
        string password = ds.Tables[0].Rows[0]["password"].ToString();
        string pwd = Session["password"].ToString();
        if (password == pwd) Response.Redirect("login_success.aspx");
        else
        {
            Session["errormsg"] = "密码错！登录失败";
            Response.Redirect("login_failure.aspx");
        }
    }
    else
    {
        Session["errormsg"] = "用户不存在！登录失败";
        Response.Redirect("login_failure.aspx");
    }
}
```

2. 封装注册新用户功能的方法

再分析一下注册功能 register.aspx.cs 的代码，它实现了两个数据库访问的功能。

（1）创建数据库连接。

（2）注册一个新用户，将其信息写入数据库。

这两个功能分别要直接调用数据库操作类 MySqlConnection、MySqlCommand，因此应把它们封装成两个方法以供页面类调用，这样页面类就无须直接调用数据库操作类来实现相应的功能了。

封装后的 DBTask 类的完整代码如下：

```csharp
using System;
…
using MySql.Data.MySqlClient;              //访问 MySQL 的库
using System.Data;                         //使用 DataSet 数据集


namespace Page_Asp
{
```

```csharp
public class DBTask
{
    //定义数据库连接
    private string bookstoreConstr = "server=localhost;User Id=root;password=123456;database=bookstore;Character Set=utf8";        //访问"网上书店"后台数据库 bookstore
    private MySqlConnection myBCon;

    //方法:创建数据库连接
    private void createConnection()
    {
        try
        {
            //初始化连接
            myBCon = new MySqlConnection(bookstoreConstr);
            myBCon.Open();
        }
        catch
        {
            return;
        }
    }

    //方法:注册新用户
    public void registerUser(string username, string password)
    {
        string mySql = "insert into user(username,password) values('" + username + "', '" + password + "')";
        createConnection();
        MySqlCommand cmd = new MySqlCommand(mySql, myBCon);
        cmd.ExecuteNonQuery();
    }

    //方法:获取已注册用户的信息
    public DataSet getRegUser(string username)
    {
        string mySql = "select * from user where username='" + username + "'";
        MySqlDataAdapter mda = new MySqlDataAdapter(mySql, bookstoreConstr);
        DataSet ds = new DataSet();
        mda.Fill(ds, "USER");
        return ds;
    }
}
```

封装后的 DBTask 类结构如图 7.5 所示。

图 7.5 DBTask 类结构图

在 DBTask 类中，共封装了 2 个公开的方法和 1 个私有方法，两个公开方法分别是"注册新用户"registerUser(string username, string password)、"获取已注册用户的信息"getRegUser(string username)。而创建数据库连接方法 createConnection() 是私有方法，仅在类中使用，供其他方法调用。这些方法都包含直接访问数据库的代码，且实现特定的功能，将它们独立出来，供页面类调用，可使页面类不再包含直接访问数据库的代码。有了 DBTask 类，就可以将注册页面 register.aspx.cs 代码相应地简化如下：

```csharp
using System;
…
namespace Page_Asp
{
    public partial class register : System.Web.UI.Page
    {
        protected void Page_Load(object sender, EventArgs e) { }

        protected void CBx_LicenseAgreement_CheckedChanged(object sender, EventArgs e) {…}

        protected void Calendar1_SelectionChanged(object sender, EventArgs e) {…}

        protected void Btn_Submit_Click(object sender, EventArgs e)
        {
            Session["username"] = Request.Form["TBx_Usr"];
            if (RBtn_male.Checked)
            {
                Session["sex"] = "先生";
            }
            else
            {
                Session["sex"] = "女士";
            }
            Session["password"] = Request.Form["TBx_Pwd"];
            Session["birthday"] = Request.Form["TBx_Date"];
            Session["degree"] = ListBox1.SelectedValue;
            Session["answer"] = TBx_Answer.Text;
            Session["hobbies"] = (CheckBox1.Checked ? "唱歌 " : "") + (CheckBox2.Checked ? "阅读 " : "") + (CheckBox3.Checked ? "跳舞 " : "") + (CheckBox4.Checked ? "游泳 " : "") + (CheckBox5.Checked ? "旅行 " : "");
            if (IsValid)
            {
                try
                {
                    //通过"中介者"DBTask 间接地将用户信息写入数据库
```

```
                DBTask dbTask = new DBTask();        //建立数据库任务 DBTask 的实例
                dbTask.registerUser(Session["username"].ToString(),
Session["password"].ToString());                     //注册新用户
                //跳转页面
                Response.Redirect("register_success.aspx");
            }
            catch
            {
                return;
            }
        }
    }

    protected void DropDownList1_SelectedIndexChanged(object sender, EventArgs e) {…}
    }
}
```

由上面的代码可以发现，页面类代码已不含任何直接访问数据库操作类的代码，相关的代码都被封装到了 DBTask 类中，页面代码只需调用 DBTask 类提供的方法来实现相应的功能，这样就较好地分离了页面类与数据库操作类，实现了二层设计架构。

7.3 三层设计架构

在二层结构中，中介者类负责直接访问数据库操作类，页面类通过中介者类间接地访问数据库，但是，页面类中还是包含了一些复杂的描述业务规则的代码，可以将这类代码也分离出来，形成单独的一层，从而构成三层架构。本节介绍如何构建三层架构的应用程序。

7.3.1 简单的三层设计架构

在前面的二层结构中，虽然通过中介者 DBTask 类使页面类摆脱了对数据库操作类的依赖，但是在页面类（如 login.aspx.cs）中，还是保留了一些与用户界面（通常处理用户输入、激发事件等）不直接相关的业务规则描述的代码。例如，判断用户名是否存在、验证密码是否正确，并根据不同情形来显示登录失败的具体原因——实现这些功能的代码就是业务规则描述代码。如果将这些业务规则描述的代码也提炼出来，放入另外一个类中以供统一调用，则形成一个专门用于规则描述的类，这样在代码组织上就形成了页面代码、规则描述代码、数据库操作代码的三层结构，这是最简单的三层架构，如图 7.6 所示。

假定规则描述类命名为 InterService，下面来分析一下如何构建规则描述类 InterService。

构建的原则是页面代码只能直接访问规则描述类 InterService，而规则描述类 InterService 中的代码可以直接访问 DBTask 类。在 InterService 类中需要实现业务规则，所有访问数据库的操作均通过调用 DBTask 对象实现，而不能在 InterService 类中直接出现数据库访问代码。因此可以将业务规则代码归纳成若干个公开的方法，封装到 InterService 类中，以便页面调用。

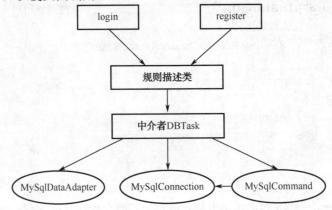

图 7.6　最简单三层架构的类关系图

由于登录验证页面中的业务规则稍微复杂一些，故将其代码封装成 loginBookstore 方法，而注册的规则只是直接调用 DBTask 对象的同名方法，封装后的类结构如图 7.7 所示。

图 7.7　InterService 类与 DBTask 类结构图

分析登录和注册的业务规则后，封装的 InterService.cs 类的完整代码如下：

```
using System;
…
using System.Data;                                          //使用 DataSet 数据集
namespace Page_Asp
{
    public class InterService
    {
        //方法:实现"登录"功能的业务规则
        public string loginBookstore(string username, string password)
        {
            //通过"中介者"DBTask 间接地访问数据库获取该用户注册信息
            DBTask dbTask = new DBTask();                   //建立数据库任务 DBTask 的实例
            DataSet ds = dbTask.getRegUser(username);       //获取已注册用户的信息
            if (ds.Tables[0].Rows.Count != 0)
            {
                string pwd = ds.Tables[0].Rows[0]["password"].ToString();
```

```
                if (password == pwd) return "";
                else return "密码错！登录失败";
            }
            else
                return "用户不存在！登录失败";
        }

        //方法:实现"注册"功能的业务规则
        public void registerUser(string username, string password)
        {
            //通过"中介者"DBTask 间接地将用户信息写入数据库
            DBTask dbTask = new DBTask();                   //建立数据库任务 DBTask 的实例
            dbTask.registerUser(username, password);        //注册新用户
        }
    }
}
```

由上面的代码可以看出，在业务规则 InterService 类中共封装了两个公开的方法，分别是登录方法 loginBookstore(string username, string password)和注册方法 registerUser(string username, string password)，其中，registerUser 方法是直接调用 DBTask 类中的同名方法，没有额外的业务规则代码，而 loginBookstore 方法则增加了登录时验证用户信息的业务规则代码，如判断用户名是否存在和验证密码正误。这些方法都是直接访问 DBTask 类的代码，且实现特定的功能，将它们独立出来，供页面类调用，可使页面类不再包含直接访问 DBTask 类的代码，而是直接访问业务规则类代码。

有了 InterService 类，就可以简化登录和注册页面的代码。

相应的登录页面代码 login.aspx.cs 修改如下：

```
using System;
…
using System.Data;                                          //使用 DataSet 数据集
namespace Page_Asp
{
    public partial class login : System.Web.UI.Page
    {
        protected void Page_Load(object sender, EventArgs e) { }

        protected void loginBtn_Click(object sender, EventArgs e)
        {
            Session["username"] = Request.Form["UserName"];  //保存 Session 变量 username
            Session["password"] = Request.Form["PassWord"];  //获取用户输入的密码
            //执行"登录"业务逻辑
            string msg = (new InterService()).loginBookstore(Session ["username"].ToString(), Session["password"].ToString());

            if (msg == "") Response.Redirect("login_success.aspx");
```

```csharp
                else
                {
                    Session["errormsg"] = msg;
                    Response.Redirect("login_failure.aspx");
                }
            }
        }
    }
}
```

相应的注册页面代码 register.aspx.cs 修改如下：

```csharp
using System;
…
namespace Page_Asp
{
    public partial class register : System.Web.UI.Page
    {
        protected void Page_Load(object sender, EventArgs e) { }

        protected void CBx_LicenseAgreement_CheckedChanged(object sender, EventArgs e) {…}
        protected void Calendar1_SelectionChanged(object sender, EventArgs e) {…}

        protected void Btn_Submit_Click(object sender, EventArgs e)
        {
            …
            if (IsValid)
            {
                try
                {
                    //执行"注册"业务逻辑
                    (new InterService()).registerUser(Session["username"].ToString(), Session["password"].ToString());
                    //跳转页面
                    Response.Redirect("register_success.aspx");
                }
                catch
                {
                    return;
                }
            }
        }

        protected void DropDownList1_SelectedIndexChanged(object sender, EventArgs e) {…}
    }
}
```

由上面两个页面代码可以发现，页面代码越来越简单，且页面代码只与 InterService

类联系，不会直接与 DBTask 类联系。而 InterService 类也是只与 DBTask 类联系，不会直接与数据库操作类联系，这完全符合"迪米特法则"。

👀 在注册的页面中，要经历两次方法调用，这是三层架构的显著特点。

7.3.2 用 Visual Studio 2013 创建三层设计架构

前面介绍的三层设计架构仅仅是在一个项目中以不同的类文件来描述不同的层，如用 InterService.cs 描述业务逻辑层，用 DBTask.cs 描述数据访问层，用 login.aspx 和 register.aspx 描述表示层。虽然这样做是符合三层架构模式的，但是却存在一个严重的漏洞！因为页面文件完全可以绕过 InterService.cs 文件，直接去调用 DBTask.cs 文件中的方法来访问数据库，如果这样就又退化为二层架构应用。

下面利用 Visual Studio 2013 来新建一个实现三层架构的应用解决方案，但却可以有效地避免前述问题，防止跨层调用。

构建的主要方法是在一个解决方案中分别建立 3 个项目，每个项目对应一层，通过在项目中引用其他项目，来限制其只能访问已引用的项目类，从而避免跨层调用。

创建三层设计架构的具体步骤如下。

1. 建立表示层项目（WebUI）

（1）建立项目：选择主菜单"文件"→"新建项目"，在弹出的"新建项目"对话框中，选择"Web"→"ASP.NET Web 应用程序"，输入项目的名称"WebUI"，输入解决方案名称为"bookstore"，单击"确定"按钮即可，如图 7.8 所示。

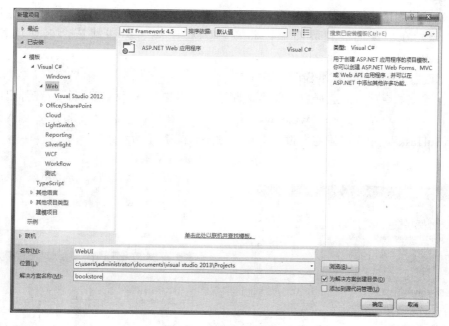

图 7.8 建立表示层项目

（2）设置项目的程序集名称和默认命名空间：右键单击 WebUI 项目，选择"属性"菜单,在出现的配置界面上,将项目的程序集名称和默认命名空间均改为"bookstore.WebUI",保存即可,如图 7.9 所示。

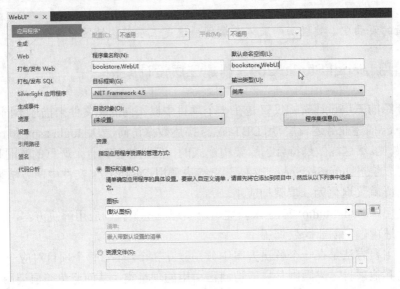

图 7.9　设置程序集和默认命名空间

2. 建立业务逻辑层（InterService）

（1）建立类库项目：选择主菜单"文件"→"添加"→"新建项目",在弹出的"添加新项目"对话框中,选择"Windows"项目类型,在模板中选择"类库",输入类库名称"InterService",单击"确定"按钮即可,效果如图 7.10 所示。

（2）设置项目的程序集名称和默认命名空间：右键单击 InterService 项目,选择"属性"菜单,在出现的配置界面上,将项目的程序集名称和默认命名空间均改为"bookstore.InterService",保存即可。

3. 建立数据访问层（MySqlTask）

（1）建立类库项目：选择主菜单"文件"→"添加"→"新建项目",在弹出的"添加新项目"对话框中,选择"Windows"项目类型,在模板中选择"类库",输入类库名称"MySqlTask",单击"确定"按钮即可,效果如图 7.11 所示。

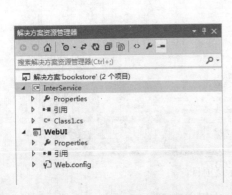

图 7.10　业务逻辑层项目

图 7.11　数据访问层项目

（2）设置项目的程序集名称和默认命名空间：右键单击 MySqlTask 项目，选择"属性"菜单，在出现的配置界面上，将项目的程序集名称和默认命名空间均改为"bookstore.MySqlTask"，保存即可。

4．建立层之间的引用关系

（1）建立表示层 WebUI 与业务逻辑层 InterService 间的引用关系：选择"WebUI"项目，右击"引用"图标，选择"添加引用"，在弹出的"引用管理器"对话框中选择"解决方案"→"项目"选项卡，选择"InterService"项，单击"确定"按钮，如图 7.12 所示。

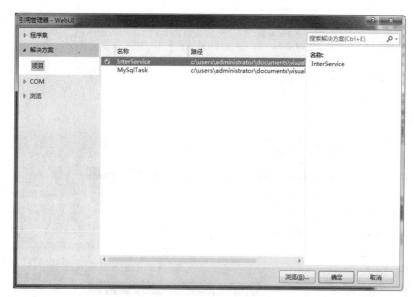

图 7.12　建立层之间的引用关系

（2）建立业务逻辑层 InterService 与数据访问层 MySqlTask 间的引用关系：选择"InterService"项目，右击"引用"图标，选择"添加引用"，在弹出的"引用管理器"对话框中选择"解决方案"→"项目"选项卡，选择"MySqlTask"项，单击"确定"按钮。操作与上图 7.12 类同。

5．分别添加实现业务逻辑层和数据访问层功能的类

（1）添加业务逻辑层类（LInterService.cs）：在 InterService 项目中添加"类"，输入类名称"LInterService.cs"，单击"添加"按钮即可。类中的实现代码可参考前面介绍的"三层架构"。

（2）添加数据访问层类（DBTask.cs）：在 MySqlTask 项目中添加"类"，输入类名称"DBTask.cs"，单击"添加"按钮即可。类中的实现代码可参考前面介绍的"三层架构"。同时在 MySqlTask 项目中添加 MySQL 数据库驱动程序库引用"MySql.Data"。

6．建立表示层功能的网页

参考前面介绍的"三层架构"，将其中的网页（包括 CSS 定义文件和相关的图片资源）作为"现有项"添加到当前项目中来，后台代码略做修改（主要是改命名空间）即可，完成后的解决方案如图 7.13 所示。

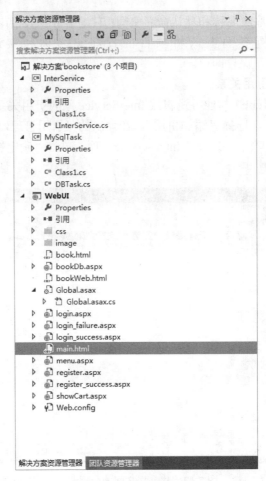

图 7.13 完整的解决方案

7. 编译解决方案

通过主菜单"生成"→"生成解决方案"来编译整个解决方案,编译通过后,系统自动把 InterService 项目和 MySqlTask 项目所生成的.dll 文件复制到 WebUI 项目的 bin 文件夹中。发布时只需发布 WebUI 项目。

下面列出完整的代码。

数据访问层 DBTask.cs 类代码如下:

```csharp
using System;
…
using MySql.Data.MySqlClient;            //访问 MySQL 的库
using System.Data;                        //使用 DataSet 数据集
namespace bookstore.MySqlTask
{
    public class DBTask
    {
        //定义数据库连接
        private string bookstoreConstr = "server=localhost;User Id=root;password=123456;database=
```

```csharp
bookstore;Character Set=utf8";                    //访问"网上书店"后台数据库 bookstore
        private MySqlConnection myBCon;

        //方法:创建数据库连接
        private void createConnection()
        {
            try
            {
                //初始化连接
                myBCon = new MySqlConnection(bookstoreConstr);
                myBCon.Open();
            }
            catch
            {
                return;
            }
        }

        //方法:注册新用户
        public void registerUser(string username, string password)
        {
            string mySql = "insert into user(username,password) values('" + username + "', '" + password + "')";
            createConnection();
            MySqlCommand cmd = new MySqlCommand(mySql, myBCon);
            cmd.ExecuteNonQuery();
        }

        //方法:获取已注册用户的信息
        public DataSet getRegUser(string username)
        {
            string mySql = "select * from user where username='" + username + "'";
            MySqlDataAdapter mda = new MySqlDataAdapter(mySql, bookstoreConstr);
            DataSet ds = new DataSet();
            mda.Fill(ds, "USER");
            return ds;
        }
    }
}
```

业务逻辑层 LInterService.cs 类代码如下:

```csharp
using System;
…
using System.Data;                    //使用 DataSet 数据集
using bookstore.MySqlTask;            //访问 DBTask
namespace bookstore.InterService
```

```csharp
{
    public class LInterService
    {
        //方法:实现"登录"功能的业务规则
        public string loginBookstore(string username, string password)
        {
            //通过"中介者"DBTask 间接地访问数据库获取该用户注册信息
            DBTask dbTask = new DBTask();                    //建立数据库任务 DBTask 的实例
            DataSet ds = dbTask.getRegUser(username);        //获取已注册用户的信息
            if (ds.Tables[0].Rows.Count != 0)
            {
                string pwd = ds.Tables[0].Rows[0]["password"].ToString();
                if (password == pwd) return "";
                else return "密码错！登录失败";
            }
            else
                return "用户不存在！登录失败";
        }

        //方法:实现"注册"功能的业务规则
        public void registerUser(string username, string password)
        {
            //通过"中介者"DBTask 间接地将用户信息写入数据库
            DBTask dbTask = new DBTask();                    //建立数据库任务 DBTask 的实例
            dbTask.registerUser(username, password);         //注册新用户
        }
    }
}
```

表示层登录 login.aspx.cs 代码如下：

```csharp
using System;
…
using System.Data;                              //使用 DataSet 数据集
using bookstore.InterService;                   //访问 LInterService
namespace bookstore.WebUI
{
    public partial class login : System.Web.UI.Page
    {
        protected void Page_Load(object sender, EventArgs e) { }

        protected void loginBtn_Click(object sender, EventArgs e)
        {
            Session["username"] = Request.Form["UserName"];     //保存 Session 变量 username
            Session["password"] = Request.Form["PassWord"];     //获取用户输入的密码
            //执行"登录"业务逻辑
            string msg = (new LInterService()).loginBookstore(Session["username"].ToString(),
```

```csharp
Session["password"].ToString());
                if (msg == "") Response.Redirect("login_success.aspx");
                else
                {
                    Session["errormsg"] = msg;
                    Response.Redirect("login_failure.aspx");
                }
            }
        }
    }
}
```

表示层注册 register.aspx.cs 代码如下：

```csharp
using System;
…
using System.Drawing;
using bookstore.InterService;//访问 LInterService
namespace bookstore.WebUI
{
    public partial class register : System.Web.UI.Page
    {
        protected void Page_Load(object sender, EventArgs e) { }
        protected void CBx_LicenseAgreement_CheckedChanged(object sender, EventArgs e) {…}
        protected void Calendar1_SelectionChanged(object sender, EventArgs e) {…}

        protected void Btn_Submit_Click(object sender, EventArgs e)
        {
            …
            if (IsValid)
            {
                try
                {
                    //执行"注册"业务逻辑
                    (new LInterService()).registerUser(Session["username"].ToString(), Session["password"].ToString());
                    //跳转页面
                    Response.Redirect("register_success.aspx");
                }
                catch
                {
                    return;
                }
            }
        }
        protected void DropDownList1_SelectedIndexChanged(object sender, EventArgs e) {…}
    }
}
```

由上面的代码可以看出，几乎与前面介绍的简单三层设计架构没有什么不同，只是增加了一些类的引用（程序中的黑体部分是与前面简单三层设计架构代码的不同之处），程序实现的功能完全一样。

7.3.3 理解三层设计架构

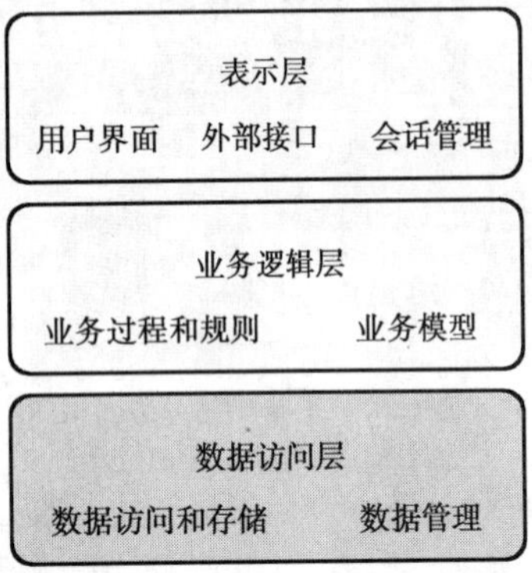

```
┌─────────────────────────────┐
│          表示层              │
│  用户界面  外部接口  会话管理 │
└─────────────────────────────┘
┌─────────────────────────────┐
│         业务逻辑层           │
│  业务过程和规则    业务模型  │
└─────────────────────────────┘
┌─────────────────────────────┐
│         数据访问层           │
│  数据访问和存储    数据管理  │
└─────────────────────────────┘
```

图 7.14 典型的三层应用程序架构

前面介绍了单层、二层和三层设计架构，从代码的复杂度来看，层次越多越复杂，每多一层就多一些代码，这些代码对于前一层来说可能是多余的（如 LInterService 类中的 registerUser 方法，对于表示层就是多余的），但是却降低了各个类之间的耦合度。当一个类改变时，其他类无须随之连锁改变。不过，从另一方面来看，方法层层调用势必影响执行速度，但是很多企业级应用中都采用三层架构，因为它有较好的可扩展性。而速度的劣势可以通过将应用分布在不同的服务器上来解决。

一般来说，根据所实现的逻辑功能，可将 ASP.NET 应用程序结构分为三层：表示层、业务逻辑层、数据访问层。当然也可分为 N 层（N>3），其实 N 层都是三层的扩展版本。图 7.14 是一个典型的三层应用程序结构示意图。

其中各层的作用说明如下。

1. 表示层

表示层主要包括 Web 窗体、页面用户界面等元素。它的主要任务有两项：

（1）从业务逻辑层获取数据并显示。

（2）实现与用户的交互，将有关数据回送给业务逻辑层进行处理，其中可能包括数据验证、处理用户界面事件等。

表示层的价值在于，它把业务逻辑层和外部刺激（用户输入、激发事件等）隔离开来，这样到达业务逻辑层的请求看起来都是一样的。另外，表示层重点表达的是用户的兴趣和利益，为应用程序的交互提供各种形式的帮助，包括有益的提示、用户偏好设置等。

2. 业务逻辑层

业务逻辑层包含与核心业务相关的逻辑，它们实现业务规则和业务逻辑，并且完成应用程序所需要的处理。作为这个过程的一部分，业务逻辑层负责处理来自数据存储的数据或者发送给数据存储的数据。

3. 数据访问层

数据访问层包含数据存储和与它交互的组件或服务，这些组件和服务在功能上与业务逻辑层相互独立。

综上所述，数据访问层从数据库中获得原始数据，业务逻辑层把数据转换成符合业务规则的有意义的信息，表示层把信息转换成对用户有意义的内容。同时，上层可以使用下层的功能，而下层不能使用上层的功能。一般下层每个程序接口执行一个简单功能，而上层通过有序地调用下层的程序来实现特定功能。层次体系就是以这种方式来完成多个复杂的业务功能的。

这种分层设计的优点在于，每一层都可以单独修改。例如，可以单独修改业务逻辑层，当从数据访问层接收相同的数据并将数据传递到表示层时，不用担心出现歧义。或者单独修改表示层，使得对于站点外观的修改不必改动业务逻辑层的业务规则和逻辑。因此，分层设计具有提高应用程序内聚程度、降低耦合、易于扩展和维护、易于重用等优点。

另外，关于三层架构提醒大家注意三点：
- 在一个 ASP.NET 应用中，并不是只要含有 aspx 网页文件、DLL 程序集文件、数据库文件就是三层架构的 Web 应用程序；
- 也并不是不含有数据库文件就不是三层架构；
- 另外，也并不是解决方案中有 3 个项目就是三层架构的 Web 应用程序。

其实，三层架构的本质是使用计算机程序语言来描述不同的任务逻辑，每层实现应用程序一个方面的逻辑功能，并不能以代码所处的位置来断定层次结构。

7.3.4 引入实体的三层设计架构

1. 使用 DataSet 设计的缺陷

前面介绍的三层架构应用中，业务逻辑层使用 DataSet 数据集对象来获取已注册用户的密码，例如，在业务类文件 LInterService.cs 中有如下代码：

```
//方法:实现"登录"功能的业务规则
public string loginBookstore(string username, string password)
{
    //通过"中介者"DBTask 间接地访问数据库获取该用户注册信息
    DBTask dbTask = new DBTask();                    //建立数据库任务 DBTask 的实例
    DataSet ds = dbTask.getRegUser(username);        //获取已注册用户的信息
    if (ds.Tables[0].Rows.Count != 0)
    {
        string pwd = ds.Tables[0].Rows[0]["password"].ToString();
        if (password == pwd) return "";
        else return "密码错！登录失败";
    }
    else
        return "用户不存在！登录失败";
}
```

从上面代码中可以看出，业务逻辑层使用的 DataSet 数据集对象与数据访问层返回的数据集 ds 是密切相关的，甚至连数据库的字段名（password）都必须一致，这导致了业务逻辑层与数据库的耦合度仍显过大，违反了"迪米特法则"。如果修改了数据库字段名将出现运行时错误。

造成错误的原因是使用了 DataSet，使用 DataSet 的设计存在以下三个主要缺点。

（1）缺乏抽象

由于 DataSet 与数据库结构之间存在严重的耦合关系，因此，在使用 DataSet 的代码中，很难抽象出数据库的核心组件，即无法去除与数据库结构的耦合。例如，在数据访问层中若使用下面的 SQL 语句获取数据库中的数据：

```
string mySql = "select * from user where username='" + username + "'";
MySqlDataAdapter mda = new MySqlDataAdapter(mySql, bookstoreConstr);
DataSet ds = new DataSet();
mda.Fill(ds, "USER");
return ds;
```

则返回的 DataSet 与数据库 user 表结构相同，而在其上业务逻辑层甚至表示层的网页中，只要使用到该 DataSet 的代码语句，其引用的字段名就是数据库表的字段名。这样就导致从表示层到数据访问层都与数据库表结构存在严重的耦合！当由于某种原因数据库表结构改变时，如字段名改变了，则这种变化将一直影响到表示层代码，这与 N 层应用程序的高内聚、低耦合的要求严重背离。

此外，DataSet 无法提供适当抽象的另一个原因是，它要求表示层和业务逻辑层的开发人员都熟悉数据库的结构，这个要求太高。在实际开发中，理想状态应是：除了数据访问层以外的其他各层都不应当了解数据库结构和 SQL 语句，这样代码才更易于扩展与维护。

（2）弱类型

由于 DataSet 是弱类型（非强类型），因此有些错误在编译时查不出来。例如，下面的代码实现在 DataSet 对象 ds 中检索值：

```
string pwd = ds.Tables[0].Rows[0]["pwd"].ToString();
```

上述代码在运行时会出错，因为字段名不正确，但在编译时无法发现错误。

（3）非面向对象

DataSet 虽然是对象，但它仅仅支持数据存储，开发人员不能为它添加功能，如添加安全获取表的方法，使用 DataSet 将意味着失去所有面向对象的优点。

2. 构建业务实体

解决上述问题的常用方法就是在解决方案中，将这些数据封装成一个强类型的业务实体对象（而不是被封装成 DataSet 对象），并且使用字段的形式存储，使用属性的形式将数据公开，各层都可以访问该实体对象。实际上业务实体相当于一个协议，各层遵循该协议进行输入、输出，输入、输出的是业务实体对象，不再是 DataSet。

业务实体的构建需要考虑两方面的问题：一是如何实现逻辑映射，将关系数据映射到业务实体；二是如何对业务实体进行编码。下面分别给出相关的建议。

（1）实现逻辑映射的建议

① 多花时间分析应用需求和逻辑业务实体，然后为其建立模型。接着考虑业务实体的创建问题，而不要为每个数据表都定义单独的业务实体。可以使用 UML 建模。

② 不要定义单独的业务实体来表示数据库中的多对多表，可以通过在数据访问组件中实现的方法来公开这些关系。

③ 如果需要实现返回特定业务实体类型的方法，建议把这些方法放在该类型对应的数据访问组件中。

④ 数据访问组件通常访问来自单一数据源的数据，当需要聚合多个数据源的数据时，建议分别为访问每个数据源定义一个数据访问逻辑组件，这些组件可以由一个能够执行聚

合任务的更高级组件来调用。

（2）对业务实体实现编码的建议

① 选择使用结构还是类。对于不包含分层数据或集合的简单业务实体，可以考虑定义一个结构来表示业务实体；对于复杂的或要求继承的业务实体，可以将实体定义为类。

② 如何表示业务实体的状态。对于数字、字符串等简单值，可以使用等价的 .NET 数据类型来定义字段。

③ 如何表示业务实体组件中的子集合和层次结构。表示业务实体中数据的子集合和层次结构有两种方法：一是使用 .NET 集合（包括 C# 3.0 中的泛型集合），.NET 集合类为大小可调的集合提供了一个方便的编程模型，还为将数据绑定到用户界面控件提供了内置的支持；二是使用 DataSet，DataSet 适合存储来自关系数据库或 XML 文件的数据集合和层次结构。此外，如果需要过滤、排序或绑定子集合，也应首选 DataSet。

在前面的三层架构的基础上，增加业务实体类，各层次的依赖关系如图 7.15 所示。

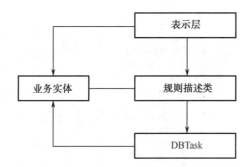

图 7.15　加入业务实体后的层次依赖关系

3．引入实体开发三层架构

在前面 bookstore 解决方案的基础上修改，除了原有的项目之外，再添加一个业务实体项目 Entity。在该项目中添加一个用户实体类 User，用于描述已注册用户信息的数据结构，把它称为"实体类"，在其他项目中引用 Entity 项目，并适当修改相关的程序代码。

设计的数据库与实体结构的映射关系如图 7.16 所示。

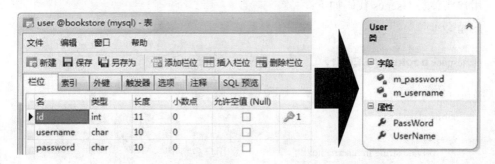

图 7.16　数据库与实体结构的映射关系

引入实体结构的解决方案如图 7.17 所示。

ASP.NET 项目开发教程

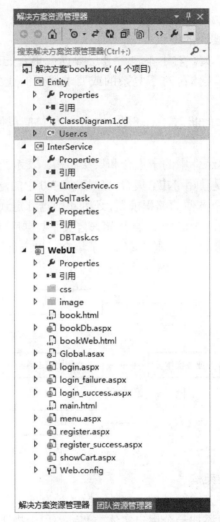

图 7.17　引入实体结构的解决方案

下面列出具体代码。

用户实体类 User.cs 代码如下：

```
using System;
…
namespace bookstore.Entity
{
    //用户实体类
    public class User
    {
        private string m_username;              //"用户名"字段
        private string m_password;              //"密码"字段
        public string UserName                  //设置或获取"用户名"属性
        {
            set { this.m_username = value; }
            get { return this.m_username; }
```

```
        }
        public string PassWord             //设置或获取"密码"属性
        {
            set { this.m_password = value; }
            get { return this.m_password; }
        }
    }
}
```

引入了实体类后，各层都要访问实体对象（而不是 DataSet 对象），因此各层的代码要适当修改。修改后的数据访问层 DBTask.cs 代码如下：

```
using System;
…
using MySql.Data.MySqlClient;              //访问 MySQL 的库
using bookstore.Entity;                    //在 MySqlTask 项目中添加对实体类的引用
namespace bookstore.MySqlTask
{
    public class DBTask
    {
        //定义数据库连接
        private string bookstoreConstr = "server=localhost;User Id=root;password=123456;database=bookstore;Character Set=utf8";    //访问"网上书店"后台数据库 bookstore
        private MySqlConnection myBCon;

        //方法:创建数据库连接
        private void createConnection()
        {
            try
            {
                //初始化连接
                myBCon = new MySqlConnection(bookstoreConstr);
                myBCon.Open();
            }
            catch
            {
                return;
            }
        }

        //方法:注册新用户
        public void registerUser(User user)
        {
            string mySql = "insert into user(username,password) values('" + user.UserName + "', '" + user.PassWord + "')";
            createConnection();
```

```csharp
            MySqlCommand cmd = new MySqlCommand(mySql, myBCon);
            cmd.ExecuteNonQuery();
        }

        //方法:获取已注册用户的信息
        public User getRegUser(string username)
        {
            User user = null;
            string mySql = "select * from user where username='" + username + "'";
            createConnection();
            MySqlCommand cmd = new MySqlCommand(mySql, myBCon);
            MySqlDataReader dr = cmd.ExecuteReader();
            if (dr.Read())
            {
                user = new User();
                user.UserName = Convert.ToString(dr["username"]);
                user.PassWord = Convert.ToString(dr["password"]);
            }
            return user;
        }
    }
}
```

上面代码中的黑体部分是修改的内容。

业务逻辑层 LInterService.cs 代码如下：

```csharp
using System;
…
using bookstore.MySqlTask;              //访问 DBTask
using bookstore.Entity;                 //在 InterService 项目中添加对实体类的引用
namespace bookstore.InterService
{
    public class LInterService
    {
        //方法:实现"登录"功能的业务规则
        public string loginBookstore(User user)
        {
            //通过"中介者"DBTask 间接地访问数据库获取该用户注册信息
            DBTask dbTask = new DBTask();                    //建立数据库任务 DBTask 的实例
            User regUser = dbTask.getRegUser(user.UserName); //获取已注册用户的信息
            if (regUser != null)
            {
                if (user.PassWord == regUser.PassWord) return "";
                else return "密码错！登录失败";
            }
            else
```

```
            return "用户不存在！登录失败";
        }

        //方法:实现"注册"功能的业务规则
        public void registerUser(**User user**)
        {
            //通过"中介者"DBTask 间接地将用户信息写入数据库
            DBTask dbTask = new DBTask();              //建立数据库任务 DBTask 的实例
            dbTask.registerUser(**user**);              //注册新用户
        }
    }
}
```

上面代码中的黑体部分是修改的内容。

表示层的登录页面类 login.aspx.cs 的代码修改如下：

```
using System;
…
using bookstore.InterService;           //访问 LInterService
using bookstore.Entity;                 //在 WebUI 项目中添加对实体类的引用
namespace bookstore.WebUI
{
    public partial class login : System.Web.UI.Page
    {
        protected void Page_Load(object sender, EventArgs e) { }

        protected void loginBtn_Click(object sender, EventArgs e)
        {
            Session["username"] = Request.Form["UserName"];     //保存 Session 变量 username
            Session["password"] = Request.Form["PassWord"];     //获取用户输入的密码
            //页面输入的用户名密码先要封装入实体类再使用
            **User user = new User();**
            **user.UserName = Session["username"].ToString();**
            **user.PassWord = Session["password"].ToString();**
            //执行"登录"业务逻辑
            string msg = (new LInterService()).loginBookstore(**user**);
            if (msg == "") Response.Redirect("login_success.aspx");
            else
            {
                Session["errormsg"] = msg;
                Response.Redirect("login_failure.aspx");
            }
        }
    }
}
```

上面代码中的粗体部分是修改的内容。

表示层的注册页面类 register.aspx.cs 的代码修改如下：

```csharp
using System;
…
using System.Drawing;
using bookstore.InterService;
using bookstore.Entity;                    //在 WebUI 项目中添加对实体类的引用
namespace bookstore.WebUI
{
    public partial class register : System.Web.UI.Page
    {
        protected void Page_Load(object sender, EventArgs e) { }
        protected void CBx_LicenseAgreement_CheckedChanged(object sender, EventArgs e) {…}
        protected void Calendar1_SelectionChanged(object sender, EventArgs e) {…}

        protected void Btn_Submit_Click(object sender, EventArgs e)
        {
            Session["username"] = Request.Form["TBx_Usr"];
            if (RBtn_male.Checked)
            {
                Session["sex"] = "先生";
            }
            else
            {
                Session["sex"] = "女士";
            }
            Session["password"] = Request.Form["TBx_Pwd"];
            Session["birthday"] = Request.Form["TBx_Date"];
            Session["degree"] = ListBox1.SelectedValue;
            Session["answer"] = TBx_Answer.Text;
            Session["hobbies"] = (CheckBox1.Checked ? "唱歌 " : "") + (CheckBox2.Checked ? "阅读 " : "") + (CheckBox3.Checked ? "跳舞 " : "") + (CheckBox4.Checked ? "游泳 " : "") + (CheckBox5.Checked ? "旅行 " : "");
            //页面输入的用户名密码先要封装入实体类再使用
            User user = new User();
            user.UserName = Session["username"].ToString();
            user.PassWord = Session["password"].ToString();
            if (IsValid)
            {
                try
                {
                    //执行"注册"业务逻辑
                    (new LInterService()).registerUser(user);
                    //跳转页面
                    Response.Redirect("register_success.aspx");
                }
```

```
                catch
                {
                    return;
                }
            }
        }

        protected void DropDownList1_SelectedIndexChanged(object sender, EventArgs e) {…}
    }
}
```

上面代码中的黑体部分是修改的内容。

下一章我们将在这个引入了实体类的三层架构"网上书店"项目的基础上进行扩充，添加开发系统的其他各项功能。

习　题

1. "迪米特法则"的主要原则是什么？
2. 通常的三层架构包括哪三层？采用三层架构的优点有哪些？
3. 用 DataSet 数据集对象作为数据访问层返回的数据有哪些缺点？如何解决？
4. 在三层架构设计中如何防止跨层调用？
5. 按照 7.3.2 节的指导，试着用 Visual Studio 2013 创建实现三层架构的"网上书店"项目。
6. 在创建的三层架构"网上书店"项目中引入实体。

第 8 章

项目开发:"网上书店"功能完善

上一章构建了一个完整的三层 ASP.NET 4.5 "网上书店"的系统框架,其中已有了注册登录功能,本章将在这个框架上扩展,加入更多新功能,逐步完善系统。读者可跟着试做,不仅能学到 ASP.NET 4.5 的一些高级特性,更能体会到三层 Web 应用系统架构的魅力。

8.1 构建业务实体层

"网上书店"系统有以下 5 个实体:用户、图书分类、图书、订单和订单项,分别对应数据库中的 5 张表:user、catalog、book、orders 和 orderitem。在开发新的功能前,首先要在解决方案业务实体项目 Entity 中构建它们的业务实体类,这些类一起构成了"网上书店"项目的业务实体层,业务实体层的引入大大降低了系统其他部分与数据库的耦合,提高了系统的可扩展性和易维护性。

下面分别列出各业务实体类的代码。

(1)"用户"业务实体类定义在 User.cs 文件中,代码如下:

```
using System;
using System.Collections.Generic;
using System.Linq;
using System.Text;
using System.Threading.Tasks;

namespace bookstore.Entity
{
    //"用户"实体类
    public class User
    {
        private int m_userid;           //"用户编号"字段
        private string m_username;      //"用户名"字段
        private string m_password;      //"密码"字段
        private string m_sex;           //"性别"字段
```

```csharp
            private int m_age;                  //"年龄"字段

            public int UserId                   //设置或获取"用户编号"属性
            {
                set { this.m_userid = value; }
                get { return this.m_userid; }
            }
            public string UserName              //设置或获取"用户名"属性
            {
                set { this.m_username = value; }
                get { return this.m_username; }
            }
            public string PassWord              //设置或获取"密码"属性
            {
                set { this.m_password = value; }
                get { return this.m_password; }
            }
            public string Sex                   //设置或获取"性别"属性
            {
                set { this.m_sex = value; }
                get { return this.m_sex; }
            }
            public int Age                      //设置或获取"年龄"属性
            {
                set { this.m_age = value; }
                get { return this.m_age; }
            }
        }
    }
```

(2)"图书分类"业务实体类定义在 Catalog.cs 文件中，代码如下：

```csharp
using System;
…
namespace bookstore.Entity
{
    //"图书分类"实体类
    public class Catalog
    {
        private string m_catalogid;             //"分类编号"字段
        private string m_catalogname;           //"分类名称"字段

        public string CatalogId                 //设置或获取"分类编号"属性
        {
            set { this.m_catalogid = value; }
            get { return this.m_catalogid; }
        }
```

```csharp
        public string CatalogName                    //设置或获取"分类名称"属性
        {
            set { this.m_catalogname = value; }
            get { return this.m_catalogname; }
        }
    }
}
```

(3) "图书"业务实体类定义在 Book.cs 文件中，代码如下：

```csharp
using System;
...
namespace bookstore.Entity
{
    public class Book
    {
        private int m_bookid;                                //"图书编号"字段
        private Catalog m_catalogid = new Catalog();         //"分类编号"字段
        private string m_bookname;                           //"图书名称"字段
        private string m_isbn;                               //"ISBN"字段
        private int m_price;                                 //"价格"字段
        private string m_picture;                            //"图片"字段

        public int BookId                                    //设置或获取"图书编号"属性
        {
            set { this.m_bookid = value; }
            get { return this.m_bookid; }
        }

        public Catalog CatalogId                             //获取图书"分类编号"属性,从 Catalog 获取
        {
            get { return this.m_catalogid; }
        }

        public string BookName                               //设置或获取"图书名称"属性
        {
            set { this.m_bookname = value; }
            get { return this.m_bookname; }
        }

        public string Isbn                                   //设置或获取"ISBN"属性
        {
            set { this.m_isbn = value; }
            get { return this.m_isbn; }
        }

        public int Price                                     //设置或获取"价格"属性
        {
            set { this.m_price = value; }
            get { return this.m_price; }
```

```csharp
        }
        public string Picture                               //设置或获取"图片"属性
        {
            set { this.m_picture = value; }
            get { return this.m_picture; }
        }
    }
}
```

(4)"订单"业务实体类定义在Orders.cs文件中,代码如下:

```csharp
using System;
…
namespace bookstore.Entity
{
    public class Orders
    {
        private User m_user;                                //"用户编号"字段(订单输入用户)
        private DateTime m_orderdate;                       //"订单日期"字段
        private List<Orderitem> m_orderitems = new List<Orderitem>();
                                                            //该订单所包含的"订单项"集合

        public User User                                    //获取"用户编号"属性,从User获取
        {
            set { this.m_user = value; }
            get { return this.m_user; }
        }

        public DateTime Orderdate                           //设置或获取"订单日期"属性
        {
            set { this.m_orderdate = value; }
            get { return this.m_orderdate; }
        }

        public List<Orderitem> Orderitems                   //设置或获取该订单包含的"订单项"集合
        {
            set { this.m_orderitems = value; }
            get { return this.m_orderitems; }
        }
    }
}
```

(5)"订单项"业务实体类定义在Orderitem.cs文件中,代码如下:

```csharp
using System;
…
namespace bookstore.Entity
{
```

```
public class Orderitem
{
    private int m_orderitemid;              //"订单项编号"字段
    private Book m_book;                    //该订单项所对应的图书
    private Orders m_order;                 //该订单项属于哪个订单
    private int m_quantity;                 //"数量"字段

    public int Orderitemid                  //设置或获取"订单项编号"属性
    {
        set { this.m_orderitemid = value; }
        get { return this.m_orderitemid; }
    }

    public Book Book                        //设置或获取该订单项所对应的图书信息
    {
        set { this.m_book = value; }
        get { return this.m_book; }
    }

    public Orders Order                     //设置或获取该订单项所属订单信息
    {
        set { this.m_order = value; }
        get { return this.m_order; }
    }

    public int Quantity                     //设置或获取"数量"属性
    {
        set { this.m_quantity = value; }
        get { return this.m_quantity; }
    }
}
```

在稍后开发各功能的时候，将通过以上定义的这些业务实体去获取数据库相应表的信息。

8.2 显示图书功能开发

8.2.1 需求展示

网站运行后，点击"首页"链接，页面左侧出现图书分类，如图8.1所示，图书的分类信息是存放在数据库 catalog 表中的，由程序到数据库中取得相应的数据。用户可以根据不同的分类，选择浏览自己感兴趣的图书。

第 8 章　项目开发："网上书店"功能完善

图 8.1　显示分类目录

当用户单击页面左侧的分类目录时，会在页面右侧显示这种分类下的所有图书，如图 8.2 所示。

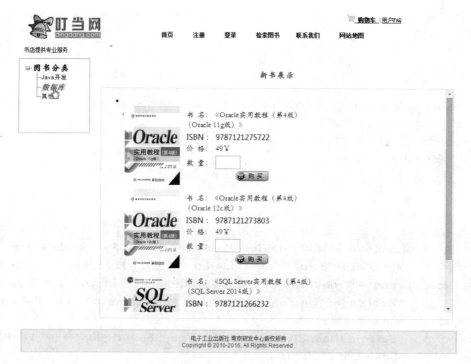

图 8.2　显示"数据库"类图书

8.2.2　开发步骤

1. 显示图书类别
（1）表示层设计

显示图书类别在页面上采用 ASP.NET 4.5 的 TreeView 控件，此控件支持根节点、父级节点及多层叶子节点的显示，非常适合作为图书类别目录菜单使用，创建 Web 窗体

menu.aspx，在设计模式下从工具箱往页面上拖曳一个 TreeView 控件，如图 8.3 所示。

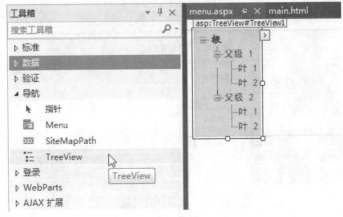

图 8.3 使用 TreeView 控件

图书分类网页 menu.aspx 源码如下：

```
<%@ Page Language="C#" AutoEventWireup="true" CodeBehind="menu.aspx.cs" Inherits="bookstore.WebUI.menu" %>

<!DOCTYPE html>

<html xmlns="http://www.w3.org/1999/xhtml">
<head runat="server">
<meta http-equiv="Content-Type" content="text/html; charset=utf-8"/>
    <title></title>
</head>
<body>
    <form id="form1" runat="server">
    <div>
        <asp:TreeView ID="TreeView1" runat="server" Font-Bold="False" Font-Names="黑体" Font-Size="Small" Font-Underline="False" ForeColor="Black" OnSelectedNodeChanged="TreeView1_SelectedNodeChanged" ShowLines="True">
            <RootNodeStyle Font-Bold="True" Font-Names="华文新魏" Font-Size="Larger" ForeColor="Black" />
            <SelectedNodeStyle Font-Bold="True" Font-Italic="True" Font-Size="Medium" ForeColor="#FF3300" />
        </asp:TreeView>
    </div>
    </form>
</body>
</html>
```

同时在 main.html 页设置指向 menu.aspx 的链接，相关代码为：

```
<div class="head_middle">
    <a class="title01" href="http://localhost:12046/menu.aspx" target="menu">
        <span>  首页  </span>
```

```html
    </a>
    <a class="title01" href="http://localhost:12046/register.aspx" target="main">
        <span>  注册  </span>
    </a>
    <a class="title01" href="http://localhost:12046/login.aspx" target="main">
        <span>  登录  </span>
    </a>
    …
    <a class="title01" href="#">
        <span> 网站地图   </span>
    </a>
</div>
```

图书分类页面后台 menu.aspx.cs 的代码如下：

```csharp
using System;
…
using bookstore.InterService;
using bookstore.Entity;                     //在 WebUI 项目中添加对实体类的引用
namespace bookstore.WebUI
{
    public partial class menu : System.Web.UI.Page
    {
        protected void Page_Load(object sender, EventArgs e)
        {
            if (!Page.IsPostBack)
            {
                try
                {
                    TreeNode rootNode = new TreeNode();    //定义根节点
                    rootNode.Text = "图书分类";
                    List<Catalog> lcatalogs = new List<Catalog>();
                    lcatalogs = (List<Catalog>)(new LInterService()).getAllCatalogs();
                                                            //获取所有的图书类别
                    for (int I = 0; I < lcatalogs.Count; i++)
                    {
                        rootNode.ChildNodes.Add(new TreeNode(lcatalogs[i].CatalogName));
                                                            //把子节点添加到根节点
                    }
                    TreeView1.Nodes.Add(rootNode);          //把根节点添加到TreeView控件中
                }
                catch
                {
                    return;
                }
            }
        }
```

```
protected void TreeView1_SelectedNodeChanged(object sender, EventArgs e)
    {
        Session["lbooks"] = (new LInterService()).getBookbyCatalog(TreeView1.SelectedNode.Text);
        Response.Write("<script>parent.main.location='browseBookPaging.aspx'</script>");
    }
}
```

其中,加黑语句为表示层访问业务逻辑层的代码。

(2) 业务逻辑层设计

在 LInterService.cs 中添加 getAllCatalogs()方法,代码如下:

```
using System;
…
using bookstore.MySqlTask;              //访问 DBTask
using bookstore.Entity;                 //在 InterService 项目中添加对实体类的引用
namespace bookstore.InterService
{
    public class LInterService
    {
        public LInterService() { }

        //方法:实现"登录"功能的业务规则
        public string loginBookstore(User user) {…}

        //方法:实现"注册"功能的业务规则
        public void registerUser(User user) {…}

        //方法:实现"显示图书类别"功能的业务规则
        public IList<Catalog> getAllCatalogs()
        {
            return (new DBTask()).getAllCatalogs();
                    //业务层未做任何特殊处理,直接调用DBTask的getAllCatalogs()方法
        }
    }
}
```

(3) 数据访问层设计

在 DBTask.cs 中实现 getAllCatalogs()方法,代码如下:

```
using System;
…
using MySql.Data.MySqlClient;           //访问 MySQL 的库
using bookstore.Entity;                 //在 MySqlTask 项目中添加对实体类的引用
using System.Data;
namespace bookstore.MySqlTask
{
```

```csharp
public class DBTask
{
    //定义数据库连接
    private string bookstoreConstr = "server=localhost;User Id=root;password=123456;database=bookstore;Character Set=utf8";        //访问"网上书店"后台数据库 bookstore
    private MySqlConnection myBCon;

    //方法:创建数据库连接
    private void createConnection() {...}

    //方法:注册新用户
    public void registerUser(User user) {...}

    //方法:获取已注册用户的信息
    public User getRegUser(string username) {...}

    //方法:得到所有图书类别
    public IList<Catalog> getAllCatalogs()
    {
        List<Catalog> lcatalogs = new List<Catalog>();      //存放图书分类列表
        string mySql = "select * from catalog";
        createConnection();
        MySqlCommand cmd = new MySqlCommand(mySql, myBCon);
        MySqlDataReader dr = cmd.ExecuteReader();
                                                //用 DataReader 在线读取图书类别
        while (dr.Read())
        {
            Catalog lcatalog = new Catalog();
            lcatalog.CatalogName = Convert.ToString(dr["catalogname"]);
                                                //获取类别名称
            lcatalogs.Add(lcatalog);            //添加到列表
        }
        return lcatalogs;                       //返回所有的图书类别
    }
}
```

这里用ADO.NET数据提供程序的核心对象之一DataReader读取数据库中的图书类别信息,可见,只有在数据访问层DBTask类中才实际直接执行对数据库的操作,这样就将系统的其他层代码与数据库彻底隔离开来,降低了耦合性,便于维护。

以上为方便读者,完整列出了业务逻辑层 LInterService 类和数据访问层 DBTask 类的代码框架,后面开发其他功能时将不再重复罗列,而只给出添加到其中对应方法的代码。

2. 按类别显示图书
（1）表示层设计

本功能要设计一个能分页显示多本图书的详细信息（包括封面图片）的网页 browseBookPaging.aspx，代码如下：

```
<%@ Page Language="C#" AutoEventWireup="true" CodeBehind="browseBookPaging.aspx.cs" Inherits="bookstore.WebUI.browseBookPaging" %>
<!DOCTYPE html>
<html xmlns="http://www.w3.org/1999/xhtml">
<head runat="server">
<meta http-equiv="Content-Type" content="text/html; charset=utf-8"/>
<title></title>
</head>
<body>
    <form id="form1" runat="server">
    <div>
        <asp:ListView ID="ListView1" runat="server">
            <ItemTemplate>
                <asp:Table ID="Table" runat="server" Width="450px">
                    <asp:TableRow runat="server">
                        <asp:TableCell runat="server"><asp:Image ID="Image1" runat="server" src='<%# DataBinder.Eval(Container.DataItem, "picture") %>' Width="118px" Height="166px" Border="0" /></asp:TableCell>
                        <asp:TableCell runat="server">
                            <asp:Table ID="Table1" runat="server" Width="312px">
                                <asp:TableRow runat="server"><asp:TableCell ID="Book1" runat="server" Font-Names="华文楷体"> 书  名：<%# DataBinder.Eval(Container.DataItem, "bookname") %>》</asp:TableCell></asp:TableRow>
                                <asp:TableRow runat="server"><asp:TableCell runat="server" Font-Names="微软雅黑"> ISBN：  <%# DataBinder.Eval(Container.DataItem, "isbn") %></asp:TableCell></asp:TableRow>
                                <asp:TableRow runat="server"><asp:TableCell runat="server" Font-Names="华文楷体"> 价  格：  <%# DataBinder.Eval(Container.DataItem, "price") %>￥</asp:TableCell></asp:TableRow>
                                <asp:TableRow runat="server"><asp:TableCell runat="server" Font-Names="华文楷体"> 数  量：  <asp:TextBox runat="server" Font-Size="Large" Width="50"></asp:TextBox></asp:TableCell></asp:TableRow>
                                <asp:TableRow runat="server">
                                    <asp:TableCell runat="server">              <asp:ImageMap ID="ImageMap1" runat="server" ImageUrl="~/image/buy.gif" HotSpotMode="PostBack" OnClick="ImageMap1_Click">
                                        <asp:CircleHotSpot Radius="50" X="40" Y="10" />
                                    </asp:ImageMap>
                                    </asp:TableCell>
```

```
                        </asp:TableRow>
                    </asp:Table>
                </asp:TableCell>
            </asp:TableRow>
        </asp:Table>
    </ItemTemplate>
    <LayoutTemplate>
        <ul id="itemPlaceholderContainer" runat="server" style="">
            <li style="">
                <li id="itemPlaceholder" runat="server"></li>
            </li>
        </ul>
        <div style="">
            <asp:DataPager ID="DataPager" PageSize="3" runat="server">
                <Fields>
                    <asp:NextPreviousPagerField ButtonType="Link" ShowFirstPageButton="true" ShowLastPageButton="true" FirstPageText="首页" LastPageText="尾页" />
                </Fields>
            </asp:DataPager>
        </div>
    </LayoutTemplate>
</asp:ListView>
        </div>
    </form>
</body>
</html>
```

以上代码使用了 ASP.NET 4.5 的 ListView 控件配合 Table 控件来显示图书的详细信息，在页面上采用数据绑定的方式显示一本书的各信息项，最后应用 DataPager 控件实现分页显示功能。

该页面的后台 browseBookPaging.aspx.cs 代码如下：

```
using System;
…
namespace bookstore.WebUI
{
    public partial class browseBookPaging : System.Web.UI.Page
    {
        protected void Page_Load(object sender, EventArgs e)
        {
            //从 LInterService 获取数据集合,绑定到页面中的 ListView 控件
            ListView1.DataSource = Session["Ibooks"];
            ListView1.DataBind();
        }
```

    }
}

其中,绑定的数据从业务逻辑层获取,并通过 ASP.NET 4.5 的 Session 对象传递到页面。

(2) 业务逻辑层设计

在 LInterService.cs 中添加 getBookbyCatalog(string catalogname)方法,代码如下:

```
//方法:实现"按类别显示图书"功能的业务规则
public IList<Book> getBookbyCatalog(string catalogname)
{
    return (new DBTask()).getBookbyCatalog(catalogname);
            //业务层未做任何特殊处理,直接调用DBTask的getBookbyCatalog(catalogname)方法
}
```

(3) 数据访问层设计

在 DBTask.cs 中实现 getBookbyCatalog(string catalogname)方法,代码如下:

```
//方法:通过图书类别名称,得到这个类别下的所有图书
public IList<Book> getBookbyCatalog(string catalogname)
{
    createConnection();
    string mySql = "select catalogid from catalog where catalogname='" + catalogname + "'";
    MySqlDataAdapter mda = new MySqlDataAdapter(mySql, myBCon);
    DataSet ds = new DataSet();
    mda.Fill(ds, "CID");
    List<Book> lbooks = new List<Book>();                //存放图书实体列表
    mySql = "select * from book where catalogid=" + int.Parse(ds.Tables["CID"].Rows[0][0].ToString());
    MySqlCommand cmd = new MySqlCommand(mySql, myBCon);
    MySqlDataReader dr = cmd.ExecuteReader();            //用 DataReader 读取图书信息
    while (dr.Read())
    {
        Book lbook = new Book();                         //图书业务实体对象,用于存放图书信息
        lbook.BookName = Convert.ToString(dr["bookname"]);   //书名
        lbook.Isbn = Convert.ToString(dr["isbn"]);           //ISBN
        lbook.Price = int.Parse(dr["price"].ToString());     //价格
        lbook.Picture = Convert.ToString(dr["picture"]);     //封面图片
        lbooks.Add(lbook);                                   //添加到列表
    }
    return lbooks;                                       //返回该类别下的所有图书
}
```

这里同样用 ADO.NET 数据提供程序的 DataReader 对象读取每本图书的各项信息。

8.2.3 知识点——DataReader 对象、ListView 控件

1. DataReader 与连接模式下的数据访问

ADO.NET 同样可以应用于连接模式下的应用程序中，当在连接方式下运行时，可以更好、更高效地实现这些类型的应用程序。为了支持连接模式的应用程序，ADO.NET 提供了 DataReader 对象。DataReader 对象主要使用连接方式来提供快速、只向前的游标进行数据访问。有关.NET 提供的支持连接模式下的数据访问模型如图 8.4 所示。

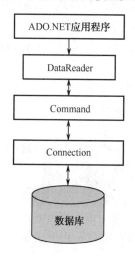

图 8.4　连接模式下的数据访问模型

在图 8.4 中，DataReader 对象用于检索和检查由查询返回的行，从数据源中以只读、只进、只读取行的形式读取数据。Command 对象用于执行对数据库的查询和对存储过程的调用，通过 Command 对象的 ExecuteReader 方法将结果返回给 DataReader 对象。

在连接环境中使用 ADO.NET 的基本步骤如下：
① 声明连接对象 Connection。
② 声明查询数据库的 Command 对象，用于执行 SQL 查询。
③ 声明 DataReader 对象。
④ 打开连接，连接到数据源。
⑤ 调用 Command 对象的 ExecuteReader 方法，将结果返回给 DataReader 对象。
⑥ 处理 DataReader 所获得的在线数据。
⑦ 关闭 DataReader 对象。
⑧ 关闭连接对象 Connection，断开与数据源的连接。

由上面的步骤可以看出，在处理 DataReader 对象中的数据时，连接始终保持，当对在线数据处理完后才关闭连接，即在执行数据访问的过程中一直保持连接状态。

与 Command 类似，每个.NET Framework 数据提供程序都包括一个 DataReader 对象：MySQL 数据提供程序包括一个 MySqlDataReader 对象；OLEDB.NET Framework 数据提供程序包括一个 OleDbDataReader 对象；SQL Server.NET Framework 数据提供程序包括一个

SqlDataReader 对象；ODBC.NET Framework 数据提供程序包括一个 OdbcDataReader 对象；Oracle.NET Framework 数据提供程序包括一个 OracleDataReader 对象。

使用 DataReader 检索数据首先必须创建 Command 对象的实例，然后通过调用 Command 的 ExecuteReader 方法创建一个 DataReader，以便从数据源检索行。

以下示例说明了如何使用 MySqlDataReader，其中 cmd 代表有效的 MySqlCommand 对象。

```
MySqlDataReader dr = cmd.ExecuteReader();
```

在创建了 DataReader 对象后，就可以使用 Read 方法从查询结果中获取行。通过传递列的名称或序号引用，可以访问返回行的每一列。为了实现最佳性能，DataReader 也提供了一系列方法，使得能够访问其本机数据类型（GetDateTime、GetDouble、GetGuid、GetInt32 等）的列值。

以下代码示例循环访问一个 DataReader 对象，并从每个行中返回两个列：

```
if (reader.HasRows)              //判断是否有结果返回
    while (reader.Read())        //依次读取行
        Console.WriteLine("\t{0}\t{1}", reader.GetInt32(0), reader.GetString(1));
else
    Console.WriteLine("No rows returned.");
reader.Close();
```

每次使用完 DataReader 对象后都应调用 Close 方法显式关闭。

DataReader 对象的常用属性和方法分别列于表 8.1 和表 8.2 中。

表 8.1 DataReader 对象的常用属性

属 性	说 明
FieldCount	获取 DataReader 对象包含的记录行数
IsClosed	获取 DataReader 对象的状态，为 True 表示关闭
Item({name,col})	获取或设置表字段值，name 为字段名，col 为列序号，序号从 0 开始。例如：objReader.Item(0)、objReader.Item("name")
ReacordsAffected	获取在执行 Insert、Update 或 Delete 命令后受影响的行数。该属性只有在读取完所有行且 DataReader 对象关闭后才会被指定

表 8.2 DataReader 对象的常用方法

方 法	说 明
Close()	关闭 DataReader 对象
GetBoolean(Col)	获取序号为 Col 的列的值，所获取列的数据类型必须为 Boolean 类型；其他类似的方法还有 GetByte、GetChar、GetDateTime、GetDecimal、GetDouble、GetFloat、GetInt16、GetInt32、GetInt64、GetString 等
GetDataTypeName(Col)	获取序号为 Col 的列的来源数据类型名
GetFieldType(Col)	获取序号为 Col 的列的数据类型

续表

方法	说明
GetName(Col)	获取序号为 Col 的列的字段名
GetOrdinal(Name)	获取字段名为 Name 的列的序号
GetValue(Col)	获取序号为 Col 的列的值
GetValues(values)	获取所有字段的值,并将字段值存放在 values 数组中
IsDBNull(Col)	若序号为 Col 的列为空值,则返回 True,否则返回 False
Read()	读取下一条记录,返回布尔值。返回 True 表示有下一条记录,返回 False 表示没有下一条记录

2. ListView 控件

利用 ListView 控件,可以绑定从数据源返回的数据项并显示它们。这些数据可以显示在多个页面中。可以逐个显示数据项,也可以对它们分组。

ListView 控件可以使用模板和样式来定义显示数据的格式。ListView 控件还允许用户编辑、插入和删除数据,以及对数据进行排序和分页。ListView 控件共提供了 11 个模板,如表 8.3 所示。

表 8.3 ListView 控件的模板

模板名称	说明
LayoutTemplate	用于定义控件主要布局的根模板。它包含一个占位符对象,如表行(tr)、div 或 span 元素。此元素将由 ItemTemplate 模板或 GroupTemplate 模板中定义的内容替换。它还可能包含一个 DataPager 对象
ItemTemplate	为控件中的每个数据项绑定内容
ItemSeparatorTemplate	用于提供在各个项之间的分隔符 UI
GroupTemplate	用于为组布局的内容提供 UI。它包含一个占位符对象,如表单元格(td)、div 或 span。该对象将由其他模板(如 ItemTemplate 和 EmptyItemTemplate 模板)中定义的内容替换
GroupSeparatorTemplate	用于提供组之间的分隔符 UI
EmptyItemTemplate	在使用 GroupTemplate 模板时为空项的呈现提供 UI。例如,如果将 GroupItemCount 属性设置为 5,而从数据源返回的总项数为 8,则 ListView 控件显示的最后一行数据将包含 ItemTemplate 模板指定的 3 个项及 EmptyItemTemplate 模板指定的两个项
EmptyDataTemplate	绑定的数据对象不包含数据项时显示的模板
SelectedItemTemplate	为选中的数据项提供 UI
AlternatingItemTemplate	为交替项提供独特的 UI
EditItemTemplate	为控件中编辑已有的项提供一个 UI
InsertItemTemplate	为控件中插入一个新数据项提供一个 UI

要在 ListView 控件中实现分页,需要利用另一个控件 DataPager,通过它可以为 ListView 控件提供分页功能。DataPager 控件用于给终端用户显示分页的导航,并与实现了 IPagableItemContainer 接口的数据绑定控件(即 ListView 控件)一起完成数据分页任

务。事实上，如果在 ListView 控件的配置对话框中选择 Paging 复选框，激活 ListView 控件上的分页功能，就会自动在 ListView 控件的 LayoutTemplate 模板中插入一个新的 DataPager 控件。

8.3 搜索图书功能开发

8.3.1 需求展示

用户点击"检索图书"链接，在页面上方出现搜书栏，在其中输入书名（支持首字母模糊匹配），点击"搜索"，可以查找所有符合条件的图书列表，如图 8.5 所示。

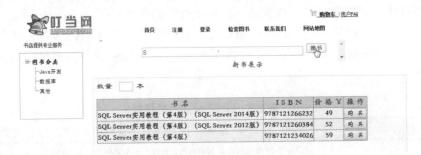

图 8.5 搜索指定的图书

若用户未输入任何检索词而直接点击"搜索"，默认将显示数据库中所有图书的列表，如图 8.6 所示。

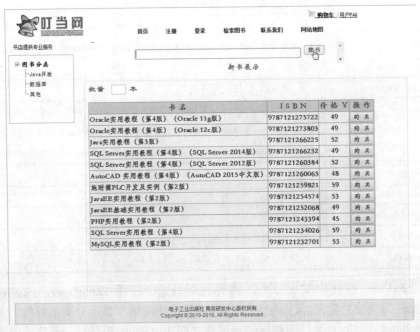

图 8.6 不指定检索条件时显示所有图书

8.3.2 开发步骤

1. 搜索图书

（1）表示层设计

创建 Web 窗体 searchBook.aspx，在其上放置一个文本框和一个图片按钮（所用背景图片事先存放在 image 目录下，并添加到项目中）。

网页 searchBook.aspx 源码为：

```
<%@ Page Language="C#" AutoEventWireup="true" CodeBehind="searchBook.aspx.cs" Inherits="bookstore.WebUI.searchBook" %>
<!DOCTYPE html>
<html xmlns="http://www.w3.org/1999/xhtml">
<head runat="server">
<meta http-equiv="Content-Type" content="text/html; charset=utf-8"/>
    <title></title>
</head>
<body>
    <form id="form1" runat="server">
        <div>
            <asp:TextBox ID="TBx_bookname" runat="server" Width="390px"></asp:TextBox> <asp:ImageButton ID="ImgBtn_search" runat="server" ImageUrl="~/image/search.jpg" OnClick="ImgBtn_search_Click" />
        </div>
    </form>
</body>
</html>
```

同时在 main.html 页设置指向 searchBook.aspx 的链接，相关代码为：

```
<div class="head_middle">
    <a class="title01" href="http://localhost:12046/menu.aspx" target="menu">
        <span>  首页  </span>
    </a>
    …
    <a class="title01" href="http://localhost:12046/login.aspx" target="main">
        <span>  登录  </span>
    </a>
    <a class="title01" href="http://localhost:12046/searchBook.aspx" target="top">
        <span>  检索图书  </span>
    </a>
    …
    <a class="title01" href="#">
        <span> 网站地图   </span>
    </a>
</div>
```

网页后台 searchBook.aspx.cs 的代码如下:

```
using System;
…
using bookstore.InterService;
namespace bookstore.WebUI
{
    public partial class searchBook : System.Web.UI.Page
    {
        protected void Page_Load(object sender, EventArgs e)
        {

        }

        protected void ImgBtn_search_Click(object sender, ImageClickEventArgs e)
        {
            Session["lbooks"] = (new LInterService()).getRequiredBookbyName(TBx_bookname.Text);
            Session["searchString"] = TBx_bookname.Text;
            Response.Write("<script>parent.main.location='browseBookBuy.aspx'</script>");
        }
    }
}
```

这里加黑的 getRequiredBookbyName 方法是业务逻辑层提供的。

（2）业务逻辑层设计

在 LInterService.cs 中添加 getRequiredBookbyName 方法，代码如下：

```
//方法:实现"搜索图书"功能的业务规则
public IList<Book> getRequiredBookbyName(string name)
{
    return (new DBTask()).getRequiredBookbyName(name);
        //业务层未做任何特殊处理,直接调用 DBTask 的 getRequiredBookbyName(name)方法
}
```

（3）数据访问层设计

在 DBTask.cs 中实现 getRequiredBookbyName(name)方法，如下：

```
//方法:搜索图书(根据书名模糊匹配)
public IList<Book> getRequiredBookbyName(string name)
{
    createConnection();
    List<Book> lbooks = new List<Book>();            //存放图书实体列表
    string mySql = "select * from book where bookname like '" + name + "%'";
    MySqlCommand cmd = new MySqlCommand(mySql, myBCon);
    MySqlDataReader dr = cmd.ExecuteReader();        //用 DataReader 读取图书信息
    while (dr.Read())
    {
        Book lbook = new Book();                     //图书业务实体对象,用于存放图书信息
```

```
            lbook.BookName = Convert.ToString(dr["bookname"]);    //书名
            lbook.Isbn = Convert.ToString(dr["isbn"]);            //ISBN
            lbook.Price = int.Parse(dr["price"].ToString());      //价格
            lbook.Picture = Convert.ToString(dr["picture"]);      //封面图片
            lbooks.Add(lbook);                                    //添加到列表
        }
        return lbooks;                                            //返回符合检索条件的所有图书
}
```

这里同样用 ADO.NET 数据提供程序的 DataReader 对象读取图书的各项信息。

2. 显示符合条件的图书列表

搜索结果显示页以列表的形式显示所有符合条件的图书，设计此页面时考虑为后面购买图书"添加到购物车"功能做准备，在页面上增加了输入购书数量的文本框及操作"购买"按钮。图书信息列表采用 ASP.NET 4.5 的 GridView 控件实现，此控件功能十分强大，稍后"知识点"中还会详细介绍。

创建 Web 窗体 browseBookBuy.aspx，在设计模式下从工具箱往页面上拖曳一个 GridView 控件，如图 8.7 所示。

图 8.7 使用 GridView 控件

在 GridView 控件的属性窗口中，设置其 AutoGenerateColumns 属性值为"False"；BackColor 属性值为"#FFFF99"；Font 属性值为"华文仿宋"，如图 8.8 所示。

图 8.8 设置 GridView 属性

在属性窗口中点击 Columns 属性右边的 ... （或者点击 GridView 控件右上角 ），在弹出的"GridView 任务"菜单中点击"编辑列"），弹出如图 8.9 所示的"字段"对话框，添加并编辑 GridView 控件所要显示的各列的列标题、绑定数据字段等属性。

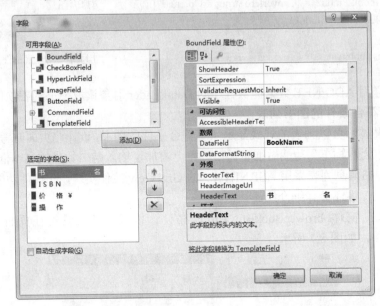

图 8.9　"字段"对话框

本例为 GridView 添加"书名"、"ISBN"、"价格￥"和"操作"四列。其中，"书名"列绑定（DataField 属性值）"BookName"；"ISBN"列绑定"Isbn"；"价格￥"列绑定"Price"。"操作"列的 ButtonType 属性设为"Button"，ShowSelectButton 属性设为"True"，SelectText 属性设为"购买"。

读者请按上述指导自己设置、调整，直到 GridView 显示出满意的外观。

设计完成的网页 browseBookBuy.aspx，源码如下：

```
<%@ Page Language="C#" AutoEventWireup="true" CodeBehind="browseBookBuy.aspx.cs" Inherits="bookstore.WebUI.browseBookBuy" %>
<!DOCTYPE html>
<html xmlns="http://www.w3.org/1999/xhtml">
<head runat="server">
<meta http-equiv="Content-Type" content="text/html; charset=utf-8"/>
    <title></title>
</head>
<body>
    <form id="form1" runat="server">
    <div>
        <asp:Label ID="Label1" runat="server" Text="数量" Font-Names="隶书" Font-Size="Larger" ForeColor="#006600"></asp:Label>
         <asp:TextBox ID="TBx_Quantity" runat="server" Width="30px"></asp:TextBox>
        <asp:Label ID="Label2" runat="server" Text="本" Font-Names="隶书" Font-Size="Larger" ForeColor="#006600"></asp:Label>
```

```
        <br /><br />
        <asp:GridView ID="GridView1" runat="server" AutoGenerateColumns="False" BackColor="#FFFF99" Font-Bold="True" Font-Names="华文仿宋" HorizontalAlign="Left" OnSelectedIndexChanged="GridView1_SelectedIndexChanged">
            <Columns>
                <asp:BoundField DataField="BookName" HeaderText="书名" />
                <asp:BoundField DataField="Isbn" HeaderText="I S B N" />
                <asp:BoundField DataField="Price" HeaderText="价    格 ￥">
                    <ItemStyle HorizontalAlign="Center" VerticalAlign="Middle" />
                </asp:BoundField>
                <asp:CommandField ButtonType="Button" HeaderText="操    作" SelectText="购 买" ShowSelectButton="True">
                    <ControlStyle Font-Names="华文新魏" Font-Size="Medium" />
                </asp:CommandField>
            </Columns>
            <HeaderStyle BackColor="#FFCC66" Font-Bold="True" Font-Names="华文楷体" Font-Size="Large" ForeColor="#006600" HorizontalAlign="Center" VerticalAlign="Middle" />
        </asp:GridView>
    </div>
    </form>
</body>
</html>
```

网页后台 browseBookBuy.aspx.cs 的代码如下：

```
using System;
…
using bookstore.InterService;
namespace bookstore.WebUI
{
    public partial class browseBookBuy : System.Web.UI.Page
    {
        protected void Page_Load(object sender, EventArgs e)
        {
            //从 LInterService 获取数据集合,绑定到页面中的 GridView 控件
            GridView1.DataSource = Session["lbooks"];
            GridView1.DataBind();
        }

        protected void GridView1_SelectedIndexChanged(object sender, EventArgs e)
        {
            Cart cart = (Cart)Session["cart"];
            Session["cart"] = (new LInterService(cart)).addToCart(GridView1.SelectedRow.Cells[0].Text, int.Parse(TBx_Quantity.Text));
            Response.Write("<script>parent.main.location='showCart.aspx'</script>");
        }
```

```
                }
        }
```

可见，后台只须简单地将之前已开发的 getRequiredBookbyName 方法返回的数据（保存于 Session["lbooks"]中）直接用作数据源与 GridView 控件绑定即可，实现了页面表现与底层数据访问的分离。

上段代码中还列出了 GridView 控件的 SelectedIndexChanged 事件代码，这是将购买的图书添加到购物车用的，稍后将在下一节开发购物车的功能。

8.3.3 知识点——GridView 控件

GridView 控件以表格的形式显示数据，通过属性的设置，无须编程就能实现数据的分页、排序和编辑等功能。它具有如下的功能特征。

（1）显示数据：可将数据源控件获得的数据以表格的形式显示。

（2）格式化数据：可在表格级、数据列级、数据行级甚至单元格级对数据进行格式化，还可以根据不同的数据，在表格中显示按钮、复选框、超链接和图片等。

（3）数据分页和导航：通过设置属性可自动对数据分页，同时自动为分页创建导航按钮。

（4）数据排序：支持排序，用户可单击表头的列名进行排序。

（5）数据编辑：在数据源控件的支持下，可自动实现数据的编辑功能。

（6）数据行选择：支持对数据行的选择，开发人员可自定义对所选行的操作。

（7）自定义外观和样式：具有很多外观和样式属性，便于创建美观的界面。

1. GridView 的常用属性、方法和事件

GridView 控件的常用属性如表 8.4 所示。

表 8.4　GridView 控件常用属性列表

属 性 名 称	说　　明
AllowPaging	获取或设置一个值，该值指示是否启用分页功能
AllowSorting	获取或设置一个值，该值指示是否启用排序功能
AlternatingRowStyle	获取对 TableItemStyle 对象的引用，使用该对象可以设置 GridView 控件中的交替数据行的外观
AutoGenerateColumns	获取或设置一个值，该值指示是否为数据源中的每个字段自动创建绑定字段
AutoGenerateDeleteButton	获取或设置一个值，该值指示每个数据行都带有"删除"按钮的 CommandField 字段列是否自动添加到 GridView 控件
AutoGenerateEditButton	获取或设置一个值，该值指示每个数据行都带有"编辑"按钮的 CommandField 字段列是否自动添加到 GridView 控件
AutoGenerateSelectButton	获取或设置一个值，该值指示每个数据行都带有"选择"按钮的 CommandField 字段列是否自动添加到 GridView 控件
BackImageUrl	获取或设置要在 GridView 控件的背景中显示的图像的 URL
Caption	获取或设置要在 GridView 控件的 HTML 标题元素中呈现的文本。提供此属性的目的是使辅助技术设备的用户更易于访问控件

续表

属性名称	说　　明
CaptionAlign	获取或设置 GridView 控件中的 HTML 标题元素的水平或垂直位置。提供此属性的目的是使辅助技术设备的用户更易于访问控件
Columns	获取表示 GridView 控件中列字段的 DataControlField 对象的集合
DataKeyNames	获取或设置一个数组，该数组包含了显示在 GridView 控件中项的主键字段的名称
DataKeys	获取一个 DataKey 对象集合，这些对象表示 GridView 控件中每一行的数据键值
DataSource	获取或设置对象，数据绑定控件从该对象中检索其数据项列表（从 BaseDataBoundControl 继承）
DataSourceID	获取或设置控件的 ID，数据绑定控件从该控件中检索其数据项列表（从 DataBoundControl 继承）
EditIndex	获取或设置要编辑的行的索引
EmptyDataTemplate	获取或设置在 GridView 控件绑定到不包含任何记录的数据源时所呈现的空数据行的用户定义内容
EmptyDataText	获取或设置在 GridView 控件绑定到不包含任何记录的数据源时所呈现的空数据行中显示的文本
EnableSortingAndPagingCallbacks	获取或设置一个值，该值指示客户端回调是否用于排序和分页操作
FooterRow	获取表示 GridView 控件中的脚注行的 GridViewRow 对象
HeaderRow	获取表示 GridView 控件中的标题行的 GridViewRow 对象
PageCount	获取在 GridView 控件中显示数据源记录所需的页数
PageIndex	获取或设置当前显示页的索引
PagerSettings	获取对 PagerSettings 对象的引用，使用该对象可以设置 GridView 控件中的页导航按钮的属性
PageSize	获取或设置 GridView 控件在每页所显示记录的数目
Rows	获取表示 GridView 控件中数据行的 GridViewRow 对象的集合
SelectedDataKey	获取 DataKey 对象，该对象包含 GridView 控件中选中行的数据键值
SelectedIndex	获取或设置 GridView 控件中选中行的索引
SelectedRow	获取对 GridViewRow 对象的引用，该对象表示控件中的选中行
SelectedValue	获取 GridView 控件中选中行的数据键值
ShowFooter	获取或设置一个值，该值指示是否在 GridView 控件中显示脚注行
ShowHeader	获取或设置一个值，该值指示是否在 GridView 控件中显示标题行
SortDirection	获取正在排序的列的排序方向
SortExpression	获取与正在排序的列关联的排序表达式
ToolTip	获取或设置当鼠标指针悬停在 Web 服务器控件上时显示的文本（从 WebControl 继承）
TopPagerRow	获取一个 GridViewRow 对象，该对象表示 GridView 控件中的顶部页导航行

表 8.4 中的 EnableSortingAndPagingCallbacks 属性可以指定 GridView 控件是否用

客户端回调执行排序和分页操作。客户端回调可以避免为 GridView 的排序和分页执行完整的页面回送操作。客户端回调不是启动页面回送过程，而是使用 AJAX 执行排序和分页操作。

GridView 控件的常用方法如表 8.5 所示。

表 8.5 GridView 控件常用方法列表

方法名称	说 明
DataBind	将数据源绑定到 GridView 控件
DeleteRow	从数据源中删除位于指定索引位置的记录
Sort	根据指定的排序表达式和方向对 GridView 控件进行排序
UpdateRow	使用行的字段值更新位于指定行索引位置的记录

GridView 控件的常用事件如表 8.6 所示。

表 8.6 GridView 控件常用事件列表

事件名称	说 明
DataBinding	当服务器控件绑定到数据源时发生
PageIndexChanged	在单击某一页导航按钮时，但在 GridView 控件处理分页操作之后发生
PageIndexChanging	在单击某一页导航按钮时，但在 GridView 控件处理分页操作之前发生
RowCancelingEdit	单击编辑模式中某一行的"取消"按钮以后，在该行退出编辑模式之前发生
RowCommand	当单击 GridView 控件中的按钮时发生
RowCreated	在 GridView 控件中创建行时发生
RowDataBound	在 GridView 控件中将数据行绑定到数据时发生
RowDeleted	在单击某一行的"删除"按钮时，但在 GridView 控件删除该行之后发生
RowDeleting	在单击某一行的"删除"按钮时，但在 GridView 控件删除该行之前发生
RowEditing	发生在单击某一行的"编辑"按钮以后，GridView 控件进入编辑模式之前
RowUpdated	发生在单击某一行的"更新"按钮，并且 GridView 控件对该行进行更新之后
RowUpdating	发生在单击某一行的"更新"按钮以后，GridView 控件对该行进行更新之前
SelectedIndexChanged	发生在单击某一行的"选择"按钮，GridView 控件对相应的选择操作进行处理之后
SelectedIndexChanging	发生在单击某一行的"选择"按钮以后，GridView 控件对相应的选择操作进行处理之前
Sorted	在单击用于列排序的超链接时，但在 GridView 控件对相应的排序操作进行处理之后发生

2. GridView 控件的数据行类型

GridView 控件以表格形式显示数据，对表格而言，其基本元素是行。根据行所处的位置和实现的功能等，数据行可分为 8 种类型：表头行、交替行、空数据行、编辑行、选中行、数据行、表尾行、分页行，如图 8.10 所示。

为了提高灵活性，GridView 控件将这些数据行作为对象来处理。例如，对于表头行，使用 HeaderRow 对象；对于表尾行，使用 FooterRow 对象；对于选中行，使用 SelectedRow 对象；对于分页行，使用 TopPagerRow 和 BottomPagerRow 对象。可以在程序中利用这些对象来访问各数据行。所有这些数据行对象都是 GridViewRow 基类型对象。

第 8 章 项目开发:"网上书店"功能完善

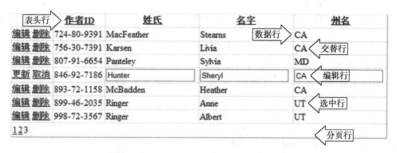

图 8.10 GridView 控件的数据行

3. GridView 控件的数据绑定列类型

对于要显示的数据表的每一列数据,GridView 控件也提供了丰富的类型来显示,共包括 7 种类型:数据绑定列 BoundField、复选框数据绑定列 CheckBoxField、命令数据绑定列 CommandField、图片数据绑定列 ImageField、超链接数据绑定列 HyperLinkField、按钮数据绑定列 ButtonField、模板数据绑定列 TemplateField。

(1)数据绑定列 BoundField。

BoundField 是默认的数据绑定列类型,常用于显示普通文本,对于一般的字段,可以用此列类型来显示数据。它的声明方式如下:

```
<asp:BoundField DataField="au_id" HeaderText="作者 ID"
ReadOnly="True" SortExpression="au_id" DataFormatString="{0:G3}" />
```

其中,DataFormatString 用于设置数据显示的格式。值 "{0:G3}" 是数据格式字符串,详细语法可以参见系统帮助。

(2)复选框数据绑定列 CheckBoxField。

CheckBoxField 使用复选框来显示布尔型数据字段,因此常用它来绑定布尔型字段。当字段值为 true 时,复选框控件显示为选中状态;当字段值为 false 时,复选框控件显示为未选中状态。

(3)命令数据绑定列 CommandField。

CommandField 为 GridView 控件提供了创建命令按钮列的功能,即可以在表格中显示一个列,该列中显示按钮,可以是普通按钮、图片按钮、超链接按钮。通过这些按钮可以实现数据的选择、编辑、删除、取消等操作。

(4)图片数据绑定列 ImageField。

ImageField 可以在表格中显示图片列。一般来说,ImageField 绑定的内容是图片的路径,路径字串取自绑定的列值。它的声明方式如下:

```
<asp:ImageField DataImageUrlField="au_id" DataImageUrlFormatString="../images/{0}" />
```

(5)超链接数据绑定列 HyperLinkField。

HyperLinkField 允许将所绑定的数据以超链接的形式显示。可以定义超链接的显示文本、超链接地址、打开窗口的方式等。它的声明方式如下:

```
<asp:HyperLinkField DataTextField="au_id" DataTextFieldFormatString="{0}"
    DataNavigateUrlField="xxx" DataNavigateUrlFormatString="{0}" Target="_blank" />
```

(6)按钮数据绑定列 ButtonField。

ButtonField 与 CommandField 类似,都可以创建按钮列。CommandField 定义的按钮列主要用于选择、添加、删除等操作,并且这些按钮在一定程度上与数据源控件中的数据操作设置关系密切；而 ButtonField 定义的按钮具有很大的灵活性，它与数据源控件没有直接的关系，通常可以自定义实现单击按钮后的操作。它的声明方式如下：

<asp:ButtonField ButtonType="Button" Text="注销"　CommandName="signout" />

其中，CommandName 用于设置命令名称，以便于在程序中区分是哪个按钮被单击。ButtonType 用于定义按钮的外观，可以是 Link、Image、Button 类型。Text 用于设置显示在按钮中的文字。

（7）模板数据绑定列 TemplateField。

TemplateField 允许以模板形式自定义数据绑定列的内容。

8.4 购物车功能开发

8.4.1 需求展示

当用户在检索返回的图书列表中浏览到自己满意的图书时，可以填写需要的数量，并单击该书所在表行的"购买"按钮，将此书放入购物车（位于服务器内存中），如图 8.11 所示。

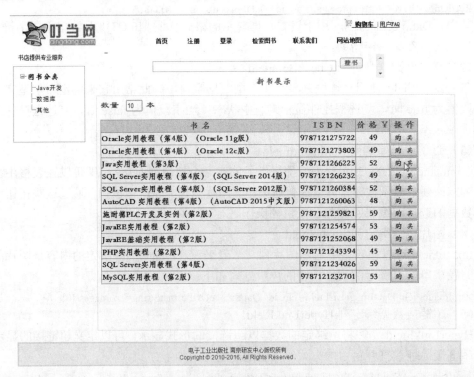

图 8.11　将图书添加到购物车

将书放入购物车后，用户可选择继续购书或者进入结算中心下订单，如图 8.12 所示。

第8章 项目开发:"网上书店"功能完善

图8.12 继续购书或直接下订单

用户也可随时单击 购物车，查看购物车中已订购的图书。

8.4.2 开发步骤

1. 添加到购物车

（1）表示层设计

表示层页面就是 browseBookBuy.aspx，之前已经设计好了。当用户点击其上某本书所在行的"购买"按钮，会触发 GridView 控件的 SelectedIndexChanged 事件，在其中调用业务逻辑层 addToCart 方法，将所购图书添加到购物车。

（2）业务逻辑层设计

在 LInterService.cs 中添加 addToCart 方法，代码如下：

```
//方法:实现"添加图书到购物车"功能的业务逻辑
public Cart addToCart(string name, int quantity)
{
    Book book = (new DBTask()).getBookbyName(name);//调用数据访问层方法获得图书
    Orderitem orderitem = new Orderitem();
    orderitem.Book = book;
    orderitem.Quantity = quantity;
    if (cart == null) { cart = new Cart(); }                //创建购物车模型的对象
    cart.addBook(orderitem);           //调用购物车模型的 addBook 方法添加图书到购物车
```

```
        return cart;
}
```

在上段代码中，用到了 Cart 对象，它是我们定义的购物车模型，专用于处理向购物车添加图书、计算总价等购物车相关操作。Cart 类创建在 InterService 项目中，处于业务逻辑层。

购物车模型 Cart.cs 代码如下：

```
using System;
…
using bookstore.Entity;                  //添加对实体类的引用
using bookstore.MySqlTask;               //访问 DBTask
namespace bookstore.InterService
{
    public class Cart
    {
        protected List<Orderitem> items;       //属性 items
        //构造方法
        public Cart()
        {
            items = new List<Orderitem>();
        }

        //添加图书到购物车
        public void addBook(Orderitem orderitem)
        {
            items.Add(orderitem);
        }

        //计算总价格
        public int getTotalPrice()
        {
            int totalPrice = 0;
            foreach (Orderitem item in items)
            {
                Orderitem orderitem = item;
                Book book = orderitem.Book;
                int quantity = orderitem.Quantity;
                totalPrice += book.Price * quantity;
            }
            return totalPrice;
        }

        public List<Orderitem> getItems()
        {
            return items;
```

```
        }
        public void setItems(List<Orderitem> items)
        {
            this.items = items;
        }
    }
```

购物车模型中定义了一个 items 属性，它是 C# 的 List<>集合类型，用于存储和管理该购物车中已有的图书订单项。Cart 的封装体现了 C# 面向对象的思想。

对应地，在 LInterService.cs 中添加一个 Cart 类型的属性及其构造方法，代码如下：

```
public class LInterService
{
    private Cart cart = null;

    public LInterService() { }

    public LInterService(Cart cart)
    {
        this.cart = cart;
    }
    …
}
```

（3）数据访问层设计

在 DBTask.cs 中实现 getBookbyName 方法，代码如下：

```
//方法:根据"书名"得到图书信息
public Book getBookbyName(string name)
{
    createConnection();
    string mySql = "select * from book where bookname='" + name + "'";
    MySqlDataAdapter mda = new MySqlDataAdapter(mySql, myBCon);
    DataSet ds = new DataSet();
    mda.Fill(ds, "ONEBOOK");
    Book book = new Book();          //图书业务实体
    book.BookId = int.Parse(ds.Tables["ONEBOOK"].Rows[0]["bookid"].ToString());      //图书编号
    book.BookName = ds.Tables["ONEBOOK"].Rows[0]["bookname"].ToString();             //书名
    book.Isbn = ds.Tables["ONEBOOK"].Rows[0]["isbn"].ToString();                     //ISBN
    book.Price = int.Parse(ds.Tables["ONEBOOK"].Rows[0]["price"].ToString());        //价格
    book.Picture = ds.Tables["ONEBOOK"].Rows[0]["picture"].ToString();               //封面图片
    return book;
}
```

2. 显示购物车

(1) 表示层设计

显示购物车的网页为 showCart.aspx，源码如下：

```
<%@ Page Language="C#" AutoEventWireup="true" CodeBehind="showCart.aspx.cs" Inherits="bookstore.WebUI.showCart" %>
<!DOCTYPE html>
<html xmlns="http://www.w3.org/1999/xhtml">
<head runat="server">
<meta http-equiv="Content-Type" content="text/html; charset=utf-8"/>
    <title></title>
</head>
<body>
    <form id="form1" runat="server">
    <div>
        <asp:Label ID="Label1" runat="server" Text="您购物车中图书" Font-Bold="True" Font-Names="隶书" Font-Size="Large"></asp:Label>
         
        <asp:ImageButton ID="ImgBtn_ContinueBuy" runat="server" ImageUrl="~/image/continue.gif" OnClick="ImgBtn_ContinueBuy_Click" />
        <asp:GridView ID="GridView1" runat="server" AutoGenerateColumns="False" BackColor="#FFFF99" Font-Bold="True" Font-Names="华文仿宋">
            <Columns>
                <asp:BoundField DataField="Book.BookName" HeaderText="书名" />
                <asp:BoundField DataField="Book.Price" HeaderText="单  价￥" />
                <asp:BoundField DataField="Quantity" HeaderText="订购数量" />
            </Columns>
            <HeaderStyle BackColor="#FFCC66" Font-Bold="False" />
        </asp:GridView>
        <br />
        <asp:Label ID="Label2" runat="server" Text="消费总金额：" Font-Names="隶书" Font-Size="Large"></asp:Label>
        <asp:TextBox ID="TBx_TotalPrice" runat="server" Width="75px"></asp:TextBox>
        <asp:Label ID="Label3" runat="server" Text="元" Font-Names="隶书" Font-Size="Large"></asp:Label>  
        <asp:ImageButton ID="ImgBtn_SaveOrder" runat="server" ImageUrl="~/image/count.gif" OnClick="ImgBtn_SaveOrder_Click" />
    </div>
    </form>
</body>
</html>
```

这里同样也用到了 GridView 控件来显示购物车中的图书（加黑代码），其用法和设置参考 8.3.2 节，此处不再赘述。

网页后台 showCart.aspx.cs 代码为：

```csharp
using System;
…
using bookstore.InterService;
using bookstore.Entity;
namespace bookstore.WebUI
{
    public partial class showCart : System.Web.UI.Page
    {
        protected void Page_Load(object sender, EventArgs e)
        {
            Cart cart = (Cart)Session["cart"];           //Session 对象传递返回购物车 cart
            if (cart != null)                             //购物车中有图书
            {
                GridView1.DataSource = cart.getItems();   //获取购物车中图书订单项
                GridView1.DataBind();                     //与 GridView 控件绑定显示
                TBx_TotalPrice.Text = (new LInterService(cart)).getTotalPrice();
            }
            else
            {
                GridView1.DataSource = null;
                GridView1.DataBind();
            }
        }
    }
}
```

其中，调用了业务逻辑层 getTotalPrice()方法计算购物车中的图书总价。

为了让用户能够随时查看购物车，在 main.html 页设置指向 showCart.aspx 的链接，相关代码为：

```html
<div class="head_top">
    <div class="head_buy">
        <strong>
            <a href="http://localhost:12046/showCart.aspx" target="main">
                <img height="15" src="image/cart.jpg" width="16"> 购物车
            </a>
        </strong> |
        <a href="#">用户 FAQ</a>
    </div>
</div>
```

（2）业务逻辑层设计

在 LInterService.cs 中添加 getTotalPrice()方法，代码如下：

```csharp
//方法:实现"计算总价格"功能的业务规则
public string getTotalPrice()
```

```
    {
        if (cart == null) return "0.00";
        else return cart.getTotalPrice().ToString("0.00");
    }
```

业务逻辑层直接通过购物车模型对象的 getTotalPrice()方法得到图书总价，返回给表示层显示。

本功能所显示的图书信息在之前"添加到购物车"功能开发中已经由数据库读取到了，故这里无须再开发数据访问层，由此可见，所谓"三层设计架构"也不是绝对的，有时候可根据实际情况复用已开发好的现成的层功能，避免重复开发，这也是 ASP.NET 分层架构软件系统的优势所在。

测试程序，读者可以自行选购几种书，然后单击 购物车 查看，效果如图 8.13 所示。

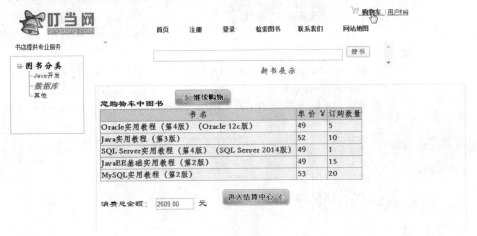

图 8.13　显示购物车中的图书

系统已经自动计算出了所购图书的总价，读者不妨自己验算一下看对不对。

3. 结账下订单

（1）表示层设计

在网页 showCart.aspx 上点击"进入结算中心"按钮，即可进入结账下订单的流程，该按钮的事件代码位于 showCart.aspx 页的后台（在 showCart.aspx.cs 中），如下：

```
protected void ImgBtn_SaveOrder_Click(object sender, ImageClickEventArgs e)
{
    User user = (new LInterService()).getRegUser(Session["username"].ToString());
                                                        //获取当前执行下单操作的用户
    Cart cart = (Cart)Session["cart"];                  //获取该用户的购物车对象 cart
    Orders order = (new LInterService(cart)).checkout(user);
                                                        //调用业务逻辑层的方法执行下单
    if (order != null)                                  //下单成功，返回的订单实体不为空
    {
        Session["orderdate"] = order.Orderdate;         //Session 保存此次下单的日期时间
        Response.Write("<script>parent.main.location='checkout_success.aspx'</script>");
```

        }
    }

如果用户此时并不想马上下单而要继续购书，点击页面上的"继续购物"按钮可返回图书列表页 browseBookBuy.aspx，继续浏览和选购图书，"继续购物"按钮的事件代码也位于 showCart.aspx.cs 中，如下：

```csharp
protected void ImgBtn_ContinueBuy_Click(object sender, ImageClickEventArgs e)
{
    Response.Write("<script>parent.main.location='browseBookBuy.aspx'</script>");
}
```

下单成功会跳转到 checkout_success.aspx 页显示用户订单信息。

下单成功页 checkout_success.aspx 的源码如下：

```aspx
<%@ Page Language="C#" AutoEventWireup="true" CodeBehind="checkout_success.aspx.cs" Inherits="bookstore.WebUI.checkout_success" %>
<!DOCTYPE html>
<html xmlns="http://www.w3.org/1999/xhtml">
<head runat="server">
<meta http-equiv="Content-Type" content="text/html; charset=utf-8"/>
    <title></title>
</head>
<body>
    <form id="form1" runat="server">
    <div align="center">
        <h3>订单添加成功！</h3>
        <asp:Label ID="Lbl_Success" runat="server"></asp:Label>
    </div>
    </form>
</body>
</html>
```

其后台通过 ASP.NET 4.5 的 Session 对象获得订单信息，checkout_success.aspx.cs 代码如下：

```csharp
using System;
...
namespace bookstore.WebUI
{
    public partial class checkout_success : System.Web.UI.Page
    {
        protected void Page_Load(object sender, EventArgs e)
        {
            Lbl_Success.Text = Session["username"].ToString() + ",您的订单已经下达,下单时间" + Session["orderdate"].ToString() + ",我们会在 3 个工作日内寄送图书给您！";
        }
    }
}
```

（2）业务逻辑层设计

在 LInterService.cs 中添加方法，代码如下：

```csharp
//方法:实现"结账下订单"功能的业务逻辑
public Orders checkout(User user)
{
    if (user == null || cart == null) return null;
    Orders order = new Orders();                    //订单业务实体
    order.User = user;                              //保存下单的用户实体对象
    order.Orderdate = DateTime.Now;                 //保存下单日期时间(默认为系统当前时间)
    foreach (Orderitem item in cart.getItems())     //遍历当前购物车中的图书,生成订单项
    {
        Orderitem orderitem = item;                 //订单项业务实体
        orderitem.Order = order;                    //所属订单
        order.Orderitems.Add(orderitem);            //将订单项添加到订单中
    }
    if ((new DBTask()).saveOrder(order))            //保存订单
    {
        cart = null;                                //清空购物车
        return order;                               //返回订单实体
    }
    else
        return null;
}

//方法:实现"获取当前下单用户信息"功能的业务规则
public User getRegUser(string username)
{
    return (new DBTask()).getRegUser(username);
            //业务层未做任何特殊处理,直接调用 DBTask 的 getRegUser(username)方法
}
```

（3）数据访问层设计

在 DBTask.cs 中实现 saveOrder 方法，代码如下：

```csharp
//方法:保存订单信息
public bool saveOrder(Orders order)
{
    createConnection();
    string mySql;
    MySqlCommand cmd;
    try
    {
        //首先写入订单信息
        mySql = "insert into orders(userid,orderdate) values(" + order.User.UserId + ", '" + order.Orderdate.ToString() + "')";
        cmd = new MySqlCommand(mySql, myBCon);
```

第8章 项目开发:"网上书店"功能完善

```
            cmd.ExecuteNonQuery();
            //得到"订单编号"
            mySql = "select orderid from orders where orderdate='" + order.Orderdate.ToString() + "'";
            MySqlDataAdapter mda = new MySqlDataAdapter(mySql, myBCon);
            DataSet ds = new DataSet();
            mda.Fill(ds, "OID");
            //然后写入该订单所对应各订单项的信息
            MySqlTransaction myTrans = (MySqlTransaction)myBCon.BeginTransaction();      //开始一个事务
            foreach (Orderitem item in order.Orderitems)
            {
                Orderitem orderitem = item;
                mySql = "insert into orderitem(bookid,orderid,quantity) values(" + orderitem.Book.BookId + ", " + int.Parse(ds.Tables["OID"].Rows[0][0].ToString()) + ", " + orderitem.Quantity + ")";
                cmd = new MySqlCommand(mySql, myBCon);
                cmd.Transaction = myTrans;                              //将 SQL 命令加入事务
                cmd.ExecuteNonQuery();
            }
            myTrans.Commit();                                           //提交这个事务
            return true;
        }
        catch
        {
            mySql = "delete from orders where orderdate='" + order.Orderdate.ToString() + "'";
            cmd = new MySqlCommand(mySql, myBCon);
            cmd.ExecuteNonQuery();
            return false;
        }
    }
```

这里向数据库写入订单项信息采用 MySQL 事务来实现,因为一个订单所包含的全部订单项是一个整体,但在往数据库逐条写入各订单项时有可能发生各种意外(如网络不稳定、连接故障等),为避免数据库中写入不完整的垃圾信息,在保存一个订单的订单项时,要么全部保存成功,要么一个都不保存,将这组操作放在一个事务中,由数据库管理系统来保证数据的完整性是一个十分有效的方法。

测试程序,先登录,然后在图 8.13 中单击 进入结算中心 按钮,页面上显示订单信息,如图 8.14 所示。

图 8.14 结账显示订单

有兴趣的读者也可通过命令行进入 MySQL 数据库，查询有关这单交易的详细记录，如图 8.15 所示。

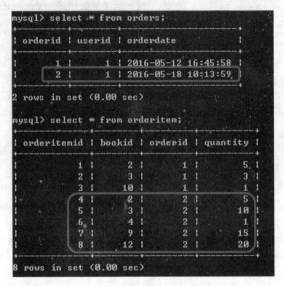

图 8.15　订单在数据库中留下的记录

习　题

1．什么是业务实体层，有什么作用？

2．按照本章的指导，给"网上书店"开发显示图书、搜索图书、购物车等功能。

3．试给系统增加一个"新书展示"的功能，在打开的"网上书店"首页显示最近畅销的新书。

4．在显示购物车时增加一个删除功能，允许用户删除已加入购物车中的图书。

5．通过本章的项目开发实践，并参考其他相关的技术书籍和资料，学会 ASP.NET 4.5 几种高级数据绑定控件（ListView 控件、GridView 控件等）的使用。

6．如何在编程中应用数据库事务来确保数据的完整性。

第 9 章

项目开发：其他项目开发技术

通过前八章"网上书店"项目的实践，已经基本上涉及到了一个完整的 ASP.NET 4.5 项目开发所需知识的方方面面。在实际的企业级 Web 系统开发中，还用到一些特殊的技术，本章就来简单介绍其中最常用的两种：Web 系统跨数据库移植和使用动态链接库（.dll）。

9.1 Web 系统跨数据库移植

前面介绍的"网上书店"系统，都是以 MySQL 数据库为平台开发的，假设随着书店经营规模的扩大，要换成大型 SQL Server 数据库，此时就必须修改数据访问层的代码，特别是修改数据提供程序各个数据访问类的类名。而大型网站的数据访问层使用数据访问类的地方有很多，这导致必须修改所有这些类名，这时候会发现：即使采用如本书第 7 章的"三层设计架构"系统，其改动的代码量也可能是巨大的，可见，三层架构系统的可移植性仍然欠缺，需要采用新的技术来提高 Web 系统在多种异构数据库间的移植能力。

9.1.1 跨数据库移植原理

解决上述问题的方法是：在数据访问层之上再增加一个抽象数据层，该层仅仅提供数据访问的接口，具体的方法则在各种类型数据库所对应的具体数据访问层中实现。程序运行时再根据所要访问的数据库类型，动态地创建一个数据访问层对象，而不是在业务逻辑层直接引用某个具体数据库的数据访问层实例。

技术上要实现动态加载数据访问层，可以在抽象数据层中建立一个"数据访问层工厂"类，该类根据 Web.config 文件中配置的使用哪个数据库的具体信息，利用 .NET 的反射机制来动态创建数据访问对象。.NET 的反射机制其实就是一种"运行时类型识别"技术（RunTime Type Information，RTTI），简单地说，这种技术就是在程序运行阶段动态地创建一个对象。

根据上述原理，改进的架构如图 9.1 所示。

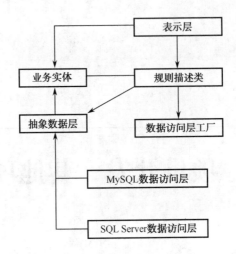

图 9.1 改进的跨数据库架构

由图 9.1 可见，只要在原项目的解决方案中增加一个专门访问 SQL Server 数据库的新的数据访问层，它与访问 MySQL 数据库的数据访问层是并列的，在程序运行时，动态地加载其中任何一个数据访问层的对象实例，就可轻松地实现系统在两种不同数据库（MySQL 与 SQL Server）之间的切换。

9.1.2 技术实践：将"网上书店"移植到 SQL Server

采用上述的 Web 系统跨数据库移植技术，将"网上书店"项目整体由 MySQL 5.6 移植到 SQL Server 2014。为简单起见，我们使用第 7 章最后引入了实体的三层架构项目（只包括注册登录功能）做移植试验。移植之前，先在本地机器上安装 SQL Server 2014 并在其中建好 bookstore 数据库及 user0（SQL Server 中 user 为保留字，不能用作表名）表，其表结构与原 MySQL 的 user 表完全一样。

1．定义抽象数据层

在原"网上书店"解决方案中添加一个抽象数据访问层项目 DBAccess，使用 C# 语言的接口构建抽象数据访问类代码。新建的抽象数据访问接口结构如图 9.2 所示。

图 9.2 抽象数据访问接口结构

接口定义在 ILDBAccess.cs 中，代码如下：

```
using System;
…
```

```csharp
using bookstore.Entity;
namespace bookstore.DBAccess
{
    //"网上书店"数据库任务接口
    public interface ILDBAccess
    {
        //方法:注册新用户
        void registerUser(User user);

        //方法:获取已注册用户的信息
        User getRegUser(string username);
    }
}
```

说明：接口中定义了两个抽象方法，但接口中并没有这两个方法的具体实现，而是在具体数据库的数据访问层中实现。可以看到，原"网上书店"的数据访问层项目 MySqlTask 中的 DBTask 类已经实现了这两个方法。

2. 实现 SQL Server 数据访问层

在解决方案中再添加一个 SQL Server 数据访问层项目 SQLServerTask，其中同样建立一个 DBTask 类。

SQLServerTask 项目中的 DBTask.cs 代码如下：

```csharp
using System;
…
using System.Configuration;
using System.Data.SqlClient;              //访问 SQLServer 的库
using bookstore.Entity;                   //在 SQLServerTask 项目中添加对实体类的引用
using bookstore.DBAccess;                 //引用抽象的数据访问层

namespace bookstore.SQLServerTask
{
    public class DBTask:ILDBAccess
    {
        //定义数据库连接
        private string bookstoreConstr = "Data Source=.;Initial Catalog=bookstore;User ID=sa;Password=123456";   //访问 SQL Server 2014 的连接字符串
        private SqlConnection myBCon;

        //方法:创建数据库连接
        private void createConnection()
        {
            try
            {
                //初始化连接
                myBCon = new SqlConnection(bookstoreConstr);
                myBCon.Open();
```

```
            }
            catch
            {
                return;
            }
        }

        //方法:注册新用户
        public void registerUser(User user)
        {
            string mySql = "insert into user0(username,password) values('" + user.UserName + "', '" + user.PassWord + "')";
            createConnection();
            SqlCommand cmd = new SqlCommand(mySql, myBCon);
            cmd.ExecuteNonQuery();
        }

        //方法:获取已注册用户的信息
        public User getRegUser(string username)
        {
            User user = null;
            string mySql = "select * from user0 where username='" + username + "'";
            createConnection();
            SqlCommand cmd = new SqlCommand(mySql, myBCon);
            SqlDataReader dr = cmd.ExecuteReader();
            if (dr.Read())
            {
                user = new User();
                user.UserName = Convert.ToString(dr["username"]);
                user.PassWord = Convert.ToString(dr["password"]);
            }
            return user;
        }
    }
}
```

上面代码中的加黑部分是与MySQL数据访问层不同的内容，可以看出基本是关于数据提供程序的数据访问类的类名、命名空间不同而引起的修改。

3. 建立数据访问层工厂

在DBAccess项目中添加数据访问层工厂类DALFactory.cs代码如下：

```
using System;
...
using System.Configuration;

namespace bookstore.DBAccess
```

```csharp
{
    //数据访问层工厂
    public sealed class DALFactory
    {
        //数据访问层工厂构造器
        private DALFactory() { }
        //获取 ILDBAccess 接口类型的对象实例
        public static ILDBAccess DriveDBTask()
        {
            Type type = Type.GetType(ConfigurationManager.AppSettings["LDBTask"]);
            return Activator.CreateInstance(type) as ILDBAccess;
        }
    }
}
```

👀 DALFactory 类的声明使用了 sealed 关键字，且其类构造器被私有化，这说明该类不能被继承和使用 new 关键字创建实例。这是定义"工厂类"的通常做法，而工厂类必须提供一个静态方法供外部调用，否则它将成为一个"废物"类。

4. 修改业务逻辑层

业务逻辑层 LInterService.cs 代码略作修改，如下：

```csharp
using System;
…
using bookstore.Entity;              //在 InterService 项目中添加对实体类的引用
using bookstore.DBAccess;            //引用抽象的数据访问层

namespace bookstore.InterService
{
    public class LInterService
    {
        //方法:实现"登录"功能的业务规则
        public string loginBookstore(User user)
        {
            ILDBAccess dbTask = DALFactory.DriveDBTask();
                                        //通过工厂获取具体的数据访问层对象
            User regUser = dbTask.getRegUser(user.UserName); //获取已注册用户的信息
            if (regUser != null)
            {
                if (user.PassWord == regUser.PassWord) return "";
                else return "密码错！登录失败";
            }
            else
                return "用户不存在！登录失败";
        }
```

```
                //方法:实现"注册"功能的业务规则
                public void registerUser(User user)
                {
                    ILDBAccess dbTask = DALFactory.DriveDBTask();
                                                //通过工厂获取具体的数据访问层对象
                    dbTask.registerUser(user);  //注册新用户
                }
            }
        }
```

说明： 在业务逻辑层代码中，不需要直接引用 MySQL 或 SQL Server 数据访问层类，而是通过数据访问层工厂来获取一个具体的数据访问层对象。这样一来，业务逻辑层彻底摆脱了对具体数据库的数据访问层的依赖，仅仅依赖于通用的抽象数据层。

5. 修改配置文件

Web.config 文件部分内容修改如下：

```xml
<?xml version="1.0" encoding="utf-8"?>
<!--
    有关如何配置 ASP.NET 应用程序的详细信息，请访问
    http://go.microsoft.com/fwlink/?LinkId=169433
    -->
<configuration>
    <appSettings>
        <!--// 使用 SQLServer 数据库 //-->
        <add key="LDBTask" value="bookstore.SQLServerTask.DBTask,bookstore.SQLServerTask"/>
        <!--// 使用 MySQL 数据库 //-->
        <!--//add key="LDBTask" value="bookstore.MySqlTask.DBTask, bookstore.MySqlTask" />//-->
    </appSettings>
    <system.web>
        <compilation debug="true" targetFramework="4.5" />
        <httpRuntime targetFramework="4.5" />
    </system.web>
</configuration>
```

说明： 当使用 SQL Server 数据库时，应在配置文件中注释掉有关 MySQL 数据库的配置信息，使得程序运行时创建 SQL Server 数据访问层对象；反之，当切换回使用 MySQL 数据库时，应在配置文件中注释掉有关 SQL Server 数据库的配置信息，使程序运行时依旧创建原来的 MySQL 数据访问层对象。

最终完成的支持跨数据库移植的"网上书店"项目的完整解决方案，如图 9.3 所示。

在编译解决方案时，两个数据访问层项目程序集并不会自动复制到 WebUI 项目的 bin 目录中，必须手动设置程序集输出位置：在项目属性窗口中，选择"生成"选项卡，修改"输出路径"为"..\WebUI\bin\"即可。

通过上面的改造，新的解决方案可以轻松地适应后台数据库的更换，只需简单地修改配置文件，不再需要修改代码和重新编译。

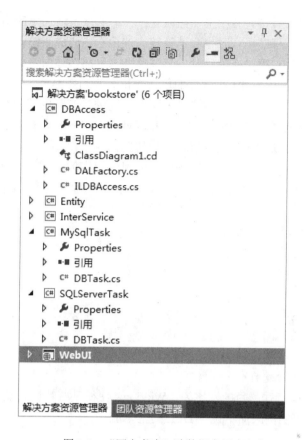

图 9.3 "网上书店"跨数据库解决方案

9.2 动态链接库（DLL）应用

动态链接库（Dynamic Link Library，简称 DLL），是一种包含可由多个程序同时使用的代码和数据的库。DLL 不是可执行文件，但它提供了一种方法，使进程可以调用不属于其可执行代码的函数，且多个应用程序可同时访问内存中单个 DLL 的副本。DLL 在大型软件系统的开发中十分有用，例如，当"网上书店"的功能无限制地扩展，系统规模变得很庞大时，如果仍然把整个数百 MB 甚至数 GB 的程序代码都放在一个项目里，日后的修改工作将会十分费时，而如果把不同功能的代码分别放在数个 DLL 中，由于动态链接库可以更为容易地将更新应用于各个模块，而不会影响该程序的其他部分，故无需重新生成或安装整个项目就可以应用更新，使得系统升级变得非常容易。

9.2.1 动态链接库的优点

比较大的应用程序都由很多模块组成，这些模块分别完成相对独立的功能，它们彼此协作来完成整个软件系统的工作。可能存在一些模块的功能较为通用，在构造其他软件系统时仍会被使用。在构造软件系统时，如果将所有模块的源代码都静态编译到整个应用程序 EXE 文件或项目工程中，会产生一些问题：一个缺点是增加了应用程序的大小，它会占用更多的磁盘空间，程序运行时也会消耗较大的内存，造成系统资源的浪费；另一个缺点是，在编写大的 EXE 程序或项目时，在每次修改后都必须调整编译所有源代码，增加了编译过程的复杂性，也不利于阶段性的单元测试。

为此，Windows 系统平台上提供了一种完全不同的较有效的编程和运行环境，可以将独立的程序模块创建为较小的 DLL 文件，并可对它们单独编译和测试。在运行时，只有当 EXE 程序或项目确实要调用这些 DLL 模块的情况下，系统才会将它们装载到内存空间中。这种方式不仅减少了运行时程序的大小和对内存空间的需求，而且使这些 DLL 模块可以同时被多个应用程序使用。事实上，Windows 本身就将一些主要的系统功能以 DLL 模块的形式实现。

综上所述，动态链接库 DLL 具有以下优点：
- 扩展了应用程序的特性；
- 可以用许多种编程语言来编写一个程序；
- 简化了软件项目的管理；
- 有助于节省内存；
- 有助于资源共享；
- 有助于应用程序的本地化；
- 有助于解决平台差异；
- 可以用于一些特殊的目的，比如，Windows 使得某些特性只能为 DLL 所用。

本节将通过一个实例来简单说明 DLL 的基本应用。

9.2.2 技术实践：动态链接库实现检索、购买图书

开发一个 Windows 窗体应用程序，实现根据 ISBN 号检索图书信息、购买图书两个功能，这两个功能要求分别单独实现、编译，以 DLL 的形式提供给主窗体程序使用。

本程序依然使用"网上书店"项目的 bookstore 数据库，访问其中的 book 表；为测试"购买图书"功能，另创建一个 orders0 表，表结构如图 9.4 所示。

```
mysql> describe orders0;
+------------+-------------+------+-----+---------+----------------+
| Field      | Type        | Null | Key | Default | Extra          |
+------------+-------------+------+-----+---------+----------------+
| orderid    | int(11)     | NO   | PRI | NULL    | auto_increment |
| bookname   | varchar(50) | NO   |     | NULL    |                |
| isbn       | varchar(13) | NO   |     | NULL    |                |
| quantity   | int(11)     | NO   |     | NULL    |                |
| totalprice | int(11)     | NO   |     | NULL    |                |
+------------+-------------+------+-----+---------+----------------+
5 rows in set (0.00 sec)
```

图 9.4　orders0 表结构

1. 检索图书 DLL

新建"类库"类型的项目，项目名为"Search"，如图 9.5 所示。

第9章 项目开发：其他项目开发技术

图 9.5 新建类库项目

在项目中添加一个类 GetOneBook，编写源文件 GetOneBook.cs，代码如下：

```csharp
using System;
…
using System.Data;
using MySql.Data.MySqlClient;                //访问 MySQL 的库

namespace Search
{
    public class GetOneBook
    {
        private string bookstoreConstr = "server=localhost;User Id=root;password=123456;database=bookstore;Character Set=utf8";         //访问"网上书店"后台数据库 bookstore
        //方法:实现由 ISBN 检索图书信息
        public DataSet getbyISBN(string isbn)
        {
            string mySql = "select * from book where isbn='" + isbn + "'";
            MySqlDataAdapter mda = new MySqlDataAdapter(mySql, bookstoreConstr);
            DataSet ds = new DataSet();
            mda.Fill(ds, "BOOK");
            return ds;
        }
    }
}
```

注意这里的 getbyISBN 必须声明为 public 公开，便于从外部调用。

完成后，右击 Search 项目，选"生成"开始编译类库，如图 9.6 所示。

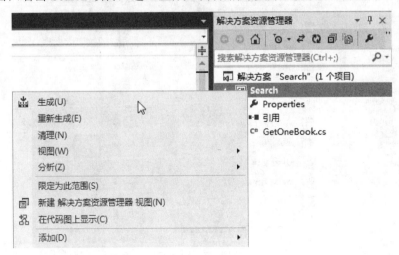

图 9.6　编译类库

编译成功后，在项目的\Search\bin\Debug 目录下会生成一个 Search.dll 文件，如图 9.7 所示。

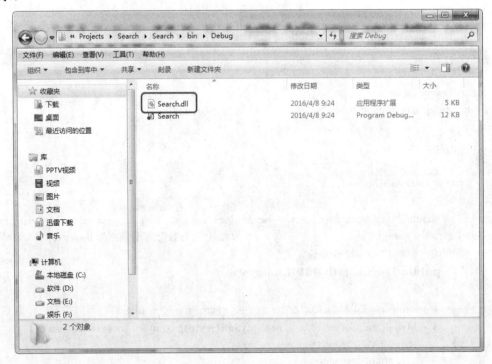

图 9.7　生成动态链接库文件

将这个文件拷贝出来存盘，以备后用。

2. 购买图书 DLL

新建"类库"类型的项目，项目名为"Buy"，在项目中添加一个类 BuySomeBook，编写源文件 BuySomeBook.cs，代码如下：

```csharp
using System;
…
using MySql.Data.MySqlClient;                    //访问 MySQL 的库
using System.Data;

namespace Buy
{
    public class BuySomeBook
    {
        //定义数据库连接
        private string bookstoreConstr = "server=localhost;User Id=root;password=123456;database=bookstore;Character Set=utf8";              //访问"网上书店"后台数据库 bookstore
        private MySqlConnection myBCon;
        //方法:实现购买指定 ISBN 和数量的图书
        public int buybyISBN(string isbn, int quantity)
        {
            try
            {
                myBCon = new MySqlConnection(bookstoreConstr);
                myBCon.Open();
                string mySql = "select * from book where isbn='" + isbn + "'";
                MySqlDataAdapter mda = new MySqlDataAdapter(mySql, bookstoreConstr);
                DataSet ds = new DataSet();
                mda.Fill(ds, "BOOK");
                string bookname = ds.Tables[0].Rows[0]["bookname"].ToString();
                int totalprice = quantity * int.Parse(ds.Tables[0].Rows[0]["price"].ToString());
                mySql = "insert into orders0(bookname,isbn,quantity,totalprice) values('" + bookname + "', '" + isbn + "'," + quantity + "," + totalprice + ")";              //购买记录写入 orders0 表
                MySqlCommand cmd = new MySqlCommand(mySql, myBCon);
                cmd.ExecuteNonQuery();
                return totalprice;                    //返回总价
            }
            catch
            {
                return 0;
            }
        }
    }
}
```

用同样的方式对以上代码进行编译,生成 DLL 文件 Buy.dll。

3. DLL 的使用

新建 Windows 窗体应用程序项目,项目名为"DllTest",设计界面如图 9.8 所示。

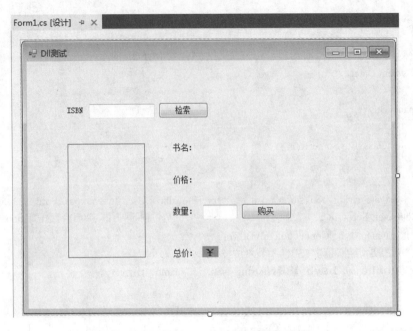

图 9.8　DLL 测试程序窗体界面

在项目中添加对前面生成的检索、购买图书功能动态链接库 Search.dll 和 Buy.dll 的引用，如图 9.9 所示。

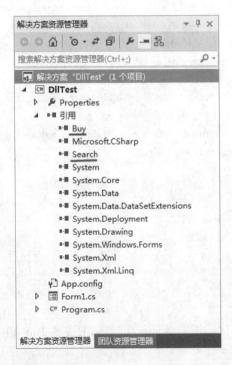

图 9.9　添加 DLL 引用

这样添加之后，在窗体程序中就可以直接使用 DLL 的功能了。
窗体程序 Form1.cs 代码如下：

```csharp
using System;
…
using Search;                                    //使用检索图书 DLL
using Buy;                                       //使用购买图书 DLL
namespace DllTest
{
    public partial class Form1 : Form
    {
        public Form1()
        {
            InitializeComponent();
        }

        private void btnSearch_Click(object sender, EventArgs e)
        {
            GetOneBook getOneBook = new GetOneBook();
            DataSet ds = getOneBook.getbyISBN(tBxISBN.Text);     //调用 DLL 中的方法检索图书
            if (ds.Tables[0].Rows.Count != 0)
            {
                pictureBox1.Image = Image.FromFile("image\\" + ds.Tables[0].Rows[0]["picture"].ToString());   //显示封面图片
                lblBookName.Text = ds.Tables[0].Rows[0]["bookname"].ToString();      //显示书名
                lblPrice.Text = ds.Tables[0].Rows[0]["price"].ToString() + "￥"; //显示价格
            }
            else
            {
                MessageBox.Show("未找到符合要求的图书!", "失败");
                return;
            }
        }

        private void btnBuy_Click(object sender, EventArgs e)
        {
            BuySomeBook buySomeBook = new BuySomeBook();
            lblTotalPrice.Text = buySomeBook.buybyISBN(tBxISBN.Text, int.Parse(tBxQuantity.Text)).ToString() + "￥";              //调用 DLL 中的方法购买图书,返回显示总价
        }
    }
}
```

运行窗体程序，在 ISBN 文本框中输入 ISBN 号，单击"检索"按钮，程序调用 DLL 从数据库中查询出该书信息并显示出来；在数量文本框中输入购书数量，单击"购买"按钮，程序同样调用 DLL 将购书记录写入数据库，并返回显示出总价，如图 9.10 所示。

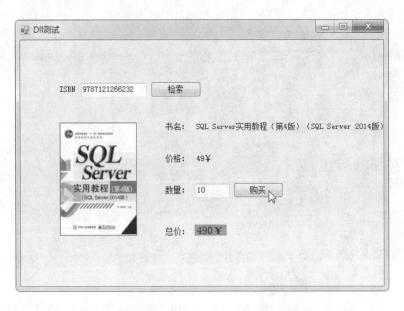

图 9.10　使用 DLL 检索、购买图书

运行过程序后，通过命令行访问 MySQL 数据库，可看到刚刚由 DLL 写入的购书记录，如图 9.11 所示。

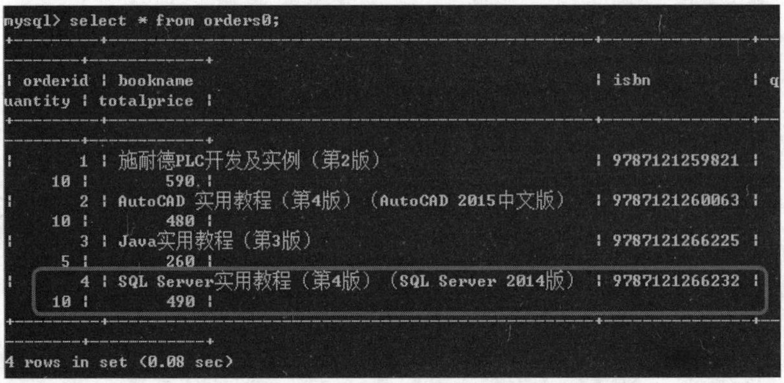

图 9.11　由 DLL 程序写入数据库的购书记录

习　题

1．Web 系统跨数据库移植的原理是什么？试画出框图说明。

2．尝试用本章介绍的技术将"网上书店"系统移植到其他数据库，如 Oracle、Access 等。

3．什么是动态链接库 DLL，它有什么作用？

4．尝试用 DLL 实现"网上书店"购物车功能，并在项目中以引用 DLL 的方式使用该功能。

反侵权盗版声明

电子工业出版社依法对本作品享有专有出版权。任何未经权利人书面许可，复制、销售或通过信息网络传播本作品的行为；歪曲、篡改、剽窃本作品的行为，均违反《中华人民共和国著作权法》，其行为人应承担相应的民事责任和行政责任，构成犯罪的，将被依法追究刑事责任。

为了维护市场秩序，保护权利人的合法权益，我社将依法查处和打击侵权盗版的单位和个人。欢迎社会各界人士积极举报侵权盗版行为，本社将奖励举报有功人员，并保证举报人的信息不被泄露。

举报电话：（010）88254396；（010）88258888
传　　真：（010）88254397
E-mail：　dbqq@phei.com.cn
通信地址：北京市万寿路 173 信箱
　　　　　电子工业出版社总编办公室
邮　　编：100036